中外可持续建筑丛书

生态学生公寓

王崇杰　薛一冰　等著

中国建筑工业出版社

图书在版编目（CIP）数据

生态学生公寓/王崇杰，薛一冰等著. —北京：中国建筑工业出版社，2007
（中外可持续建筑丛书）
ISBN 978-7-112-08969-7

Ⅰ. 生... Ⅱ. ①王... ②薛... Ⅲ. 生态型-学生-集体宿舍-建筑设计
Ⅳ. TU241.3

中国版本图书馆CIP数据核字（2006）第162483号

责任编辑：唐 旭
责任设计：赵明霞
责任校对：孟 楠 刘 钰

中外可持续建筑丛书
生态学生公寓
王崇杰 薛一冰 等著
*
中国建筑工业出版社出版、发行（北京西郊百万庄）
新 华 书 店 经 销
北京嘉泰利德公司制版
北京中科印刷有限公司印刷
*
开本：880×1230毫米 1/16 印张：13½ 字数：416千字
2007年6月第一版 2007年6月第一次印刷
印数：1—3000册 定价：**48.00**元
ISBN 978-7-112-08969-7
（15633）

本社网址：http://www.cabp.com.cn
网上书店：http://www.china-building.com.cn

《中外可持续建筑丛书》编委会

想起了《罗马俱乐部》(代总序)

实现经济社会全面协调可持续发展是我国构建社会主义和谐社会，坚持科学发展的重要内容，也是经过长期艰辛探索，积累了正反两方面的经验而取得的共识。当前关于可持续发展的建筑技术的研究方兴未艾，在城市和建筑领域，陆续有涉及这些方面的论著问世，这次由中国建筑工业出版社出版的中外可持续建筑丛书就是其中的成果之一。

“可持续发展”是在上个世纪八十年代提出的一个新概念，1987 年世界环境与发展委员会在一篇名之为《我们共同的未来》的报告中首次提出了这个概念，即是指既要满足当代人的需要，又不损害后人满足需要的发展。要求经济发展与自然承载能力相协调，在发展的同时必须保护、改善和提高地球的资源生产能力和环境的自净能力，以保证用可持续的方式使用自然资源和“环境成本”。这一观念很快得到了国际社会的广泛共识。当我们方便地利用着这些概念，顺利地进行着各种研究，不断地提出新的成果时，让人不由得想起了将近半个世纪以前一些预测未来，研究发展的专家和学者们，而由奥雷利奥·佩西（AUROLIO PECCEI 1908~1984 年）及其创建的《罗马俱乐部》就是其中一支著名的未来学研究队伍。

奥雷利奥·佩西是意大利经济学家，担任工业经理 40 余年。他 1908 年生于意大利都灵，1930 年获得经济学博士学位，后作为菲亚特公司的代表长驻中国八年之久。1938 年返回意大利后，即成为反法西斯阵线一员，参加抵抗组织，为此在 1944 年在法西斯监狱中关押一年。欧洲解放后他出任菲亚特公司的高管人员，在全世界发展中国家的旅行和工作中，开始注意世界人类的生存条件和复杂的人类问题。1968 年 4 月他和英国科学家 A·金一起成立了《罗马俱乐部》，其宗旨是研究未来的科学技术革命对人类社会发展的影响，指明人类所面临的困境以引起社会和制订政策者的注意和理解，从而提出新政策和新方案。俱乐部由国际上著名的科学家、经济学家、社会学家和建筑学家等作为个人会员，这是一个超脱于国家、政党和团体之处的非正式组织，也不受限于政治、国家的观点或意识形态，由于他们对于未来趋势预测的准确性与权威性，引起了全世界各国政界和学界的广泛注意和评价。

《罗马俱乐部》最为引人注目的成果之一是 1972 年 3 月由美国学者 D·米都斯（DENNIS L. MEADOWS）领导的一个麻省理工学院的十七人小组受俱乐部之托提出的题为《增长的极限》的研究报告，报告为分五章，从人口，农业生产，自然资源，工业生产和环境污染几个方面阐述了人类社会发展过程中，尤其是工业革命以来地球和人类将面临的困境。他们提出：“地球是有限的，任何人类活动越是接近地球支撑这种活动的能力限度，对不能同时兼顾的因素的权衡就变得更加明显和不能解决。”为此报告提出了警告：“如果在世界人口、工业化、污染、粮食生产和资源消费方面按现在的趋势继续下去，这个星球上的极限有朝一日将在今后一百年中发生，最可能的结果将是人口和工业生产力双方有相当突然和不可控制的衰退。”因此建议进行“哥白尼式的思想革命”，重新评价那种发展永无休止的信念和对浪费视而不见的做法，“人类必须现在就开始自觉限制这种增长，使增长结束，过渡到均衡状态”。报告还建议：“加紧控制污染，物资重复利用，制造耐用可修理的物品，以及将消费品经济转为劳务导向经济等。”

报告的发表引起了爆炸性的反响，也引起了很大争议，认为是“异端邪说”的大有人在，反对者甚至为此出版过一本《没有极限的增长》，有人认为主张“零增长”是未来悲观派，是“马尔萨斯式的设想”，同时对所列举模式的局限性及提出设想的主观臆断性提出批评。但1980年美国政府草拟的“向总统提出的2000年环境报告”强调了许多罗马俱乐部提出的观点。1972年起，联合国自斯德哥尔摩会议后陆续召开了一系列全球性会议讨论环境、人口、发展、妇女等人们关心的议题。时至今日，更多的人们认为俱乐部的论证为此后的环境保护和可持续发展的理论奠定了基础，它已成为里程碑式的研究成果。

在报告的影响下，出版了大量的书籍和论文。1981年A·佩西又发表了题为“未来的一百页”的研究报告，他强调这是他个人意见的自由表达，并不代表《罗马俱乐部》，因为没有一个成员可以代表大家讲话。全书共分两部分，第一部分标题是“人类的兴衰”，分为“未来不再是以往的重复”，“自然界的杰作，还是自然界的怪物”，“衰退的并发症”三节，第二部分是“通向复兴的道路又直又狭”，分为“决定性的十年”，“巨大的潜在资源”两节。作者认为“人类正在迅速走向灾难。完全有必要找到一种方法去改变这一走向灾难的进程”。实际是对《增长的极限》的修正、发展和补充，也是佩西晚年时思路的重要转变，要在悲观中看到希望，在灾难中找出对策。他用一半以上的篇幅进一步揭示人类所面临的各种危险，列举了十大问题：人口爆炸；完全缺乏计划和规划，用以满足世界各国广大群众的生活必需并保护他们的一般生活；支持人类生活的四大主要生物系统（农地、牧场、森林和渔业）正在开发过度；世界经济危机，衰退，金融和财政的混乱；军备竞赛，世界日趋军事化；根深蒂固和被人忽视的社会邪恶；无政府状态的技术——科学的发展；陈旧和不适应现状的制度；东西方对抗和南北分歧；缺乏道德和政治上的领导，领导人不能从他们的思想、信念、责任或权力的高度上高瞻远瞩，他们之中没有人替人类讲话。他用另一半的篇幅着重提出了人类思想和行为的巨大变革，对于实现一个新时代的重要，“实施全球性的政策和战略；把世界引入可治理的状况；学会如何治理世界——必须先学会如何管理我们自己。”最后归纳：“人力资源是最主要的因素，只要能够明智地运用各种资源，最主要的是人力资源，那么人类就可以摆脱危机，而且几乎可以实事求是地按照自己的愿望去建立未来世界……变革是必要和可能的，要准备做出较多的牺牲，但与人们被迫沿着现在的道路继续走下去的结果相比，这种牺牲还是比较小的。”

为了解决发展中国家的迫切要求，德国学者魏伯乐（ERNST ULRICH VON WEIZSACKER）还提出过《四倍跃进：福利加倍、资源利用减半》的报告，着重阐明在资源已十分稀缺的情况下，如何达到经济增长和国民福利的提高。2005年还和另外二人主编《私有化的局限》一书，对上个世纪末以来席卷世界的私有化风潮，做一次实证考察。

回顾几十年前未来学者们的论断和分析，我们不禁为他们对社会发展的责任感，特立独行的探索精神，敢于为天下先的超前睿智所折服。在我们国家集中力量建设惠及十几亿人口的更高水平的小康社会，建设资源节约型社会，环境友好型社会的宏伟目标时，我们同样面临着一系列棘手的课题，如人口、三农、城市化、贫富差距、资源、环境等，同样需要我们按照“自主创新，重点跨越，支撑发展，引领未来”的方针，在科学发展观指导下，学习罗马俱乐部那些专家学者的大胆直言，才能做出高屋建瓴的预见和探索，才能真正的指导当前，引领未来。

在城市和建筑，能源与材料，生态与环境等领域的探讨十分重要，本书就汇集了有关专家学者和技术人员在实践中所取得的成果，对于结合中国各地的实情，寻找更为有效和可行的解决方法将起到很好的引领和启发作用。可持续发展的研究是一个非常广泛的问题，除建筑行为之外，可持续发展是无时不有，无处不在，而在城市和建筑这个大系统中，又包含着生产可持续，消费可持续，分配可持续，产品可持续，社会的文化可持续等内涵，严峻的现实也促使我们对于隐藏在人口、资源和环境背后的深层次原因进行探究，包括人的行为和决定人的行为的制度因素。这也是佩西在二十多年前所提到过的。

中国工程院院士
2007年1月20日

前　言

“竭泽而渔、竭矿而采”的不可持续发展模式导致了经济发展与环境颓败之间的对立。在对能源和环境的远虑与近忧进行重新审视之后，警醒的世人提出与自然环境和谐发展的可持续发展理念，以促进资源节约与环境保护。

可持续发展理念赋予建筑新的要求。由可持续性生态建筑理念所引发的生态设计构思以及绿色建材、可再生能源利用、节能部件等一系列生态建筑技术的应用，是对可持续发展理念最好的诠释。

本书介绍的山东建筑大学生态学生公寓，就是基于生态建筑理念设计并建成的一个旨在展示、试验、培训、推广生态建筑技术的公寓类建筑。该建筑集成了四大体系，即：太阳能综合利用体系、建筑节能体系、环境保障体系、信息技术体系；十二项技术，包括：太阳能采暖新风技术、太阳能烟囱通风技术、太阳能热水技术、太阳能光伏发电技术、外墙保温技术、节能窗技术、地面保温技术、环保建材技术、通风换气技术、遮阳技术、智能控制技术、中水技术等生态建筑技术方面的研究成果。

生态学生公寓采用了先进的生态设计手法及代表国际先进水平的太阳能建筑的最新产品、设备及相关技术，为中国公寓类乃至居住类建筑发展提供了一条探索之路。该项目由加拿大国际可持续发展中心提供技术支持，2003 年 1 月同甲方进行磋商，4 ~6 月进入前期方案及技术论证，9 月正式动工，于 2004 年 9 月竣工并投入使用。生态学生公寓的建成是山东建筑大学节能建筑研究所、设计研究院、建筑城规学院等的集体智慧的结晶，也同时得到山东力诺瑞特新能源有限公司、山东华森太阳能有限公司等合作单位的大力支持，在此表示感谢。

本书详尽地阐述了山东建筑大学生态学生公寓的各项生态建筑技术的基本原理、设计方法、系统特性、经济技术评价等内容。除可作为相关专业大专院校师生、研究人员参考资料外，还可为设计者、建造者、投资方及业主等提供有关生态建筑技术方面的参考。

本书由王崇杰、薛一冰等编著，各章节的执笔者依次为：

第一章　王崇杰　张　蓓

第二章　何文晶　薛一冰

第三章　王崇杰　何文晶　王　艳

第四章　韩卫萍　何文晶　薛一冰

第五章　王崇杰　谢　涛　张振兴

第六章　温　超　薛彩霞

第七章　薛一冰　管振忠

生态学生公寓在工程建设中得到了国内外相关部门及多位专家的支持和帮助，特别是山东省建设厅科教处黄鸿翔、殷涛，山东建筑大学设计研究院赵学义、王德林、孙永志、田丽、辛同升，山东建筑大学建筑城规学院刘甦、张军民，山东建筑大学基建处岳勇、董丛银、徐广利、胡志清，山东力诺瑞特新能源有限公司高元琨、赵青、文哲亮、孙献鹏、孙培军，山东华森太阳能有限公司杨学武、孙迎光、陈永昌，国际可持续发展中心 Dr. Seymour、卫欣，在此表示一一感谢。

生态公寓的十几项技术中，有的是在国内首次使用，建设过程同时也是新技术的实施过程，带有实验和尝试性。同时，由于时间及编著者水平所限，书中难免有不妥之处，文字表达也可能存在疏漏，恳请读者批评指正。

目　录

第 1 章
可持续发展生态建筑综述

1.1 可持续发展生态建筑理念的源起

20世纪，人类欣喜地陶醉于工业革命带给我们的巨大成就，整个世界都在相信经济是主导人类社会发展的惟一因素。尤其在那个“能源廉价”的时代，人类一方面肆无忌惮地吞噬着自然馈赠给我们的石油、煤炭等能源，另一方面又向大自然无情地排放着或许是上万年都不可降解的污染物（图1－1）。一时间“臭氧层破坏”、“酸雨”、“沙尘暴”、“温室效应”等说明环境恶化的词语充斥着我们的耳朵。20世纪，既是人类从未经历过的伟大而进步的时代，又是史无前例的患难与迷惘的时代。

残酷的现实使人类逐渐认识到建立在生态破坏基础之上的经济发展是没有生命力的。人类必须找到一条与大自然和谐发展的可持续发展道路。一场轰轰烈烈的可持续发展运动悄然兴起。

20世纪30年代，美国建筑师兼发明家B·富勒（R·Buckminiser Fuller）首次提出“少费而多用”（more with less），也就是对有限的物质资源进行最充分、最适宜的设计和利用，使其符合循环利用原则。

1962年美国生物学家拉切尔·卡逊（Rachel Carson）所著的《寂静的春天》（Silent Spring）第一次披露了生态环境遭到破坏后可能出现的可怕前景，这部著作对绿色运动的推动起了重要作用。

1974年，E·R·舒马赫发表了著作《小是美好的》（Small is Beautiful），反对使用高能耗的技术，提倡利用可再生能源的适宜技术。

80年代中期出现了盖娅运动，这是由J·拉乌洛克（James Lovelock）的著作《盖娅：地球生命的新视点》（Gaia：A New Look Life on Earth）的问世引发的。这本书将地球及其生命系统描述成古希腊的大地女神——盖娅，她总是努力创造和维持生命。书中的主要观点是：将地球和各种生命系统都视为具备生命特征的实体，人类只是其中的有机组成部分，不是自然统治者，人类和所有生命都处于和谐之中；要利用洁净能源，使用绿色建材、绿化、自然通风和采光，防止对大气、水体和土壤的污染，沿袭建筑文脉等。

在国际上，可持续发展的重要思想是20世纪80年代中期提出来的。1992年在巴西里约热内卢召开的联合国环境与发展大会上，把这一思想写进了会议的所有文件，取得了世界各国的共识。

在建筑领域，20世纪60年代美籍意大利建筑师保罗·索勒瑞（Paola Soleri）把生态学（Ecology）和建筑学（Architecture）两词合并为“Arology”，提出“生态建筑学”的新理念。1969年美国著名风景建筑师麦克哈格（Lan L. McHarg）所著的《设计结合自然》一书的出版，标志着生态建筑学的正式诞生。

图1-1 人类对自然环境的破坏

与此同时，可持续发展的思想深刻影响着建筑领域。1991年布兰达·威尔和罗伯特·威尔（Brenda and Robert）合著的《绿色建筑——为可持续发展而设计》问世，其主要观点是：节约能源、设计应与气候条件相结合、材料与能源的循环利用、尊重用户（以人为本）、尊重建筑环境、整体的设计观。1993年美国出版的《可持续发展设计指导原则》一书列出了“生态建筑设计细则”。1993年6月国际建协在芝加哥会议上通过的《芝加哥宣言》，继续推动生态建筑发展。

1994年西姆·范·德·莱恩（Sim Van der Ryn）所在美国加州著名的伊莎莱研究所，在Big Sur市召开有全美生态设计的学界领袖们参加会议。这次会议通过创立“国际生态协会”议案，将分散的研究成果综合起来，以指导年轻一代，并发表了号召“生态革命”的THE BIG SUR宣言。1995年他又和S·考沃（Stuart Cowan）合写了《生态设计》（Ecological Design）一书，被誉为建筑学、景观学、城市学、技术学方面的一次革命性的尝试。

1995年德国的K·丹尼尔斯（Klaus Daniels）写了专著《生态建筑技术》（The Technology of Ecological Building），对生态建筑的基本原理及各项技术都讲得具体清晰，并举实例说明。

1996年3月，来自欧洲11个国家的30位著名建筑师，如R·皮阿诺、R·罗杰斯和赫尔佐格等，共同签署了《在建筑和城市规划中应用太阳能的欧洲宪章》（European Charter Solar Energy in Architecture and Urban Planning），其中提出了有关具体规划设计的极有启发性的建议，并指明了建筑师在未来人类社会中应承担的社会责任。

一些学者认为：可持续发展的提法不但具有科学性还兼具人文性。随着全球性可持续发展战略的确立，新的生态价值观正在成为规范我们社会行为的一种指导原则，科学技术范式也因此发生根本的改变，即呈现出生态化发展态势。在科学领域，它表现为生态学和环境科学日益受到重视。这些学科愈来愈深刻地提示出生态系统运动的规律，客观上为人类利用这些规律创造了条件，实现人与自然的持续发展和协同进化。在技术领域，对技术的运用不仅要从人的物质及精神需要以及生活的健康和完善出发，而且要求技术选择与生态环境相容。

据统计，人类从自然界所获得的50%以上的物质原料用来建造各类建筑及其附属设施，这些建筑在建造与使用过程中又消耗了全球能源的50%左右；在环境总体污染中，与建筑有关的空气污染、光污染、电磁污染等就占了34%，建筑垃圾则占人类活动产生垃圾总量的40%（图1-2）。可见，建筑在社会总耗能中的比例已占据相当大的份额。因此，要实现整个社会的可持续发展，必须在全社会倡导大力发展一种与自然界和谐发展的建筑，即可持续发展的生态建筑。

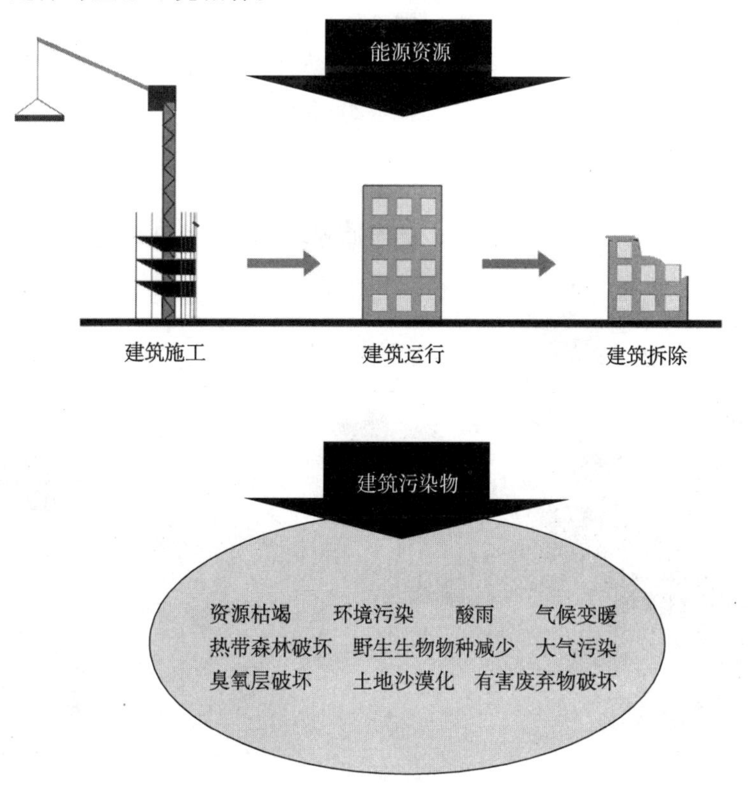

图1-2 建筑对环境的影响

生态建筑是指在建筑生命周期（选址、规划设计、施工、使用管理及拆除过程）中，以最节约能源、最有效利用资源的方式，建造最低环境负荷的情况下提供最安全、健康、效率及舒适的居住空间，达到人及建筑与环境共生共荣、永续发展的建筑。

生态建筑应遵循可持续发展原则，体现绿色平衡理念，通过科学的整体设计，集成绿色配置、自然通风、自然采光、低能耗围护结构、太阳能利用、地热利用、中水利用、绿色建材和智能控制等高新技术。生态建筑必须充分展示人文与建筑、环境与科技的和谐统一。此外，生态建筑具有选址规划合理、资源利用高效循环、节能措施综合有效、建筑环境健康舒适、废物排放减量无害、建筑功能灵活适宜等六大特点。它不仅要满足人们的生理和心理需求，而且要对环境的冲击最小。按照绿色建筑标准建造的住宅，不仅可以让人们享有更舒适、更方便、更健康的生活条件，而且有利于保护生态环境、节约能源。

1.2 生态建筑的实践

1.2.1 朴素的生态建筑

我们今天讲的“生态建筑”，不少人以为是一种新的理念，殊不知建筑的生态属性，早在其诞生时便已经具有了。

人类社会的初期，栖居的方式、建筑的构造都来源于自然，都是以自然元素搭建起来的，其最基本的使用属性和使用价值都以居住为目的，没有过多的镶饰，完全取材于自然，来源于自然。在远古时代，人类是自然界中极为普通的动物，为了共同对抗其他动物群的袭击，为了共同抵御天灾、获取食物，他们生活在一起，形成一定的聚居群落。

西双版纳的干阑式民居（图1－3)，黄土高原上的传统窑洞（图1－4)，这无一不与当时的生态环境密切相关，有着非常明显的自然适应性。

1）**干阑式民居**。干阑式民居是一种下部架空的住宅。它具有通风、防潮、防盗、防兽等优点，对于气候炎热、潮湿多雨的中国西南部亚热带地区非常适用。这类民居规模不大，一般三至五间，无院落，日常生活及生产活动皆在一幢房子内解决，对于平坎少、地形复杂的地区，尤能显露出其优越性。

2）**传统窑洞**。传统窑洞是世界上现存最多的古代穴居形式。它依山靠崖，妙居沟壑，凿土挖洞，取之自然，融于自然，因地制宜、就地取材、适应气候。生土材料施工简便、便于自建、造价低廉，有利于再生与良性循环，最符合生态建筑原则。由于窑洞是在地壳中挖掘的，只有内部空间（洞室）而无外部体量，

图1－3 西双版纳的干阑式民居

图1－4 黄土高原的传统窑洞

所以它是开发地下空间资源、提高土地利用率的最佳节地建筑类型。又因为窑洞深藏土层中或用土掩覆，可利用地下热能和覆土的储热能力，冬暖夏凉，具有保温、隔热、蓄能、调节洞室小气候的功能，所以它是天然节能建筑的典型范例。

1.2.2　现代的生态建筑

当然，发展到现代的"生态建筑"，不仅仅局限于传统窑洞、干阑式民居等生土建筑，而是有了一个审美层次上、技术层次上的提升乃至飞跃。随着科技的发展，材料的更新，人类对自然适应性有了更高的认识与理解。

1973 年爆发了石油危机，1974 年即召开了首次国际被动式太阳能大会，主要议题是通过对太阳能供热，包括太阳能集热器技术和太阳能温室的开发利用，减少对不可再生能源的依赖。在太阳能住宅发展的基础上进一步出现了综合考虑能源的节能住宅，通过外墙、屋顶设置保温层（保温材料采用聚苯乙烯等）、采用双层中空玻璃窗等措施提高了建材的保温隔热性能。20 世纪 80 年代出现了不少现代覆土建筑，多数是住宅，也有图书馆、博物馆等公共建筑。即使采用了更多的机械通风与人工照明，仍然节约了大量的采暖和制冷能耗。许多国家都依据本国的特点，在现代生态建筑方面，做出了许多有益的尝试。

1）英国 BRE 绿色环境楼。英国 BRE 的环境楼（图 1－5）为三层框架结构，建筑面积 6000m²，其设计新颖，环境健康舒适，不仅提供了低能耗舒适健康的办公场所，而且拥有可以用作评定各种新颖绿色建筑技术的大规模实验设施。

该大楼最大限度利用日光，南面采用活动式外百叶窗，减少阳光直接射入，既控制眩光又让日光进入，并可外视景观。采用自然通风，尽量减少使用风机。采用新颖的空腔楼板使建筑物空间布局灵活，又不会阻挡天然通风的通路。顶层屋面板外露，避免使用空调。白天屋面板吸热，夜晚通风冷却。埋置在地板下的管道利用地下水进一步帮助冷却。安装综合有效的智能照明系统，可自动补偿到日光水准，各灯分开控制。建筑物各系统运作均采用计算机最新集成技术自动控制。用户可对灯、百叶窗、窗和加热系统的自控装置进行遥控，从而对局部环境拥有较高程度的控制。环境建筑配备 47m² 建筑用太阳能薄膜非晶硅电池，为建筑物提供无污染电力。

该建筑在再生或再循环建材的使用方面也做了许多有益的尝试。例如，老建筑的 96% 均加以再生产或再循环利用；使用了再生砖；使用了再生红木拼花地板；90% 的现浇混凝土使用再循环利用骨料；水泥拌合料中使用磨细粒状高炉矿渣等。

2）德国法兰克福商业银行总部大楼。N·福斯特事务所设计的德国法兰克福商业银行总部大楼（图 1－6）成功地将自然景观引入超高层集中式办公建筑中，使城市高密度的生活方式与自然生态环境相融合，被称为世界上第一座生态型超高层建筑。

新鲜空气通过表皮上的连续槽进入通风层，办公室内的控制板使自然通风系统得到完善，通过它可以用手工或机械方式打开或关闭通风系统，这样产生的缓冲气流再次进入建筑主体，使内部空间获得柔和的自然通风。当气候条件不允许使用自然通风时，可以使用一套机械送风系统，在冬天还有一个带温度控制装置的外围加热系统可供使用。此外，表

图 1–5　英国 BRE 绿色环境楼

皮还有精心设计的热学装置以减少直射阳光的影响以及对空调的需求，同时也就减少了能量的消耗。

3）英国的贝丁顿零能源社区。英国的贝丁顿零能源社区（图1-7）是英国最大的环保生态小区。自居民2002年入住以来，它蜚声世界，是国际公认最重要的生态建筑与居住的范例。

图1-6 法国法兰克福商业银行总部大楼

图1-7 英国的贝丁顿零能源社区

房屋保温是该建筑群的第一项考虑。通过加厚外墙，使屋顶、墙和地面形成超级绝缘外套。这样，热水和做饭等日常活动中产生的热能，就足以保持室内的温度。厚墙在夏天可阻热，冬天可保暖，在没有暖气和空调的情况下，夏季为20~25℃，冬季达10~15℃。屋顶的风动换气系统利用热交换原理，在保证空气流通时可保持50%~70%的空气湿度。所有的住宅都朝南，采用三层玻璃的大落地窗采光、采暖。使用密封木窗框减少了热量流失。向阳面的部分玻璃窗和屋顶安装了透明太阳能板，太阳能转化成电能，供小区40辆电动汽车充电。

一般家庭的能耗主要在取暖、照明、做饭、用水、家用电器和汽车用油几个方面。小区建设对每一细节都做了避免使用石油天然气、零碳排放的统筹考虑。室内选用最新高效节能型的灶具、冰箱、洗衣机；照明全部采用节能灯。此外，还选用双冲水厕具，曝气龙头和淋浴器，大大减少了用水量。小区的能源检测值显示，家庭供热（取暖和热水）消耗的能源只有一般家庭的10%；耗水量只有英国平均值的50%。据估计，与典型的郊区住房相比，居民可减少60%的能源需求和90%的热力需要。

小区内部的热、电中心，提供小区用电和热水。发电使用的燃料是当地修剪的树枝和废木料。使用生物燃料，不仅不产生碳排放，而且还减轻了城市树木肥料被当作垃圾倾倒掩埋的巨大压力。发电时产生的热水通过绝缘管道送入户内的热水罐，供居民使用。热电中心的电力与国家电网相联，一般情况下，可满足小区需要，多余部分供给国家电网；用电高峰时，国家电网可以补充。

贝丁顿零能源社区不仅零能源，而且零碳、无废弃物排放，是真正的环保生态小区。贝丁顿一方面利用各种节水设施，还利用雨水和废水。屋顶的雨水部分流入阳台花园储水罐，用于花园浇灌，部分流入地下储水罐，经处理后用于冲洗厕所。停车场使用渗水砖，减少雨水流失，从空中花园、道路和人行道流走的水排入到开发区前面，提高了沟渠的水位，又吸引了野生动物。小区的废水通过小规模生物处理系统过滤掉食物、植物等之后，进入地下水罐补充雨水，用于冲洗厕所。滤出的“有机物”保留在温室中作肥料，用来培养观赏植物。在地下大型储水罐收集的雨水和再循环水在小区中约占水消耗的 1/5。小区建筑还设计了空中花园，屋顶没有太阳能板的地方都栽种了植物，二层的阳台花园与北面一幢楼的邻居用天桥相连。空中花园基本用植物覆盖屋顶，既减少了热辐射，又为鸟类提供了栖息地。小区还考虑到了可持续发展交通。贝丁顿鼓励住户使用公共交通或租用小区零碳排放的电动汽车和自行车，取代私家汽车。小区还特别设计成商住两用，使部分住户就地办公，减少交通流量。

4）清华大学设计中心楼。清华大学设计中心楼（图 1－8）是北京首座绿色建筑，也是我国较早的绿色建筑之一。其主要特点是利用南、北两个中庭组织室内自然通风，西立面设置遮阳墙，南立面设置遮阳隔板，室内设置较大的休息厅将植物引入改善景观环境。

图 1－8
清华大学设计中心楼

设计楼位于清华大学主楼前新建建筑群的东侧，坐东朝西，门前是一大片绿化草坪，主入口南边是很有特色的一个绿化斜坡。设计楼建筑面积 6800m^2。建筑布局基本呈长方形，体形系数较小，以减少冬季建筑的热损失。建筑的中心轴线为东西方向，门厅、楼梯、电梯间与会议室等非主要工作室，布置在建筑的东西两侧，以缓解东西日照对主要工作区域的影响。

从西部的主入口进入，正对一个东西向狭长的带玻璃天窗的中庭，沿着一个大楼梯直上二层，工作空间划分为中部的大开间开敞式设计工作室区域与北部的小开间办公室，可以根据不同功能需要加以安排，使工作室的布置具有一定灵活性。中间和北部的工作室之间也有一个东西向狭长的带有玻璃天窗的中庭。二层的西南和西北角设置小酒吧提供休息空间。整个建筑内非办公空间面积的比例比一般办公建筑大得多，这样一方面为员工提供了良好休闲景观与休息活动空间，另一方面可以有效地缓解外部环境对办公空间的影响。

1.3 生态建筑的技术策略

生态建筑是一个高度复杂的系统体系，因此，生态建筑技术策略应贯彻于建筑的整个生命周期内，强调建筑在整体、综合性能方面达到建筑的可持续化要求，各方面可通过相关调整形成相互补充，以方便使用者根据本地区的技术经济条件建造生态建筑。由于各地方的自然条件不同，环境保护和生活要求不尽一致，可充分发挥地方的资源和特色，采用适合当地的技术手段，达到统一的生态建筑水准。

生态建筑技术策略主要包括选择可持续发展的场地、节水、能源和大气环境、材料和资源、提高室内空气质量五个方面。

1.3.1 选择可持续发展的场地

生态建筑的选址应尽量不占用耕地，提倡褐地再开发。优先选择已开发或具有城市改造潜力的地区，具有便捷的公共交通，尽量减少对周边环境的影响。优先考虑选择不含敏感选址因素和非限制性的土地类型，并在设计中尽可能减少对地表的破坏，合理安排开发项目，建立立体停车场，与相邻建筑共享基础设施，引导在已有基础设施的城市地区进行工程开发，以保护绿地、生活环境和自然资源。科学地为生态建筑提供集约化、高效的良好生态环境，包括最佳的风环境、空气质量、日照条件、雨水收集与利用系统、绿地景观与功能系统等；保障在各建筑组团中的生态建筑能够参与城市生态安全格局间的自维护系统、防护系统，参与城市系统与自然系统之间的交换，实现其呼吸功能，降低光污染及城市热岛效应。

1.3.2 节水

我国是世界上严重缺水的国家之一。据统计，我国人均水资源占有量不足2200m^3，不到世界人均水资源占有量的1/4，全国600多个城市中有400多个供水不足。另一方面，随着经济的发展、人口的增加，我国用水总量将进一步增加，估计到2030年左右将出现用水高峰，到那时我们将进入更加严重的缺水时代。

因此，要实现在生态建筑全生命周期内节约水资源，就要结合当地水资源状况和气候特点，合理规划水环境，优化水资源结构，保证安全的生活用水、生态环境用水和娱乐景观用水，制定相应的节水、污水处理回收利用、雨水收集和回用方案，实现水的循环利用和梯级利用。对于沿海严重缺水城市应考虑海水利用方案。努力提高水循环利用率和用水效率，减少污水排放量。

1.3.3 能源和大气环境

应合理地选择确定整个建筑中各设备系统的能源供应方案，优化建筑中各设备系统的设计和运行；结合居住区的具体情况（规模密度、区位、周边热网状况）采取最有效的供暖、制冷方式；加强能源的梯级利用。

例如对于小区中的采暖系统，在城市规模、市政管网设施等条件适宜的地区应推广热电联产、集中供热等大型采暖方式；在有合适的低温热源可以利用的地区可考虑采用热泵等采暖方式；对以电为主要能源的地区，电力峰谷差大的地区宜采用蓄热技术；泵、风机等动力输送设备宜采用变频技术；集中供热应对热网系统进行优化设计，并加强保温；对于集中供热的采暖末端应设有热计量装置和温控阀等可调节装置。

我国可再生能源资源潜力巨大，具有成为后续替代能源的能力。世界各国发展可再生能源的经验已经证明，可再生能源属于清洁能源，是一个具有无限发展前景的、代表人类未来能源的领域。要尽可能节约不可再生能源（煤、石油、天然气），减少大气污染，并积极开发可再生的新能源。我国资源潜力巨大的可再生能源资源包括太阳能、风能、水能、生物能、地热能等无污染型能源。提高可再生能源在建筑能源系统中的比例，同时要注意提高可再生能源系统的效率。

1.3.4　材料和资源

在发展废旧资源再生利用产业的过程中，必须根据其特点，坚持系统化的思想，明确废物再生利用全过程的各个环节，以及其涉及的相关方面和相关方面各自应做的工作、承担的责任和义务。加强对施工废物的管理；提倡对可再利用材料的使用，延长其使用周期，降低由于材料生产和运输对环境造成的影响；提高就地取材制成的建筑产品所占的比例，减少材料运输对环境造成的影响；减少对天然材料和再生周期长的材料的使用和消耗，尽可能地用可快速再生的材料。

1.3.5　提高室内环境质量

现代科技和材料在建筑中的大量使用，一方面提高了建筑的舒适、便利、美观和坚固；但另一方面各种化工建材、现代家具和设备系统的增多，建筑密闭性的增强，造成了现代建筑中普遍存在的通风不良、空气污染，室内环境恶化的情况，对人类生命安全和健康构成了潜在的威胁，引发出许多新的疾病。因此，在生态建筑中，应提高室内环境质量，满足健康、舒适的要求，控制室内二氧化碳、甲醛等污染物质含量，提高自然通风效率，合理提高热舒适度、光舒适度、声舒适度。

场地、建材、家具、设备系统内部都可能产生污染物从而影响室内空气质量。通过控制这些污染源，就有可能减少污染物的数量和浓度。例如将有助于微生物生长的材料如管道保温隔声材料等进行密封，对施工中受潮的易滋生微生物的材料进行清除更换，建筑物使用前用空气真空除尘设备清除管道井和饰面材料的灰尘和垃圾。

完善通风设计和调节是一项非常重要的技术措施，加强自然风的通畅性，合理设计门窗位置和大小，可以利用室外新鲜空气稀释室内被污染的空气，这是最经济有效的方法。

1.4　现阶段我国发展可持续性生态建筑的必要性

20世纪90年代后期，可持续性生态建筑理念就已被引入我国。但直至今日，我国在可持续性生态建筑发展方面与国外相比仍存在很大的差距：如在建筑节能方面，与气候相近的国家相比，我国采暖地区的建筑能耗约是他们的3倍左右；在生态建筑设计、自然通风、可再生能源利用、绿色环保建材、室内环境技术、资源回用技术、绿化配置技术等研究方面均需加快应用研究。

总体上说，我国可持续性生态建筑的发展尚属起步阶段，缺乏系统的技术政策法规体系；本土化的单项关键技术储备和集成技术体系的建筑一体化研究应用均需进一步深化；国内外生态建筑领域的合作交流还未全面展开，真正意义的可持续性生态建筑尚未进入实质性推广应用阶段。

近年，党中央提出要大力发展节能省地型住宅，全面推广和普及节能技术，制定并强制推行更严格的节能节材节水标准。在建筑业树立和落实全面、和谐、可持续科学发展观，倡导循环经济，大力推动节能省地型建筑实施和发展，使可持续性生态建筑在我国具有了广阔发展前景。

因此，面对机遇和挑战，当务之急是要加大投入，在学习、借鉴国外成功做法的基础上，结合国情，让社会各界对推行生态建筑的必要性和紧迫性有充分认识；结合各地地域特征和经济现状，通过技术创新和系统集成，制定颁布绿色建筑标准和评估规范，研究开发、应用推广绿色新技术、新材料和成熟适宜的生态建筑技术体系；努力实践建筑生态化各项具体措施，建立健全生态建筑立项、设计、施工、运营各环节管理机制和技术政策法规；搭建国内外生态建筑合作交流平台，最终通过研究、设计单位与政府、工业界密切合作，推动生态建筑成为我国未来建筑主流，实现建筑业的可持续发展。

第2章
可持续发展的生态学生公寓综合介绍

发展生态建筑是贯彻落实中央提出的发展节能省地型住宅和公共建筑的重要举措。党的十六大报告指出，我国要实现“可持续发展能力不断增强，生态环境得到改善，资源利用效率显著提高，促进人与自然的和谐，推动整个社会走上生产发展、生活富裕、生态良好的文明发展道路”。在这个大背景下，对于高校来说，研究和建设可持续发展的生态学生公寓是非常有意义的。

2.1 工程概况

山东建筑大学生态学生公寓（图2－1）作为建筑科技成果的展示平台，引进和应用国内外最新的科技产品，进行学科合作，发挥出了整体优势。2005年被建设部授予建筑节能科技示范工程，并被评为山东省优秀勘察节能设计一等奖。

图2－1
生态公寓建成实景

2.1.1 项目由来

21世纪，生态建筑的设计与研究成为世界各国普遍关注的课题。通过广泛考察与多次接洽，2003年，山东建筑大学与加拿大国际可持续发展中心（ICSC）合作，在加拿大国家工业部和自然资源部资助下进行生态建筑课题的研究。课题组在山东建筑大学新校区待建的二期工程中确定了生态公寓实践项目，综合多个学科优势，进行全系统、全方位、全天候的生态化设计，在合理造价的前提下力求技术先进、节约能源、使用舒适。

2.1.2 项目意义

近些年来，我国高等院校的办学规模有了突飞猛进的发展，拉开了我国高等教育从精英教育阶段向大众教育阶段发展的序幕。2004年，全国各类高等教育在学人数超过2000万人。高校扩招后基础设施明显不足，特别是学生公寓的建设不能满足扩招的需要。1999～2002年，全国新建大学生公寓3800多万平方米，改造1000万m^2，是1999年以前、新中国成立50年建设总量的1倍以上。2001年2月，教育部针对高校学生公寓的建设问题下发了《关于大学生公寓建设标准问题的若干意见》，其中明确指出："新建设的大学生公寓与现有大学生宿舍相比，其条件要有明显的改善。"这里包括建设投资、工程设计、物业管理等方面的内容。高校学生公寓的设计与建设已经引起有关部门和设计单位的高度重视。

通过对多所学校广泛调查发现，高校学生公寓目前普遍存在以下几个问题：一是能耗大，绝大部分建材和构造做法不能满足节能设计要求；即便部分新建建筑的围护结构能够达到国家规定的节能标准，但是在使用过程中，由于公寓的换气次数和换气耗热量一般都高于住宅，而且随着公寓建设量的增加和学生生活水平的提高，学生公寓的能耗也大大增加。二是室内舒适度差，由于居住人数较多，公寓室内空气质量较差，影响了学生健康。针对以上问题，我们在此工程中采取下列解决方法：应用太阳能技术、提高围护结构热工性能为公寓节能开源节流；采取多种措施加强通风，提高室内空气质量。另外，使用绿色建材、实行智能控制，则将大大提高生活质量、实现可持续发展。

山东建筑大学生态学生公寓具有先进的能源设计、成熟的节能技术以及良好的环境品质，在节约能源、提高舒适度等方面远远胜过传统的集体宿舍，在太阳能利用技术、节能建材的应用方式、智能自控系统的使用管理等方面都是有益的尝试。

2.1.3　设计思路

在生态学生公寓的建设实践中，自然、人类及建筑被纳入统一的研究范围。在目标上，追求自然、人类以及建筑三者协调均衡发展，将环境与建筑有机结合起来，使建筑融入周边宜人的自然环境，致力于为使用者提供品质最佳的空间和环境；在方法上，根据特定的时间、地点和条件，统筹兼顾，妥善处理诸多方面的矛盾，以求得相对稳定的统一，并不断加以调整，整合生态、经济、社会、科技、文化、人文各个方面，探求符合生态公寓建设的方法；在技术上，充分认识到人类面临的生态挑战，重视建筑高新技术、节能技术的开拓与应用，积极而有选择地把国际先进技术与地区的实际相结合，以求达到建设生态建筑的目的。

山东建筑大学生态学生公寓的总体策划旨在通过引进国际先进的节能技术，达到对太阳能多途径的利用、提高室内空气品质、保护环境的目的，并结合生态的设计方法，建立一个利用适宜技术提升建筑品质的生态建筑示范项目，以推动我国建筑的可持续发展。因为生态学生公寓只属于整个学生公寓的一个小单元，因此在平立面及造型设计上都要与其他传统公寓相协调，要在尽量保持原有建筑风格和使用功能的基础上，将太阳能技术等生态设计有机地与建筑结合起来。这是整个设计的出发点。

2.1.4　技术构成

根据气候特点和使用要求，生态学生公寓包括了太阳墙采暖体系、太阳能烟囱通风体系、太阳能热水体系、太阳能光电转换体系、地板低温辐射采暖体系、外墙保温体系、热能自动控制体系、室内新风换气体系、夏季遮阳体系、中水体系、楼宇自动化控制体系、环保建材体系等多种生态建筑设计理念与措施（图2－2、表2－1）。

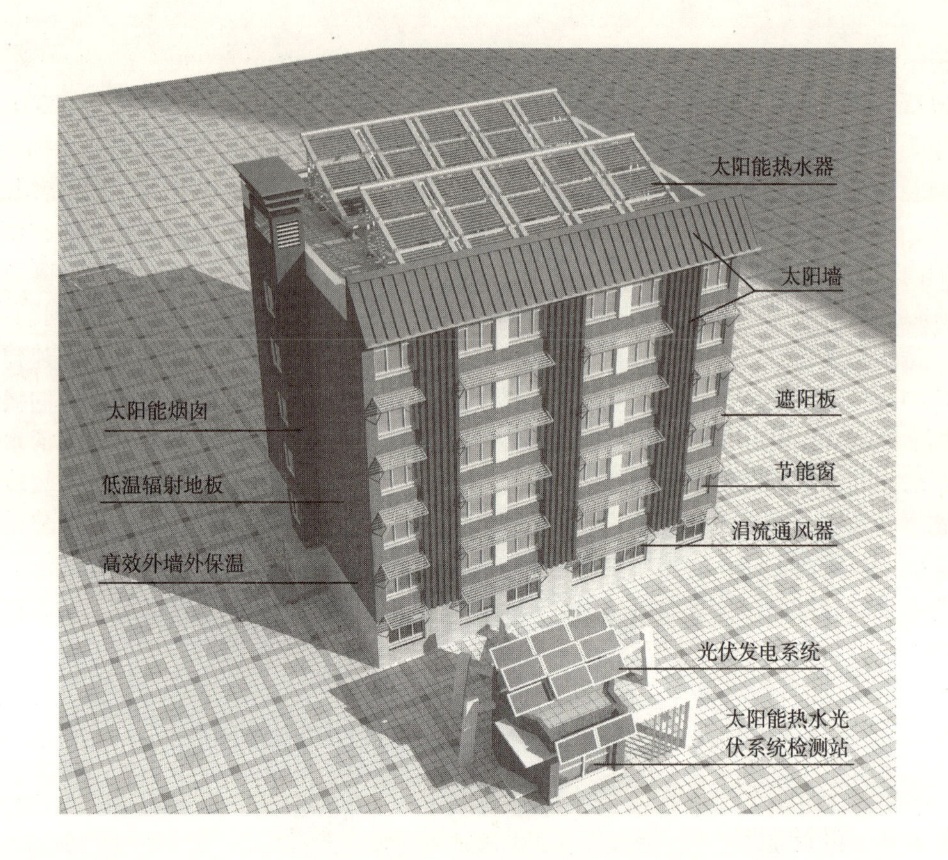

图 2－2
生态公寓综合技术示意图

生态学生公寓综合技术　　表 2－1

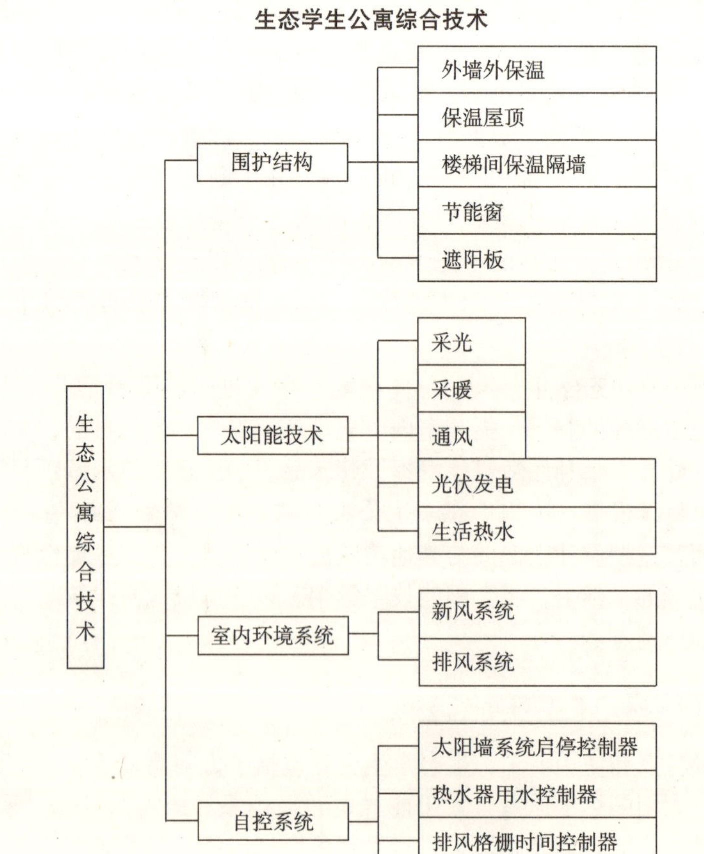

2.1.5 设计合作与过程

2003年5月，由山东建筑大学节能建筑研究所、山东建筑大学设计研究院负责，与加拿大国际可持续发展中心开展该项目的技术合作，深化节能设计；在此期间，与山东力诺新能源公司合作，进行太阳能热水系统设计，与山东华森集团合作，进行光伏发电系统设计。2003年12月生态学生公寓动工，2004年9月竣工交付使用，部分设备和系统于11月底安装完毕，投入使用。

表2-2为工程进度安排。

工程进度表 表2-2

时间	合作单位	工作内容及进度
03.5	加拿大国际可持续发展中心	达成合作意向，实地考察
03.7	加拿大国际可持续发展中心	确定实践项目，商讨节能方案
03.8~11	加拿大国际可持续发展中心	确定建筑设计，深化节能方案
03.12	加拿大国际可持续发展中心	确定实施方案，生态学生公寓动工
04.1~6	加拿大国际可持续发展中心	在施工过程中确保各项设计顺利实施，根据实际情况及时调整
04.3	山东力诺新能源有限公司	商讨并确定太阳能热水系统方案，对施工及时调整
04.7	加拿大国际可持续发展中心	加方专家现场指导太阳墙系统的安装
04.8	山东华森集团	商讨并确定光伏发电系统方案
04.9		生态公寓主体完工
04.10	山东力诺新能源有限公司	太阳能热水系统安装完毕
04.11	山东华森集团	太阳能站建成，光伏发电系统安装完毕
04.12		各系统正常运行

2.2 自然条件与周边环境

2.2.1 自然条件

该项目位于山东省济南市，北纬36°41′，东经116°59′，在我国热工气候分区中属于寒冷地区，是暖温带大陆性季风气候区，四季分明，日照充分，冬季寒冷，夏季炎热。冬季主导风向为东北风，夏季主导风向为西南风。年平均气温13.6℃，1月最冷，月平均气温-1.9℃，7月气温最高，月平均气温27℃。计算用采暖期101天，采暖期室外平均温度0.6℃。年平均降雨量614mm，冬季晴朗干燥，夏季多雨。

在全国太阳能年总辐射量分区中（图2-3），山东省属第三类地区之首，是可利用太阳能资源、发展被动式太阳房的地区之一。济南市年平均太阳辐射总量为51~53J/m^2，光资源比较丰富，位于山东省太阳辐射分布的高值区内。全市太阳辐射的年内变化较大，春季、夏季最多，秋季次之，冬季最少。春季为15.8~16.9J/m^2，占年总量的31%；夏季为16.4~17J/m^2，占年总量的32%；秋季为10.8~11.4J/m^2，占年总量的21%；冬季不足8.4J/m^2，占年总量的16%。全市年日照总时数在2491~2737h之间，每日平均7.0~7.5h，年平均日照百分率为56%~62%。全市光能利用率平均为0.5%，略高于全国的0.4%的水平。

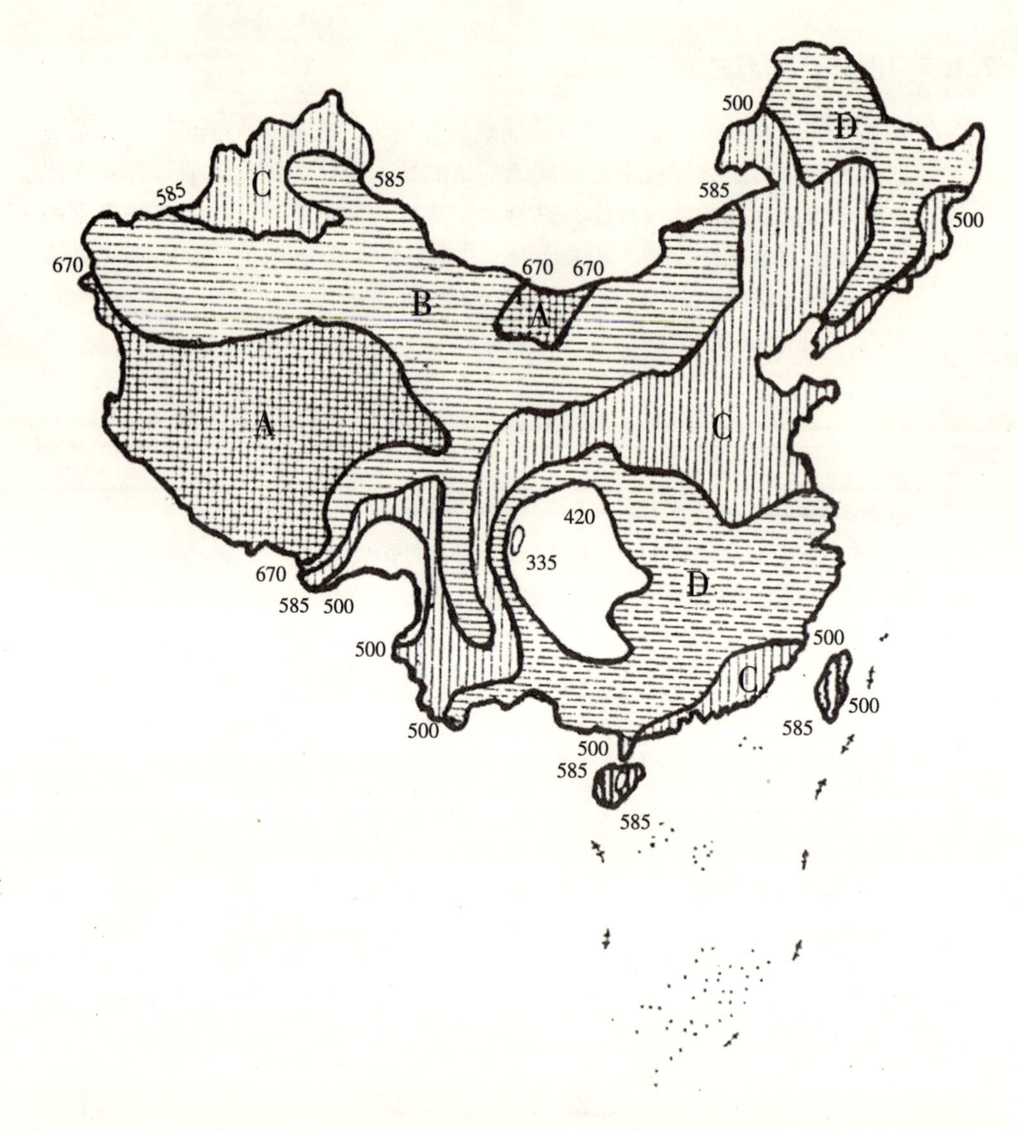

图2－3　太阳能年辐射总量分区示意图

A区年辐射量＞670J/cm²·a

B区年辐射量670～585J/cm²·a

C区年辐射量585～500J/cm²·a

D区年辐射量500～420J/cm²·a

室外气温20～30℃、相对湿度25%～80%、外环境风速不小于2m/s，是形成自然通风的良好条件。从图2－4～图2－6可以看出，济南5～10月符合上述通风要求。济南市太阳总辐射见图2－7。

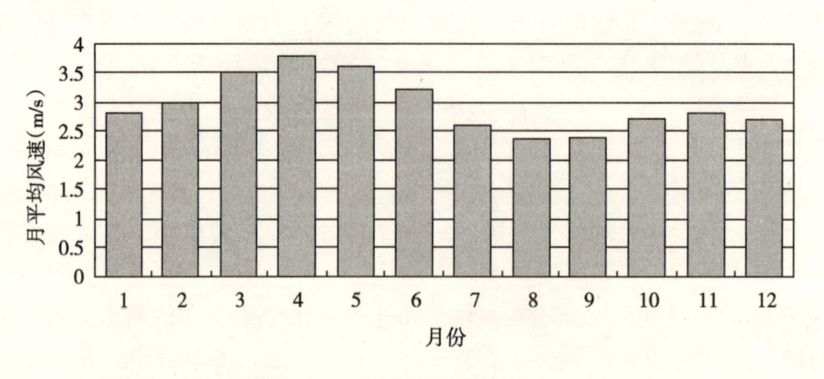

图2－4　济南市月平均风速

综合以上分析，济南地区具有在建筑中利用太阳能采暖和自然通风的有利条件和可行性。

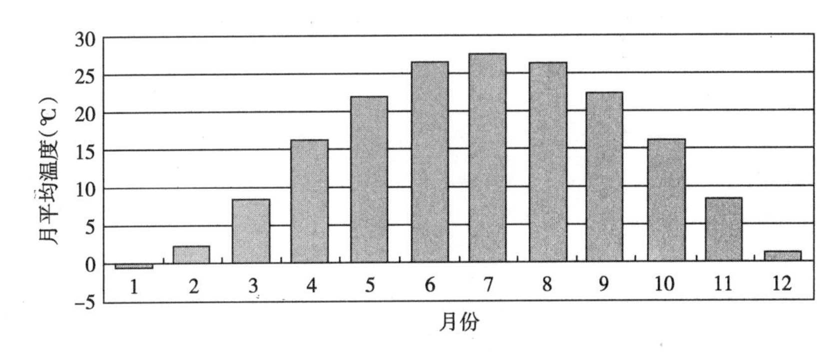

图 2－5　济南市月平均温度

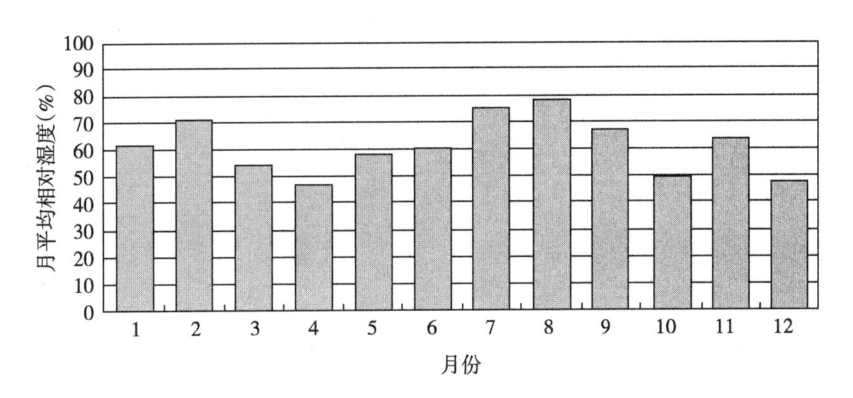

图 2－6　济南市月平均相对湿度

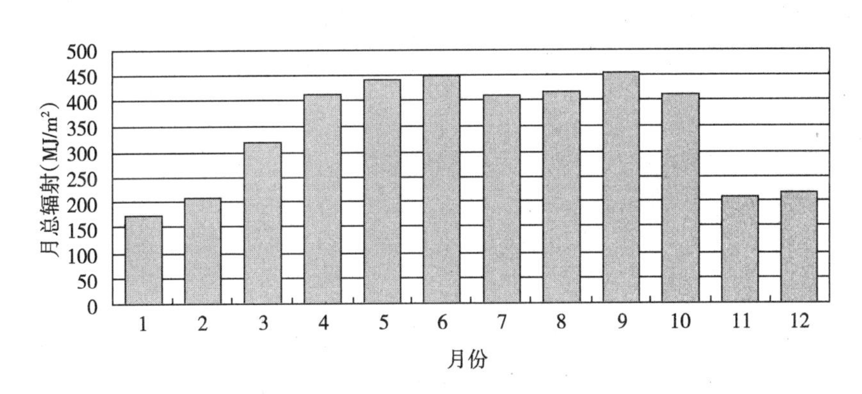

图 2－7　济南市月太阳总辐射

2.2.2　周边环境

山东建筑大学位于济南市东南部经十路北侧的临港开发区，规划用地面积 133hm^2，中部镶嵌着植被良好的山体和清澈的湖水，学生公寓区位于校园北部（图 2－8）。

公寓区自东向西分为四个单元，每个单元有 2～4 幢楼不等。各公寓楼长 110m 左右，平面呈“之字形”，东西两翼为南北正方向，中间一段倾斜 30°角。倾斜部分打破了呆板的规划布局，围合出不同形态的半公共空间，形成内敛、优美的住宿环境（图 2－9）。

生态公寓位于公寓区西北部，是梅园 1 号学生公寓的西翼单元。建筑周边地形开阔，地势南高北低，西侧略高，工程地质条件良好。生态公寓占地 390m^2，建筑面积 2300m^2，长 22m，进深 18m，建筑高度 21m，共 6 层，砖混结

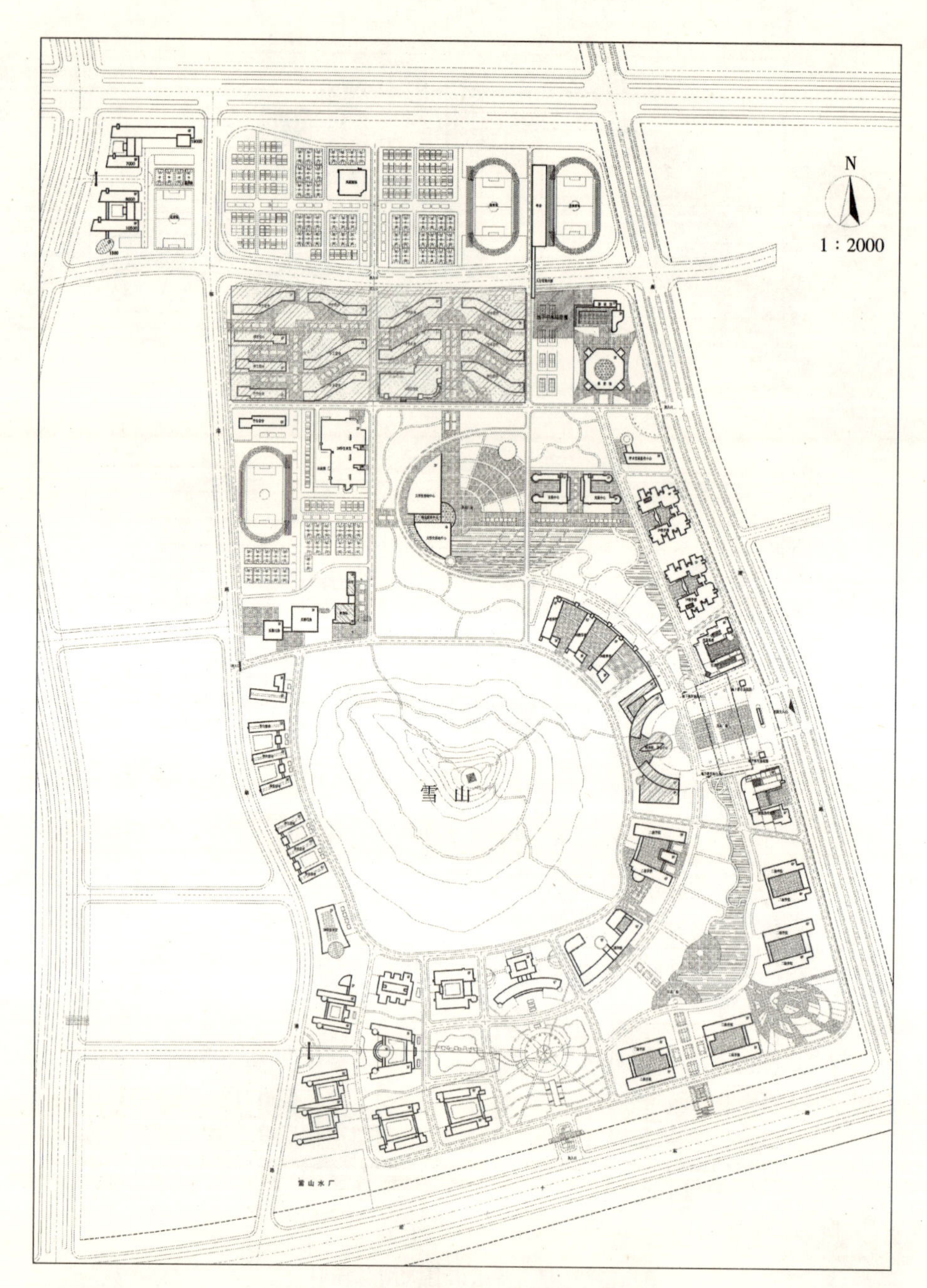

图2－8 学生公寓在校区规划中的位置

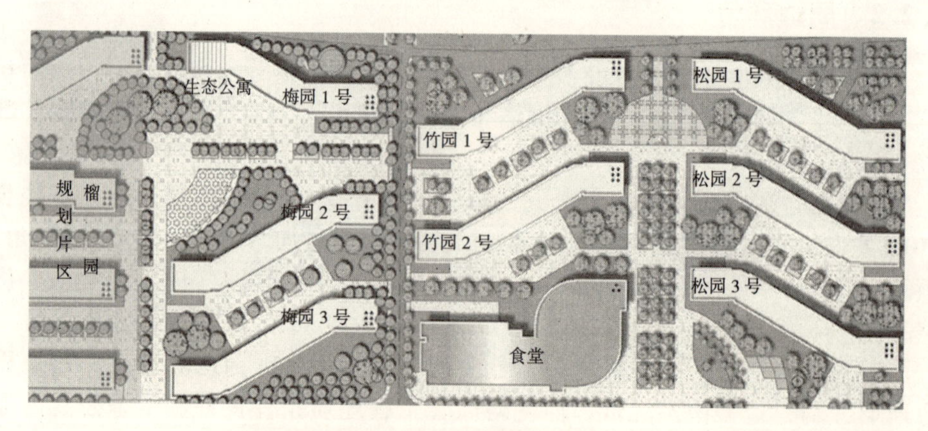

图2－9 生态公寓区位图

构。生态公寓东侧通过一个楼梯间与普通公寓相连接；南侧是一个规划小广场，与前方建筑间距 100m，具有充分利用太阳能的优越条件；西向、北向均无遮挡。该单元共 72 间房间，均为四人间，现作为研究生男生宿舍。

2.3　建筑方案设计

2.3.1　平面设计

在普通公寓的设计中，平面采用内廊式布局，房间南北方向布置，每个房间均配备阳台和卫生间。为实现良好通风与排气，卫生间都布置在房间外侧的封闭阳台上。盥洗、晾晒、活动等功能集阳台于一身，与卧室完全分离（图 2－10）。

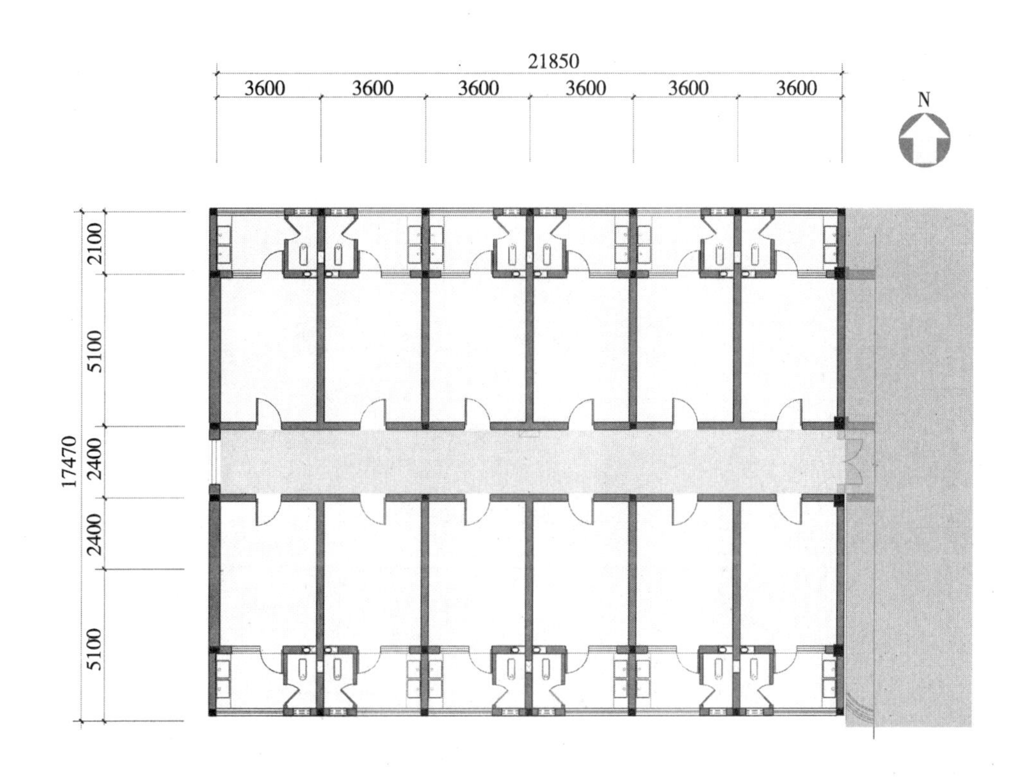

图 2－10
普通公寓标准层平面

为了能够更加充分地利用太阳能资源，生态公寓在保留了原有优秀设计的基础上，在以下方面做了部分调整（图 2－11）。

平面总体布局上，生态公寓平面呈矩形，外墙平直，体形系数为 0.21，符合我国《民用建筑节能设计标准（采暖居住建筑部分）》（JGJ26—95）中的规定，能有效降低冬季热损失（图 2－12、图 2－13）。与原有设计相比，增加了防火门、水箱设备间和钢结构通风道（即太阳能通风烟囱）。该部分通过一个锥形楼梯间与东部普通公寓部分相连接，相接的走廊处安装了一个乙级防火门，门上的闭门器保证门处于关闭状态，不但实现了空间上的分隔，而且在冬季保温方面起到很大作用，避免了相邻楼梯间的拔风作用对生态公寓部分的直接干扰。屋顶设专用水箱设备间，安放消防和太阳能热水水箱、太阳能热水系统及楼宇自动化控制设备。平屋面用来摆放太阳能热水系统的集热器，水箱集中布置在水箱间，有利于水箱保温。走廊西墙外侧设一钢结构通风道，通过走廊西端的窗户与室内连接，利用热压原理加强自然通风。

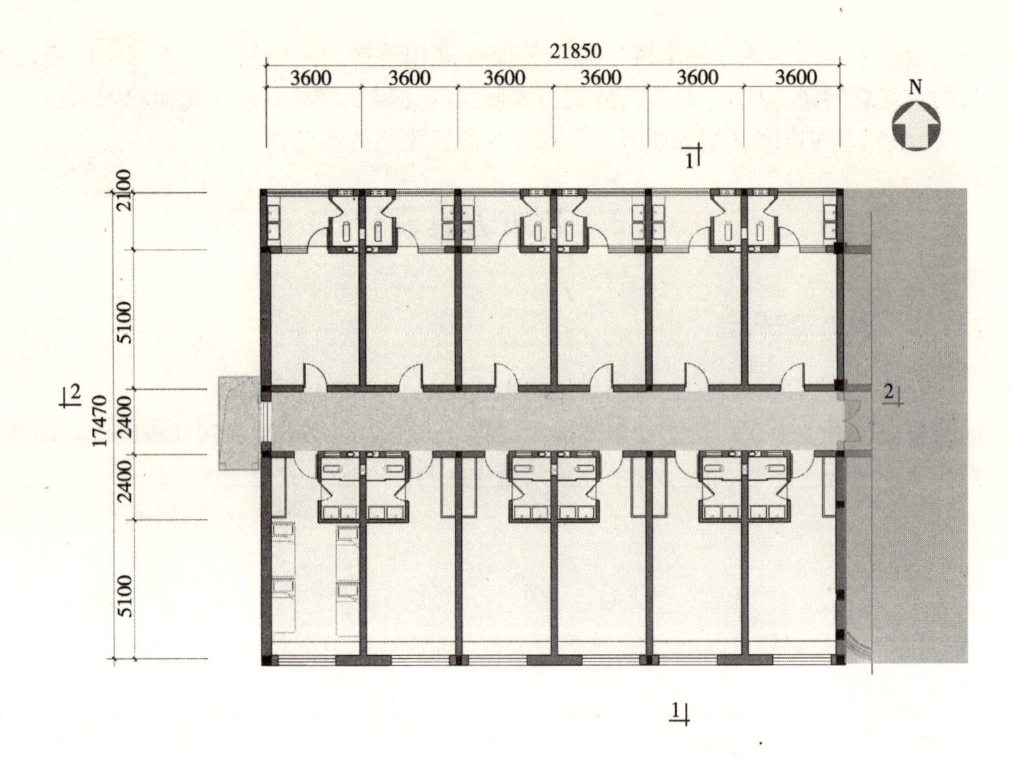

图 2－11
生态公寓标准层平面

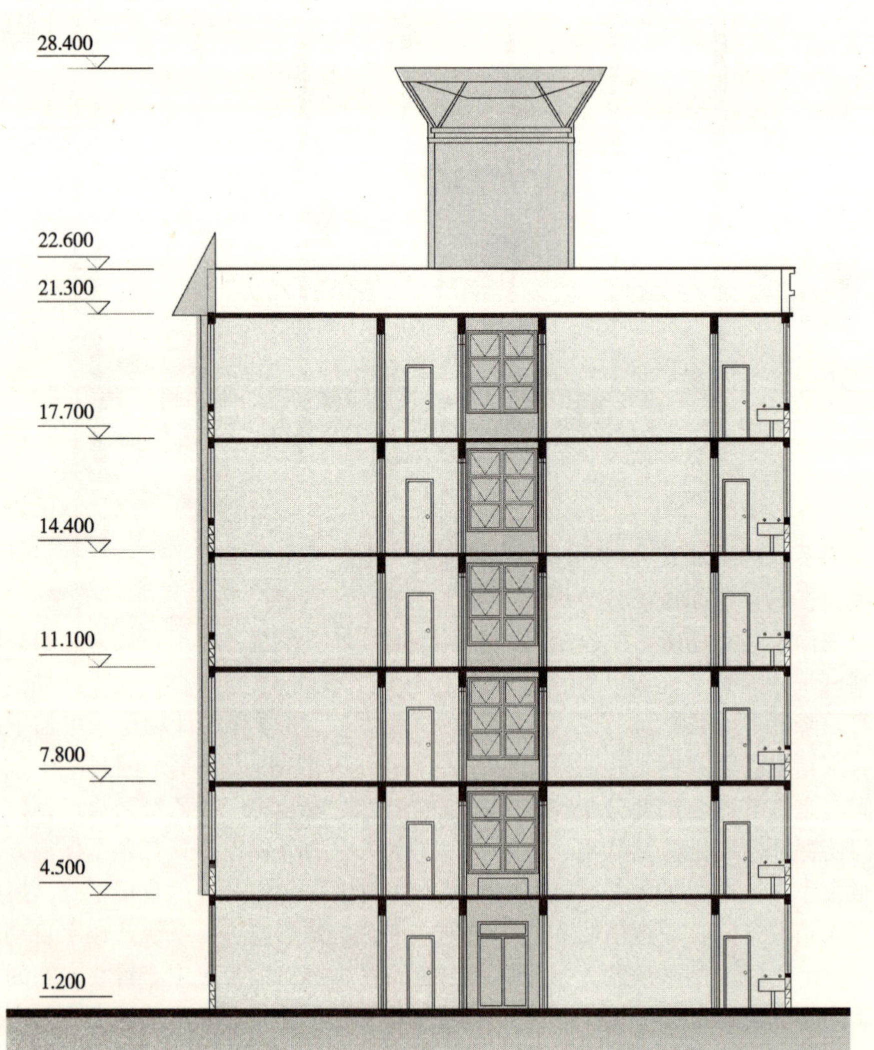

图 2－12
1－1 剖面

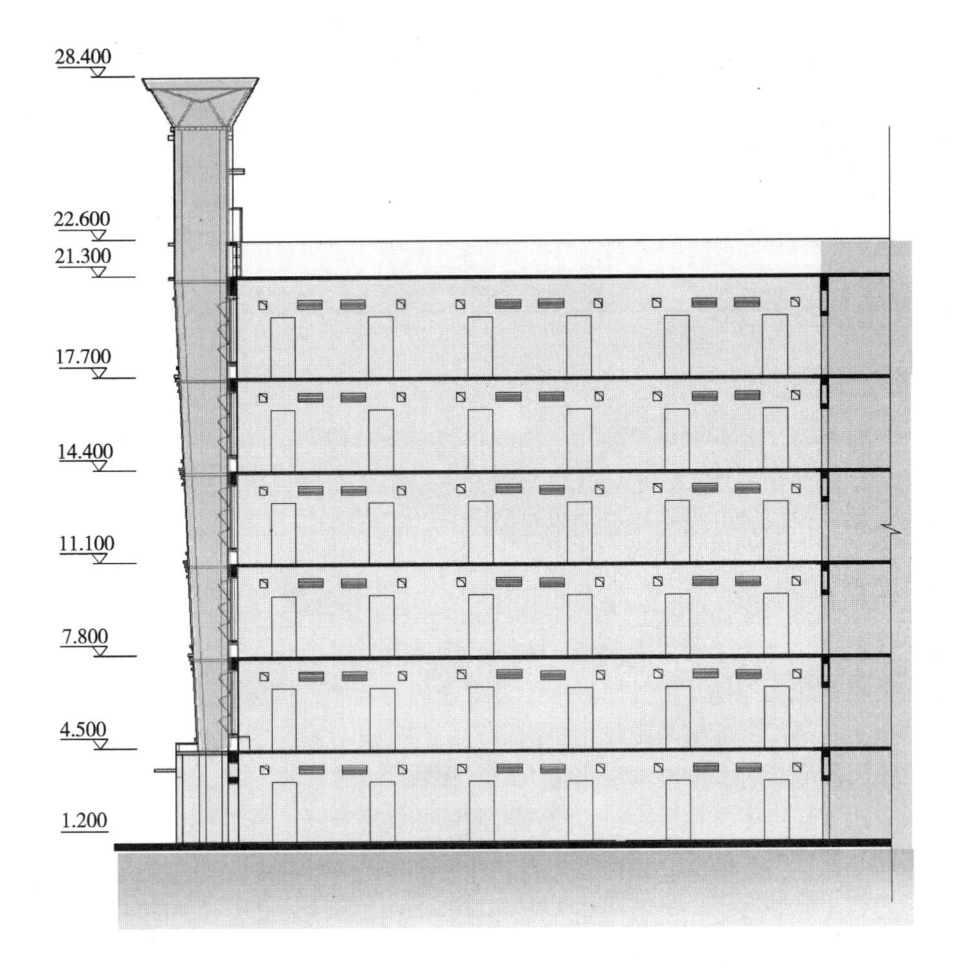

图2－13
2－2剖面

房间布局上，北向房间保持不变，卫生间仍布置于房间北侧，作为温度阻尼区阻挡冬季北风的侵袭，有利于房间保温。南向房间的卫生间移至靠走廊的房间内侧，南向外墙的窗户尺寸由普通的1800mm × 1500mm 扩大为2200mm × 2100mm，便于室内在冬季能够接受足够的太阳辐射热。

室内布置上（图2－14～图2－16），南北房间均采用高架床式家具布局，床

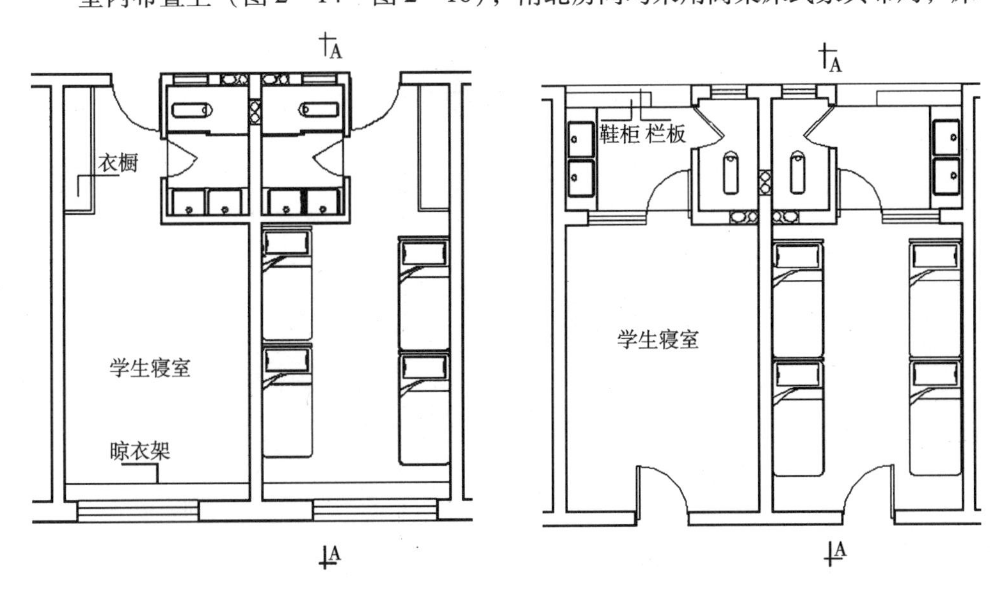

图2－14　生态公寓南向房间平面　　图2－15　北向房间平面

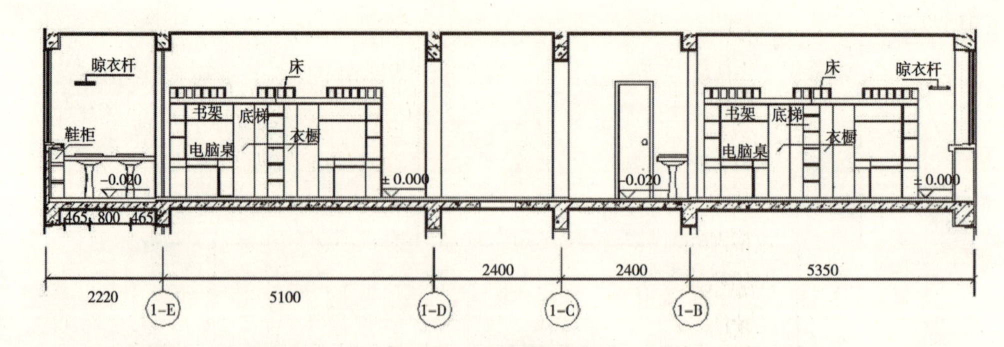

图 2－16
A－A 房间剖面图

下空间为日常学习、娱乐和储藏使用，空间得以充分利用和扩展。南向房间卫生间内移使房间进深稍有增加，房间入口处增设了壁橱作储藏使用；卧具与外窗之间设置晾衣架，用以弥补没有阳台的不足。

2.3.2 立面设计

建筑造型上，由于采用了太阳墙、太阳能烟囱等技术措施，生态公寓立面效果与普通公寓有较大差别。但外墙采用了公寓群的主色调，以深红色和乳黄色两种色彩的面砖相搭配，能够与整体相协调。为了与建筑色彩不产生较大反差，选用了深棕色太阳墙板。太阳能烟囱为与太阳墙板取得一致，也选用了同色压型钢板。立面采用了现代主义构成手法，通过太阳墙的横竖线条、外窗的方点体块与普通公寓窗、墙、檐口的点、线组合相统一，稳重且有现代气息，符合大学校园风格。共同的主色调使生态单元融入了学生公寓区，高耸的太阳能烟囱成为公寓区的制高点和标志，与教学区、服务区的高点遥相呼应，窗间位置的三组太阳墙板成为生态公寓的明显标志。（图 2－17、图 2－18）

图 2－17
生态学生公寓外观

图2-18
普通学生公寓外观

2.4 生态技术设计

2.4.1 采暖设计

在采暖设计中，采用了太阳能与常规能源相结合的采暖方式。在太阳能采暖中优先采用了被动式系统，因为其具有技术简单、成熟、造价低的优点。为了达到更高的利用效率，有些部分也采用了简单的主动式系统，在增加有限投资的情况下，有效提高了利用效率，获得了更大的回报，并且实现了对收集到的太阳能进行按需分配。

为了充分利用太阳能辅助冬季采暖、减少采暖能耗，南向房间均采用较大的窗墙比，以直接受益窗的形式引入太阳热能。

但是增大南窗直接受益的方式仅使南向房间获得热量，北向房间不能受益。为了将太阳能引入北向房间，采用了加拿大 Conserval 公司的专利技术——太阳墙系统。太阳墙系统将南向无法直接利用的、"多余"的太阳能收集起来以空气为介质送至北向房间，不仅使太阳能得到了有效利用，同时也为房间提供了新风。

太阳墙是一种充分利用太阳能的节能措施，能够分担相当一部分的室内负荷。在过渡季节，太阳墙几乎可以负担全部的采暖负荷。在采暖季，仅靠太阳墙供热是不够的，每个房间都设有带温控阀的热水散热器或地板辐射采暖以保证冬季室内设计温度。将温控阀的温度设置在室内舒适温度 18℃，先充分利用太阳墙提供的热能，如果依靠太阳墙系统室内达不到设定温度，温控阀自动打开，再由常规采暖系统补上所需热量，达到节约常规能源的目的。生态公寓及相对应的普通公寓都安装有总热表，通过热表，可以读出生态公寓与相同面积相同户型常规公寓相比节能的多少，并由此算出每年节省的煤炭量。由于学校由自己的锅炉房集中供暖，经济效益非常直观。

2.4.2 通风设计

SARS危机使人们清楚的认识到通风的重要性，充足的新风更是生态建筑的必备特征。为了创造良好的室内环境品质，生态公寓通过太阳能烟囱充分利用太阳能和风力强化烟囱效应等多种途径加强室内通风，在保证充足新风的同时及时排走室内污染空气，创造了宜人的室内环境。

太阳能烟囱位于公寓西墙外侧中部，与走廊通过窗户连接。烟囱为钢结构，为了寻求建筑立面的色彩统一，围合的槽型压型钢板与太阳墙板同色。太阳能烟囱以一层疏散出口的门斗为基础，总高度27.2m。倒锥形风帽的设计形式和尺寸充分考虑了防止气流倒灌。风帽下面安装铁丝网，防止飞鸟进入。烟囱外壁开大窗，为走廊采光。

夏季，生态公寓各房间通过大面积平开窗引入室外气流，打开通风窗，南北向房间可直接对流，且无相互干扰。下午，西墙外深色的太阳能烟囱吸收太阳光热加热了空腔内的空气，从而加大热压热空气上升，同时烟囱顶部由于外部风速较大使烟囱效应大大强化。在压力作用下各层走廊内的空气流入烟囱作为补充，而从室内通过通风窗流向走廊的气流也会大大加强，保证了房间一定的气流速度。于是在夏季的下午，当经过一段延迟时间，室内温度达到最高的时候，通风窗和太阳能烟囱可以起到加强自然通风降温的作用，有效改善室内炎热憋闷的状况。冬季只需把各房间开向走廊的通风窗和走廊尽端开向通风道的窗户都关闭，不会因烟囱效应使冷风渗透增大。

春夏秋季，房间完全可以通过开窗引入新风；但是在冬季，由于窗户的开度不好控制，开窗往往会引入过量冷风，带来冷风侵入负荷。

太阳墙系统的采用使得北向房间有了经过太阳能加热的新风，大量的新风不但没有影响节能效果，还分担了部分室内负荷。南向房间则采用了窗上通风器装置（图2-19）。通风器安装在窗户的上方，与窗户成为一体，可以为房间提供持续的适量新风供应。

在排风方面，卫生间设置了VFLC排风装置（图2-20），通风道与屋面上的二级变速排风机相连。风机平时低速运行，提供背景排风，卫生间有人使用时开启设在卫生间中的开关，风机改为高速运行，将卫生间中的异味抽走，有效减轻卫生间对室内空气的污染。卫生间内的风机开关受延时控制器控制，可在使用后即时关闭，有效节约能源。

图2-19 窗上通风器

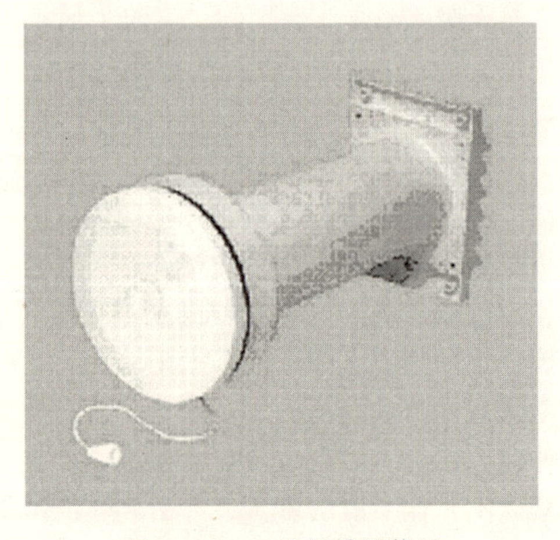
图2-20 卫生间排风装置

2.4.3　围护结构设计

生态公寓采用砖混结构，使用黄河淤泥多孔砖、外墙外保温。西向、北向外墙的外保温使用的是欧文斯科宁挤出式聚苯乙烯墙体（又称挤塑板），即在370mm多孔砖基础上粘接50mm厚挤塑板，外面再做2.5mm玻璃丝网布加丙烯酸涂料外保护层，并对外窗周边和底层等薄弱区域采取局部加强措施，使传热系数（K）降至0.413W/(m^2·K)。南外墙窗下墙部分采用370mm多孔砖加20mmWE水泥珍珠岩保温砂浆，传热系数（K）0.868W/(m^2·K)；安装了太阳墙板的窗间墙部分外挂25mm厚挤塑板外保温，传热系数$K \leq 0.508$W/(m^2·K)。窗间墙与太阳墙板之间形成的220mm厚空气间层对墙体也能起到保温作用。另外，楼梯间墙增加了40mm厚的憎水树脂膨胀珍珠岩，减少了楼梯间的传热损失。屋顶在80mm厚现浇钢筋混凝土板上敷设了50mm厚聚苯乙烯泡沫板，找坡层使用1∶6水泥膨胀珍珠岩，使屋顶传热系数（K）降至0.655 W/(m^2·K)，有效减少了屋顶传热损失。

整个工程全部采用节能窗，为了对比不同类型的窗对室内热环境和热舒适度的影响，不同楼层采用不同的窗。一层、六层为普通双层中空玻璃塑料窗（5+9+5，$K=2.6$），二层、三层、五层为高级双层中空玻璃塑料窗（5+9+5，$K=2.4$），四层为Low-E镀膜中空玻璃塑料窗（5+9+5，$K=2.0$）。所有窗户都具有良好的绝热性能，尤其是四层的Low-E中空玻璃，在具备较低传热系数的同时可有效降低室内对室外的辐射热损失，具有表面热发射率低、对太阳光的选择透过性能好等优点，使窗户不再成为围护结构的薄弱环节。在开窗方式上采用平开式，比推拉式密闭效果好。

2.4.4　太阳能热水系统设计

屋面上设置太阳能集中式热水系统。该系统为30组集热单元串并联结构，每组由40支$\phi 47 \times 1500$的横向集热管组成，四季接受日照稳定，每天能为每个房间（均为四人间）提供120L热水。实行定时供水，保证管网中一开就是热水，水温50~60℃。系统可独立运行，也可与辅助能源系统兼容使用。辅助能源系统采用60kW电热恒温水箱，保证没有日照时4h升温25℃以上。10t的蓄热水箱放置于七层水箱间内，有利于保温和检修。（图2-21、图2-22）

2.4.5　光伏发电系统设计

采用高效精确追踪式太阳能光伏发电系统，能够精确跟踪太阳运动，使光伏电池板始终垂直于太阳光线，效率比固定式高出近一倍。装机容量1500W，晴好天气每天可以发电15度左右，并设有蓄电设施，为生态公寓提供风机动力、走廊照明及室外环境照明。（图2-23）

2.4.6　自控系统设计

生态公寓中，为控制和平衡各房间的用水量，采用了智能控制系统，热水的使用由每个房间的热水控制器控制。使用时在控制器上输入密码，打开电磁阀即可，水温水量可通过混水阀调节。密码需向公寓管理部门购买。

另外，太阳墙系统的停启由温度传感器和控制器控制；卫生间排风风机由室内的时间控制器控制运行时间；常规能源供暖系统的供热量由室内温控阀控制，防止热源浪费。

图 2-21
屋面太阳能热水系统

图 2-22　生态学生公寓集中式太阳能热水系统

图2－23　光伏发电系统

2.4.7　遮阳系统设计

过渡季节和寒冷季节，生态公寓室内光照都很充足，夏季需要遮阳，防止过多太阳热量进入室内。

如果设置遮阳板，窗户上沿将有一小部分被全年遮挡，因此选用遮阳格栅。与平板式遮阳板相比，遮阳格栅不会承担更大的风雪荷载，也不会将沿墙面上升的热空气导入室内，可以提高室内自然通风质量，改善室内采光条件，性能更佳。

通过以上分析，确定了遮阳板方案：1～5层南窗上方200mm出挑宽500mm的遮阳板，6层上方400mm处有太阳墙集热部分出挑1050mm，能够起到遮阳作用，不用另外设置遮阳板。遮阳板采用铝合金格栅，叶片可以微调角度，既能防止夏季正午强烈的阳光直射入室内，又不会影响冬季太阳能的引入。在建筑形象上，遮阳板打破了建筑立面上太阳墙过分强调的单一竖线条，形成有韵律的音符。(图2－24)

图2－24　南向墙面的遮阳板

2.4.8　中水系统设计

学校中水处理站将学生公寓洗刷后的废水统一处理为达标中水，再供公寓冲刷厕所使用。同时收集雨水，浇灌景观绿地。

第3章
太阳能综合利用技术

随着人们生活水平的提高，世界常规能源的消费大幅度增长。多次能源危机使人们认识到常规能源是有限的，人们已经将目光转移到了新能源的开发和利用上。太阳内部进行着剧烈的由氢聚变成氦的核反应，并不断向宇宙空间辐射出巨大能量，其内部的热核反应足以维持 6×1010a，相对于人类历史的有限年代而言，可以说是“取之不尽、用之不竭”的能源。地面上的太阳辐射能随着时间、地理纬度和气候不断的发生着变化，实际可利用量较低，但可利用资源量仍远远大于现在人类全部能源消耗的总量。地球上太阳能资源一般以全年总辐射量 [$kJ/(m^2 \cdot a)$] 和全年日照总时数表示。太阳能是各种可再生能源中最重要的基本能源，生物质能、风能、太阳能、海洋能、水能等都来自太阳能，广义地说，太阳能包含以上各种可再生能源。

作为地球上最清洁的可再生能源，太阳能利用技术已经进入快速发展时期。鉴于国情，太阳能光热应用事实上已成为太阳能利用的先锋，太阳能与建筑一体化目前也成了国家有关建筑主管部门关注的课题，太阳能与建筑一体化由此也日益成为太阳能企业和房地产业关注的焦点。

现代建筑学对太阳能建筑的解释是：经过良好的设计，达到优化利用太阳能这一预期目标的建筑。即用太阳能代替部分常规能源为建筑物提供采暖、热水、空调、照明、通风、动力等一系列功能，以满足（或部分满足）人们的生活和生产的需要，使建筑从以前单一的耗能部件逐步转化为具有一定量能源生产的供能部件，以最大限度的实现在建筑的建设和使用过程中对能源的节约与合理利用。

太阳能建筑利用太阳能的较高境界应该是建造所谓“零排放房屋”，即建筑物所需的全部能源供应均采自太阳能，常规能源消耗为零，真正做到环保清洁、绿色生态。它代表了全世界太阳能建筑的发展方向。

在生态学生公寓中，根据自然条件和实际情况，应用了太阳能采暖、太阳能通风、太阳能热水及光伏发电等技术。

3.1 被动式太阳能采暖

3.1.1 被动式太阳能采暖原理

被动式采暖设计是通过建筑朝向和周围环境的合理分布、内部空间和外部形体的巧妙处理、以及建筑材料和结构构造的恰当选择，使其在冬季能集取、保持、储存、分布太阳热能，从而解决建筑物的采暖问题。该设计的基本思想是控制阳光和空气在恰当的时间进入建筑并储存和分配热空气。其设计原则是要有有效的绝热外壳，有足够大的集热表面，室内布置尽可能多的储热体，以及主次房间的平面位置合理。

被动式设计应用范围广、造价低，可以在增加少许或几乎不增加投资的情况下完成，在中小型建筑或住宅中最为常见。美国能源部指出被动式太阳能建筑的能耗比常规建筑的能耗低 47%，比相对较旧的常规建筑低 60%。但是该项设计更适合新建项目或大型改建项目，因为整个被动式系统是建筑系统中的一个部分，设计也不能割裂开来，应该与整个建筑设计完全融合在一起。

3.1.1.1 直接受益式

房间本身是一个集热储热体，白天太阳光透过南向玻璃窗进入室内，地面和墙体吸收热量；夜晚被吸收的热量释放出来，维持室温。这是冬季采暖的全过程（图3-1～图3-3）。

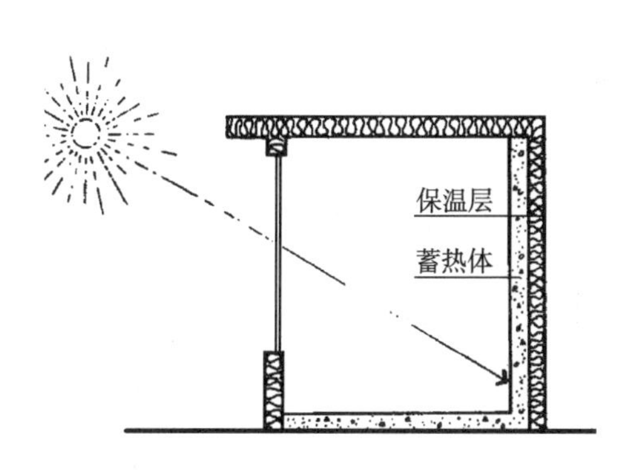

图3-1　直接受益式的基本形式

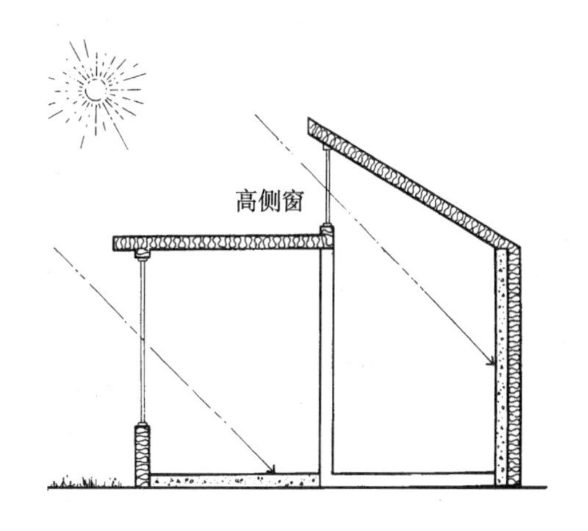

图3-2　利用高侧窗直接受益

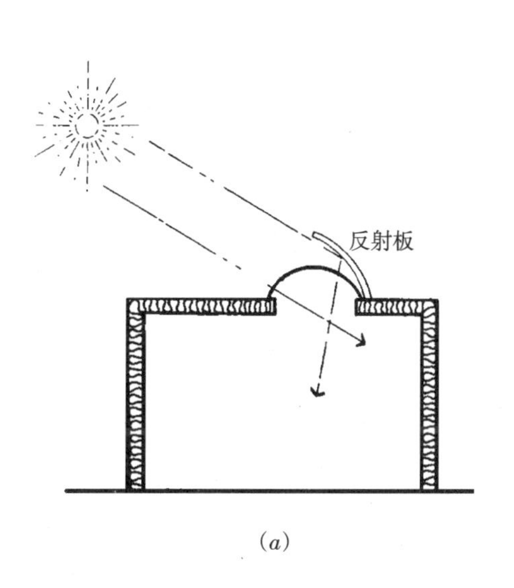

(a)

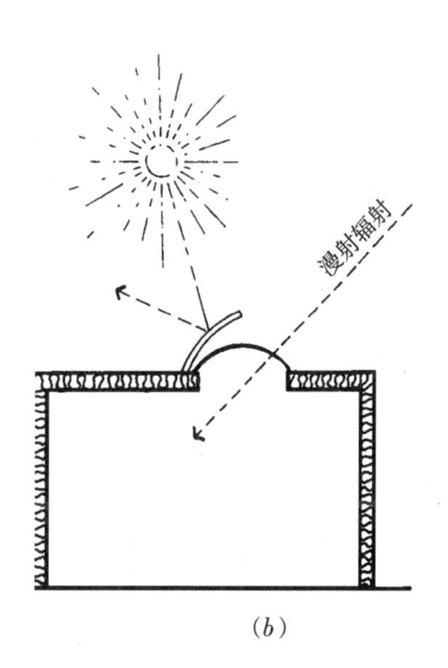

(b)

图3-3　天窗式直接受益

(a) 冬季利用反射板增强光照；(b) 夏季反射板遮挡直射，漫射光采光

直接受益式是应用最广的一种方式，构造简单，易于安装和日常维护；与建筑功能配合紧密，便于建筑立面的处理；室温上升快，但是室内温度波动较大。

采用该形式需要注意以下几点：建筑朝向在南偏东西30°以内，有利于冬季集热和避免夏季过热；根据热工要求确定窗口面积、玻璃种类、玻璃层数、开窗方式、窗框材料和构造；合理确定窗格划分，减少窗框、窗扇自身遮挡，保证窗的密闭性；最好与保温帘、遮阳板相结合，确保冬季夜晚和夏季的使用效果。

3.1.1.2　集热蓄热墙式

属于间接受益太阳能采暖系统，向阳侧设置带玻璃罩的储热墙体，墙体可选择砖、混凝土、石料、土、水等储热性能好的材料。墙体吸收太阳辐射后向室内辐射热量，同时加热墙内表面空气，通过对流使室内升温（图3-4）。如果墙体上下开有通风口，玻璃与墙体之间加热的空气可以和室内冷空气形成对流循环，促使室温上升（图3-5）。

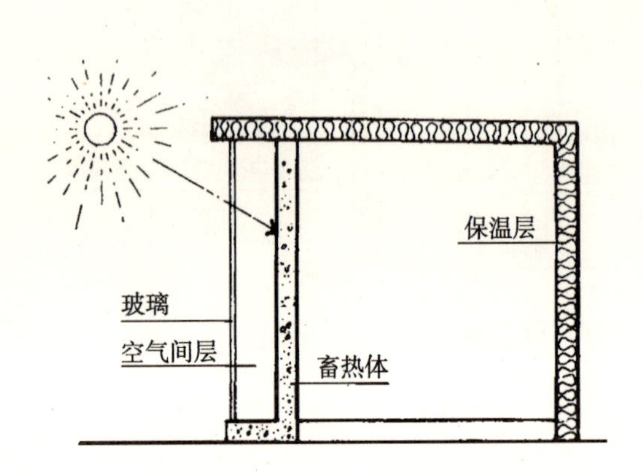

图3-4　集热蓄热墙的基本形式

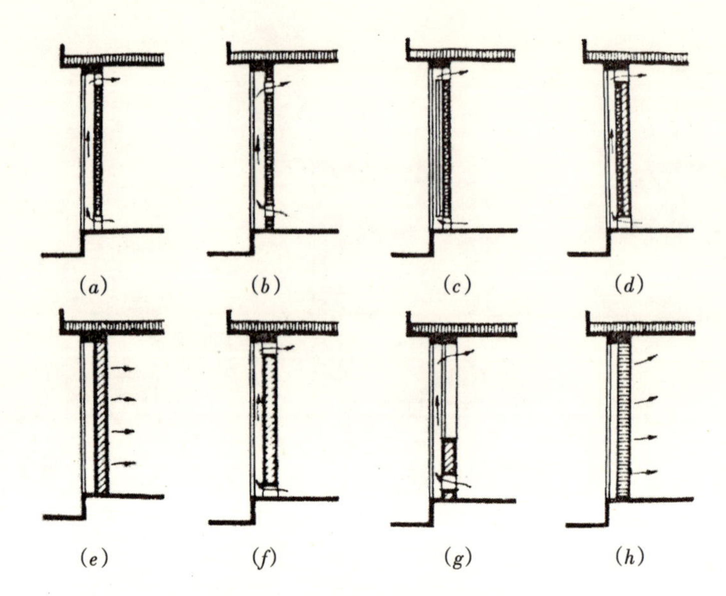

图3-5　集热蓄热墙的多种形式

(a) 固定式；(b) 开启式；(c) 附加装置式；(d) 附加蓄热墙式；(e) 闷晒式；(f) 通风式；(g) 槛墙集热窗式；(h) 水墙式

(上行为集热墙，下行为集热蓄热墙，资料来源：建筑设计资料集6（第二版），中国建筑工业出版社，1994，06，255）

该形式与直接受益式相结合，既可充分利用南墙集热，又可与建筑结构相结合，并且室内昼夜温度波动较小。墙体外表面涂成深色、墙体与玻璃之间的夹层安装波形钢板或透明热阻材料（TIM），都可以提高系统集热效率。可通过模拟计算或选择经验数值确定空气间层的厚度及通风口的尺寸（在设置通风口的情况下），这是影响集热效果的重要数值。

集热器各部分尺寸与设计要点见表3-1。

集热器各部分尺寸与设计要点　　　　**表3-1**

集热墙面积	可按房间地板面积的0.25~0.75（常用0.4~0.5）进行估算
空气间层厚度	取其垂直高度的1/20~1/30，一般为80~100mm
对流风口面积和	一般取集热蓄热墙面积的1%~3%，也可按空气间层截面积计算；风口宜做成扁宽矩形，较宽的集热墙可均匀布置多个风口，上下风口垂直间距应尽量拉大，不小于1.8m

3.1.1.3　附加阳光间式

在向阳侧设透光玻璃构成阳光间接受日光照射，是直接受益式和集热蓄热式的组合。阳光间可结合南廊、入口门厅、休息厅、封闭阳台等设置，可作为生活、休闲空间或种植植物（图3-6）。

该形式具有集热面积大、升温快的特点，与相邻内侧房间组织方式多样，中间可设砖石墙、落地门窗或带槛墙的门窗。阳光间内中午易过热，应该通过门窗或通风窗合理组织气流，将热空气及时导入室内（图3-7）。另外，只有解决好冬季夜晚保温和夏季遮阳、通风散热，才能减少因阳光间自身缺点带来的热工方面的不利影响。冬季的通风也很重要，因为种植植物等原因，阳光间内湿度较大，容易出现结露现象。夏季可以利用室外植物遮阳，或安装遮阳板、百叶帘，开启甚至拆除玻璃扇。

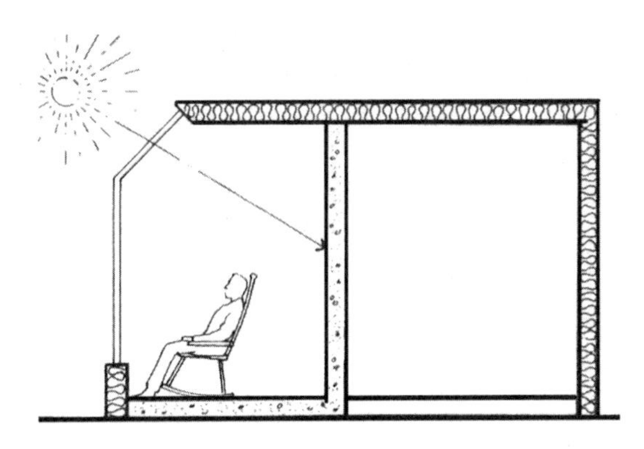

图3－6　附加阳光间基本形式

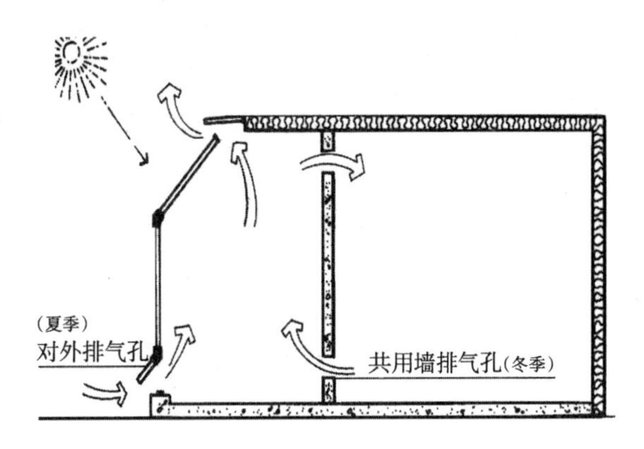

图3－7　开设内外通风窗有效改善冬夏季工况
（通风口可以用门窗代替）

3.1.1.4　屋顶池式

屋顶上放置有吸热和储热功能的贮水塑料袋或相变材料，其上设可开闭的盖板，冬夏兼顾，都能工作。冬季白天打开盖板，水袋吸热，夜晚盖上盖板，水袋释放的热量以辐射和对流的形式传到室内（图3－8、图3－9）。夏季工况与冬季相反。

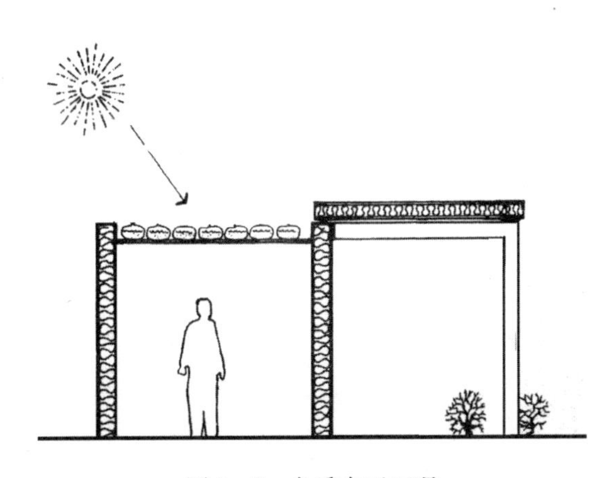

图3－8　冬季白天工况

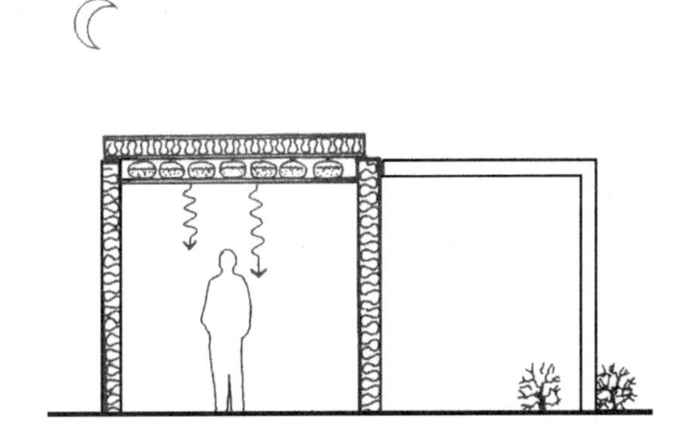

图3－9　冬季夜间工况

该形式适合冬季不太寒冷且纬度低的地区。因为纬度高的地区冬季太阳高度角太低，水平面上集热效率也低，而且严寒地区冬季水易冻结。另外系统中的盖板热阻要大，贮水容器密闭性要好。使用相变材料，热效率可提高。

3.1.1.5　多种被动式太阳能采暖方式的比较

目前，在所有的太阳能采暖方式中，用空气作介质的系统相对而言技术简单成熟、应用面广、运行安全、造价低廉。在此，把多种空气加热系统作横向比较，便于在做不同类型的节能建筑设计时，可以根据实际情况加以选择（表3－2）。

多种太阳能空气加热系统的比较　表3-2

系统	优点	缺点
直接受益式	景观好，费用低，效率高，形式很灵活 有利于自然采光 适合学校、小型办公室等	易引起眩光 可能发生过热现象 温度波动大
集热蓄热墙	热舒适程度高，温度波动小 易于旧建筑改造，费用适中 大采暖负荷时效果很好 与直接受益式结合限制照度级效果很好，适合于学校、住宅、医院等	玻璃窗较少，不便观景和自然采光 阴天时效果不好
附加阳光间	作为起居空间有很强的舒适性和很好的景观性，适合居住用房、休息室、饭店等 可作温室使用	维护费用较高 对夏季降温要求很高 效率低

3.1.2 被动式太阳能采暖实例

美国马克萨米里安餐馆，位于美国新墨西哥州的阿尔伯克基。该房间运用了直接受益式的高天窗形式，冬季可提供大部分采暖所需热量，夏季又可提供一个自然冷却系统，以满足餐馆降温的需要。其建筑概况是：餐馆采暖和冷却系统由四排南向锯齿天窗和砖石材料的内部结构组成。房间中部为一个面积约150m² 的内庭院，庭院上部为四排半透明的天窗，四周为外砖墙构成的二层回廊。冬季，进入室内的直射阳光漫射并扩散到砖石材料上，被吸收和储存起来；夜间，再将能量释放到室内，以使室内温度保持在舒适范围内，而不需要任何辅助采暖系统。

德国的雷根斯堡住宅顺应周边环境面向花园，南侧倾斜的玻璃屋顶一直延伸到地面，形成的南向阳台和温室不但能够对太阳能直接利用，而且创造了联系内外环境的过渡空间。常用房间位于北部绝热性能好的较封闭的服务空间和南面能直接利用太阳能的缓冲区之间。可移动的玻璃隔断可是起居空间扩大至温室。厚重的楼地板和温室底部的砾石都能在白天储存热量，夜晚释放热量。过多的热量可通过通风口释放出去。院落中的大树夏季起到了遮阳的作用（图3-10、图3-11）。

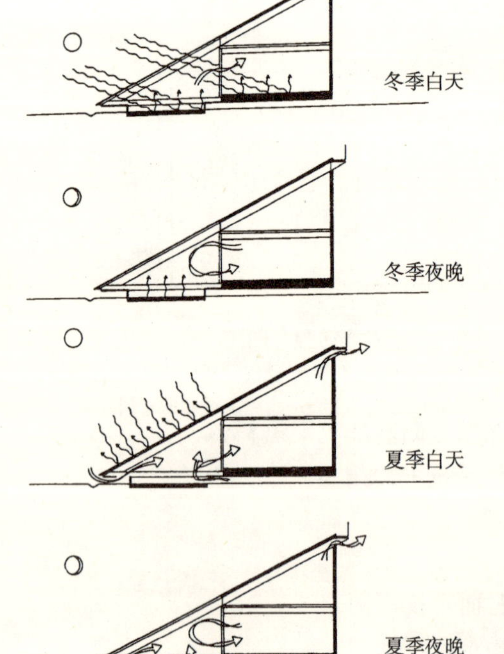

图3-10　雷根斯堡住宅热量流动示意

图3-11　雷根斯堡住宅

自2002年起世界银行向我国提供了75万美元的赠款，实施农村卫生院被动式太阳能采暖建筑全球环境基金项目。该项目在青海、甘肃和山西的国家级贫困县共建成29个被动式太阳能采暖乡镇卫生院，旨在改善卫生院条件，减少对环境的污染。图3－12为使用附加阳光间和集热蓄热墙的山西省榆社县东汇乡卫生院。

(a)

(b)

图3－12　山西省榆社县东汇乡卫生院

3.1.3　生态公寓南向房间的被动式太阳能采暖

充分考虑到被动式太阳能采暖各种形式的特点，生态公寓在南向房间采用了直接受益式这种最简单便捷的采暖方式。南向房间采用了较大的窗墙面积比，外墙窗户尺寸由1800mm×1500mm扩大为2200mm×2100mm，比值达到0.39，以直接受益窗的形式引入太阳热能。通过图3－13和图3－14的日照分析能够计算得出，扩大南窗并安装遮阳板后，房间在秋分至来年春分的过渡季节和采暖季期间得到的太阳辐射量多于原设计，而在夏至到秋分这段炎热季节里得到的太阳辐射量少于原设计。另外，由于原方案中卧室通过封闭阳台间接获取光照，采暖季直接得热会折减。通过模拟，生态公寓的南向房间在白天可获得采暖负荷的25%～35%左右。虽然窗墙面积比超过了我国《民用建筑节能设计标准（采暖居住建筑部分）》（JGJ26－95）中推荐的数值0.35，但是由于采用了低传热系数的塑料中空窗，增大的窗户面积在夜间只有有限的热量损失，加装保温帘进一步加强夜间保温效果会更好，而且挤塑板作外保温的墙体也保证了建筑物耗热量不会增加。

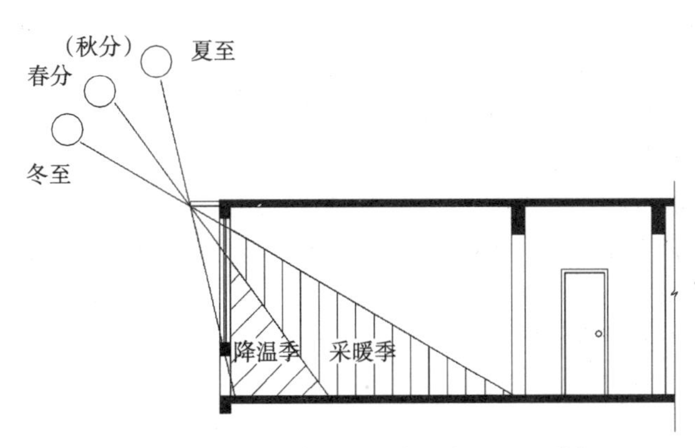

图3－13　生态公寓标准层南向房间日照分析

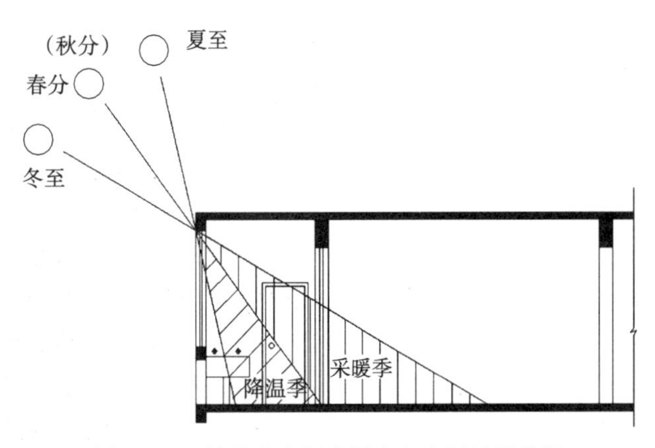

图3－14　普通公寓标准层南向房间日照分析

3.2 太阳墙采暖新风技术

3.2.1 太阳墙系统的组成和工作原理

太阳墙系统，由集热和气流输送两部分系统组成，房间是储热器。集热系统包括垂直墙板、遮雨板和支撑框架。气流输送系统包括风机和管道。太阳墙板材覆于建筑外墙的外侧，上面开有小孔，与墙体的间距由计算决定，一般在200mm左右，形成的空腔与建筑内部通风系统的管道相连，管道中设置风机，用于抽取空腔内的空气（图3-15）。

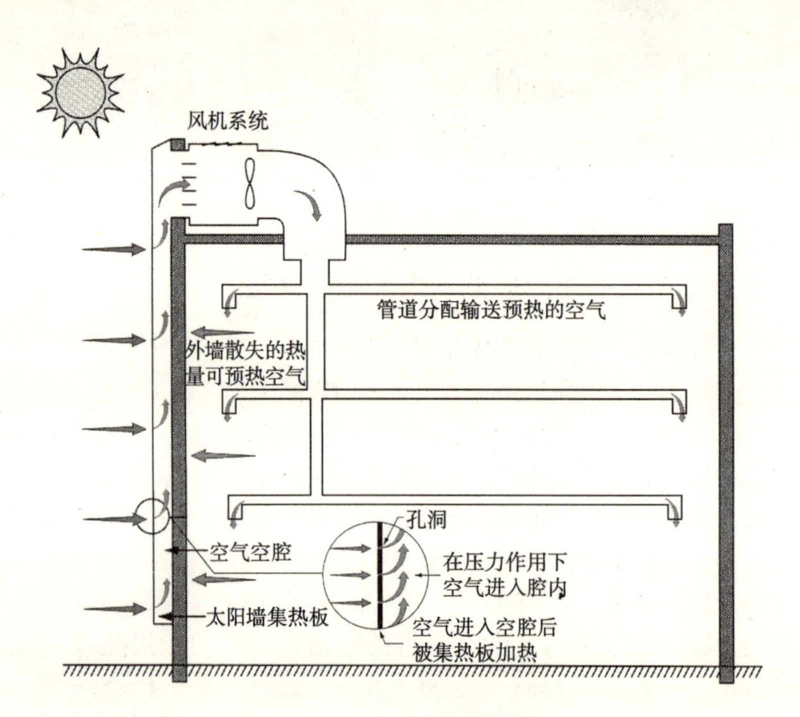

图3-15 太阳墙系统工作原理

冲压成型的太阳墙板在太阳辐射作用下升到较高温度，同时太阳墙与墙体之间的空气间层在风机作用下形成负压，室外冷空气在负压作用下通过太阳墙板上的孔洞进入空气间层，同时被加热，在上升过程中再不断被太阳墙板加热，到达太阳墙顶部的热空气被风机通过管道系统送至房间。与传统意义上的集热蓄热墙等方式不同的是，太阳墙对空气的加热主要是在空气通过墙板表面的孔缝的时候，而不是空气在间层中上升的阶段。太阳墙板外表面为深色（吸收太阳辐射热），内表面为浅色（减少热损失）。在冬季天气晴朗时，太阳墙可以把空气温度提高30℃左右。夜晚，墙体向外散失的热量被空腔内的空气吸收，在风扇运转的情况下被重新带回室内。这样既保持了新风量，又补充了热量，使墙体起到了热交换器的作用。夏季，风扇停止运转，室外热空气可从太阳墙板底部及孔洞进入，从上部和周围的孔洞流出，热量不会进入室内，因此不需特别设置排气装置（图3-16）。

太阳墙板材是由1~2mm厚的镀锌钢板或铝板构成，外侧涂层具有强烈吸收太阳热、阻挡紫外线的良好功能，一般是黑色或深棕色，为了建筑美观或色彩协调，其他颜色也可以使用，主要的集热板用深色，装饰遮板或顶部的饰带用补充

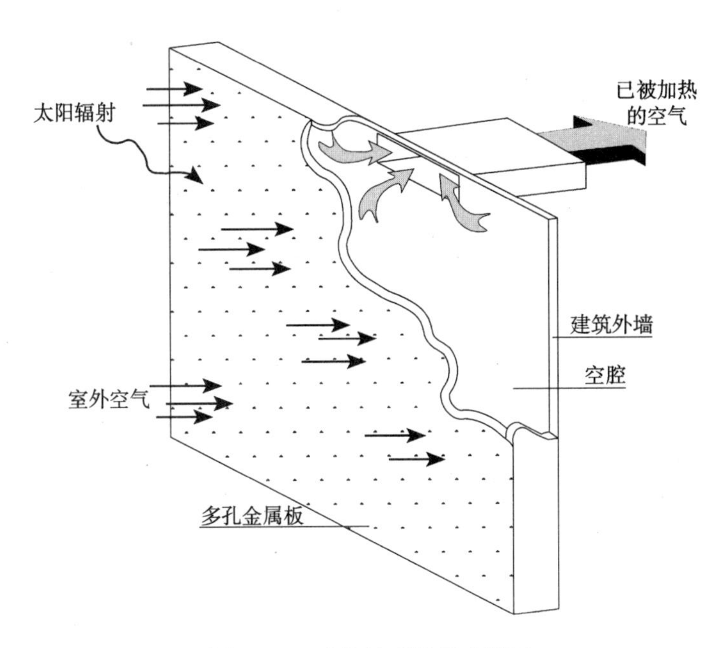

图3－16　太阳墙系统示意简图

色。为空气流动及加热需要，板材上打有孔洞，孔洞的大小、间距和数量应根据建筑物的使用功能与特点、所在地区纬度、太阳能资源、辐射热量进行计算和试验确定，能平衡通过孔洞流入的空气量和被送入距离最近的风扇的空气量，以保证气流持续稳定均匀，以及空气通过孔洞获得最多的热量。不希望有空气渗透的地方，例如接近顶部处，可使用无孔的同种板材及密封条。板材由钢框架支撑，用自攻螺栓固定在建筑外墙上（图3－17～图3－19）。

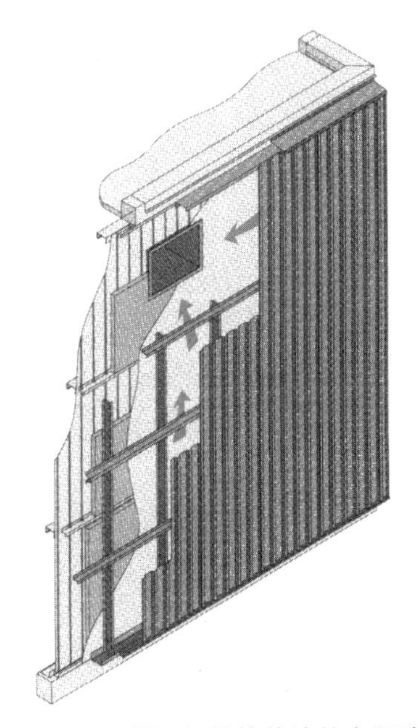

图3－17　附于钢结构外墙的太阳墙

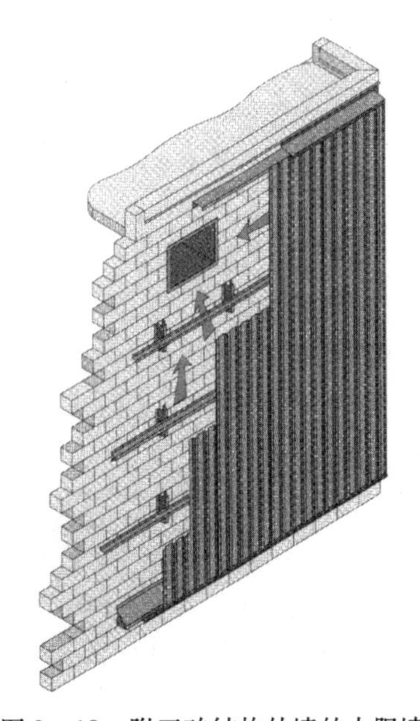

图3－18　附于砖结构外墙的太阳墙

应根据建筑设计要求来确定所需的新风量，尽量使新风全部经过太阳墙板；如果不确定新风量的大小，则应最大尺寸设计南向可利用墙面及墙窗比例，达到预热空气的良好效果。一般情况下，每平方米的太阳墙空气流量可达到22～44m^3/h。

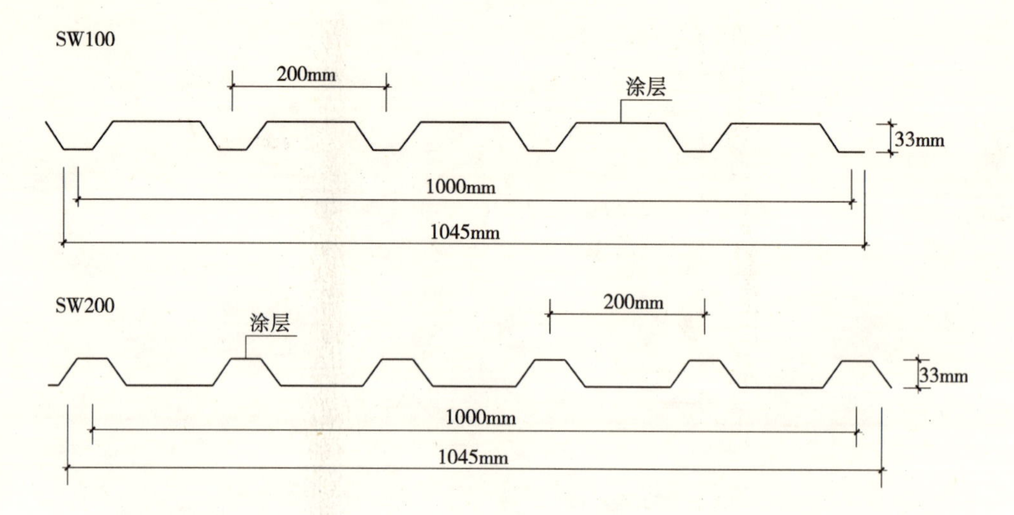

图 3－19
太阳墙两种类型的断面

风扇的个数需要根据建筑面积计算决定。风扇由建筑内供电系统或屋面安装的太阳能光电板提供电能，根据气温，智能或人工控制运转。屋面的通风管道要做好保温和防水。

太阳墙理想的安装方位是南向及南偏东西20°以内，也可以考虑在东西墙面上安装。坡屋顶也是设置太阳墙的理想位置，它可以方便地与屋顶的送风系统联系起来。

3.2.2 太阳墙系统的运行与控制

只依靠太阳墙系统采暖的建筑，在太阳墙顶部和典型房间各装一个温度传感器。冬季工况以太阳墙顶部传感器的设定温度为风机启动温度（即设定送风温度），房间设定温度为风机关闭温度（即设定室温），当太阳墙内空气温度达到设定温度，风机启动向室内送风；当室内温度达到设定室内温度后或者太阳墙内空气温度低于设定送风温度时风机关闭停止送风，当室内温度低于设定室温送风温度高于设定送风温度时风机启动继续送风。夏季工况，当太阳墙中的空气温度低于传感器设定温度时，风机启动向室内送风；室温低于设定室温或室外温度高于设定送风温度时风机停止工作，当室温高于设定室温同时室外温度低于太阳墙顶部传感器设定温度时风机启动继续送风。

当太阳墙系统与其他采暖系统结合，同时为房间供热时，除在太阳墙顶部和典型房间中安装温度传感器外，在其他采暖系统上也装设温控装置（如在热水散热器上安装温控阀）。太阳墙提供热量不够的部分由其他采暖系统补足。也可以采用定时器控制，每天在预定时段将热（冷）空气送入室内。

3.2.3 太阳墙系统的特点

太阳墙使用多孔波形金属板集热，并与风机结合，与用传统的被动式玻璃集热的作法相比，有自己独到的优势和特点。

（1）热效率高

研究表明，与依靠玻璃来收集热量的太阳能集热器相比，该种太阳能集热系统效率更高。因为玻璃会反射掉大约15%的入射光，削减了能量的吸收，而用多孔金属板能捕获可利用太阳能的80%，每年每平方米的太阳墙能得到2GJ（2×10^{9}J）的热量。另外，根据房间不同用途，确定集热面积和角度，可达到不同的预热温度，晴天时能把空气预热到30℃以上，阴天时能吸收漫射光所产生的热量。

（2）良好的新风系统

目前对于很多密闭良好的建筑来说，冬季获取新风和保持室内适宜温度很难兼得。而太阳墙可以把预热的新鲜空气通过通风系统送入室内，合理通风与采暖有机结合，通风换气不受外界环境影响，气流宜人，有效提高了室内空气质量，保持室内环境舒适，有利于使用者身体健康，与传统的特朗勃墙（Trombe，室内空气多次循环加热）相比，这也是优势所在。

太阳墙系统与通风系统结合，不但可以通过风机和气阀控制新风流量、流速及温度，还可以利用管道把加热的空气输送到任何位置的房间。如此一来，不仅南向房间能利用太阳能采暖，北向房间同样能享受到太阳的温暖，更好的满足了建筑取暖的需要，这是太阳墙系统的独到之处。

（3）经济效益好

该系统使用金属薄板集热，与建筑外墙合二为一，造价低。与传统燃料相比，每平方米集热墙每年减少采暖费用 10～30 美元。另外还能减少建筑运行费用、降低对环境的污染，经济效益很好。太阳墙集热器回收成本的周期在旧建筑改造工程中为6～7 年，而在新建建筑中仅为 3 年或更短时间，而且使用中不需要维护。

（4）应用范围广

因为太阳墙设计方便，作为外墙，美观耐用，所以应用范围广泛，可用于任何需要辅助采暖、通风或补充新鲜空气的建筑，建筑类型包括工业、商业、居住、办公、学校、军用建筑及仓库等，还可以用来烘干农产品，避免其在室外晾晒时因雨水或昆虫而损失。另外，该系统安装简便，能安在任何不燃墙体的外侧及墙体现有开口的周围，便于旧建筑改造。

3.2.4　太阳墙系统的应用实例

位于美国科罗拉多州丹佛市的联邦特快专递配送中心（FedEx），因工作需要有大量卡车穿梭其中，所以建筑对通风要求很高。在选择太阳能集热系统时，中心在南墙上安装了 465m^2 铝质太阳墙板，太阳墙所提供的预热空气的流量达到 76500m^3/h。这些热空气通过 3 个 3677.495W 的风机进入 200m 长的管道，然后分配到建筑的各个房间。该系统每年可节省大约7 万 m^3 天然气，节约资金 12000 美元。另外，红色的太阳墙与建筑其他立面上的红色色带相呼应，整体外观和谐美观（图 3－20）。

在生产过程中补充被消耗的气体是工业设备的一个重要需求。加拿大多伦多市 ECG 汽车修理厂的设备需要大量新鲜空气来驱散修理汽车时产生的烟气。该厂使用了太阳能加热空气系统，在获得所需新鲜空气的同时也节省了费用。ECG 的太阳墙通风加热系统从 1999 年 1 月开始运行。公司的评估报告表明该系统使公司每年天然气的使用量减少了 11000m^3，相当于至少减少 20t 二氧化碳的排放量，运行第一年就为公司节省了 5000～6000 美元（图 3－21）。

纽约中心公园动物医院旧建筑改造，在南墙面上安装了 95m^2 的太阳墙板，可预热空气达到 17～30℃，并通过 3 套风机系统使诊室的换气量达到每小时 4 次，手术室每小时 8 次，满足了使用要求。每年能节省费用 2000 美元（图 3－22）。

图 3-20 美国丹佛市联邦特快专递配送中心

图 3-21 加拿大多伦多市 ECG 汽车修理厂

奥地利 Karnten 城木材加工厂为干燥木材，在南向屋面上安装了呈 45°倾角的太阳墙板，面积达 100m²。木材放在室内带孔金属板上，预热的空气通过管道被输送到金属板下方，由孔溢出。管道内风扇达到 7200m³/h 的输送能力，可提供的烘干温度超过 60℃，烘干效果很好（图 3-23）。

图 3-24 和图 3-25 分别是采用了太阳墙系统的公寓和住宅建筑。

图 3-22 纽约中心公园动物医院

图 3-23 奥地利 Karnten 城木材加工厂木材烘干间

图 3-24 加拿大多伦多温莎公寓
（目前世界上最高的太阳墙）

图 3-25 加拿大居住建筑

3.2.5　生态公寓北向房间利用太阳墙系统采暖

太阳墙系统将太阳能收集起来以空气为介质送至北向房间，解决了以往南北向房间热负荷差异较大、冬季和过渡季节北向房间热舒适性差的问题，同时也为房间提供了新风，使太阳能得以充分利用，适应了生态建筑的要求（图3－26）。

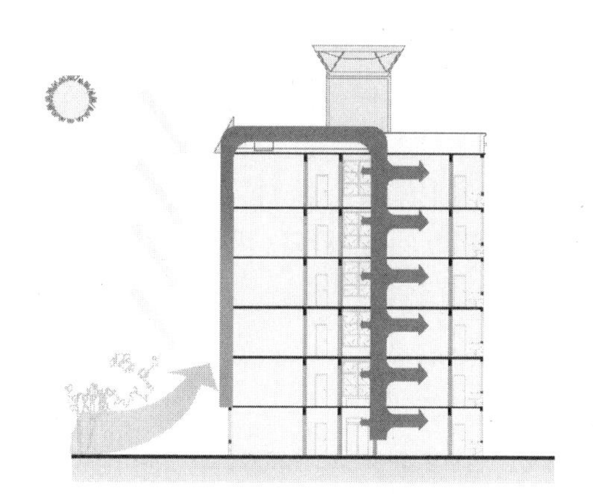

图3－26　太阳墙冬季供暖示意图

太阳墙系统由墙板、风机和风管组成。建筑南向墙面利用窗间墙和女儿墙的位置安装了157m^2的深棕色太阳墙（图3－27）。该色彩的选用在满足较高太阳辐射吸收率的情况下（黑色的太阳吸收率为0.94，深棕色的为0.91），保证了建筑色彩的协调美观。窗间墙位置的纵向太阳墙高度为16.8m，宽度为2.05m，从二层位置开始安装，这是为了保证太阳墙获得的太阳辐射更为有效、以及避免夏季一层近人位置灼伤人体，而且经过计算，太阳墙的面积能够满足供热需求。

图3－27　太阳墙板

墙板借助钢框架固定在墙体上，与墙体之间形成200mm厚空气间层（图3－28）。女儿墙位置集热部分的墙板呈36°倾角，高2.4m，长21m，与女儿墙围合成了三棱柱状空间（图3－29）。该空间在屋面位置东西两端各开了一个500mm×600mm的散热口，供夏季散热；中间开有一个1000mm×400mm的出风口，供冬季送暖风（图3－30）。出风口通过屋面上的风机与送风管道连接，风管穿越各层走廊通向所有北向房间，向室内供暖。风机由加拿大进口，功率为2.2kW，耗电量约为3200kW·h/a（图3－31）。风管材料是有保温夹层的玻璃钢。垂直风管的管径根据空气流量从六层到一层逐渐变小；各层水平风管管径均为200mm×200mm（图3－32）。房间内的送风口位于分户门的斜上方，距地面2.4m（图3－33）。送风口安装了方形铝合金格栅，尺寸为300mm×300mm，最大送风量为120m^3/h，可手动调节风叶角度（图3－34）。

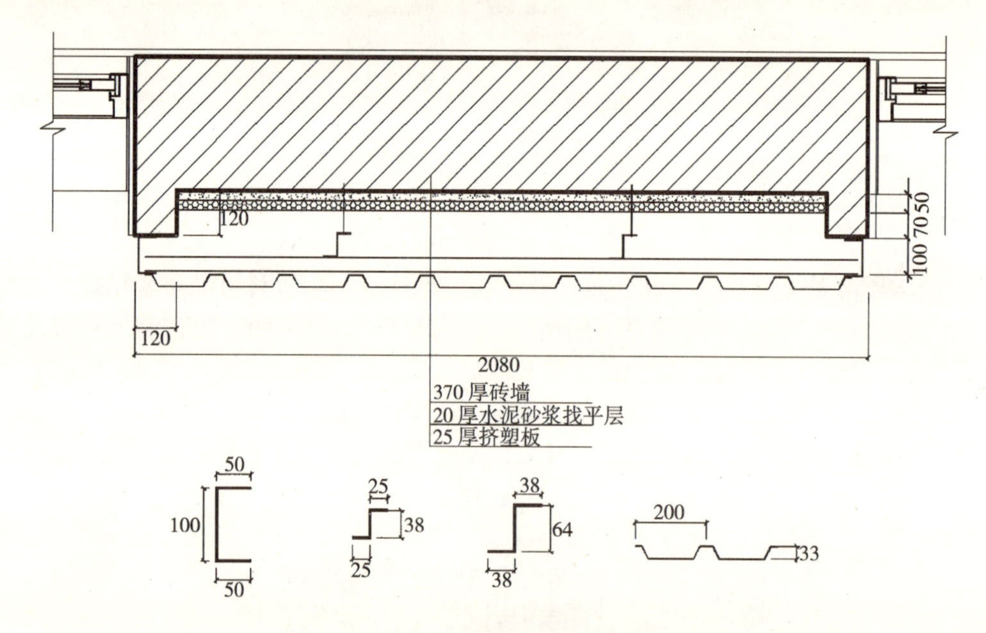

图3－28　窗间墙处太阳墙板安装节点详图

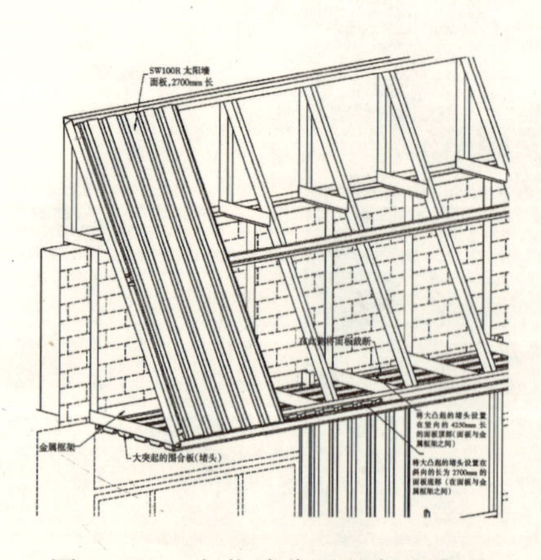

图3－29　女儿墙位置的斜向集热部分

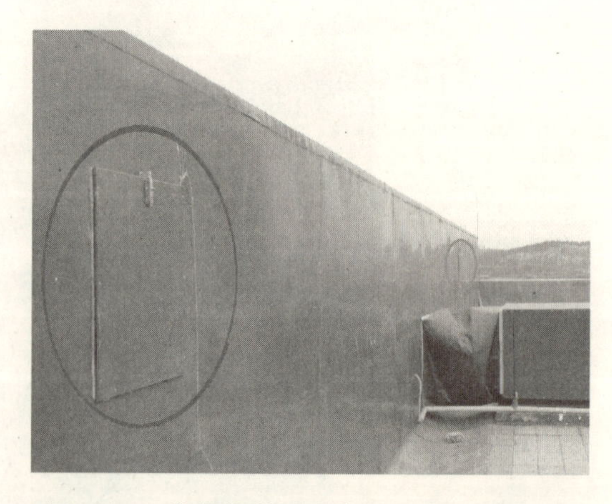

图3－30　集热部分屋面位置两端的散热口和中间的出风口

图3－31 太阳墙出风口通过风机与风管相连

图3－32 走廊内的太阳墙风管

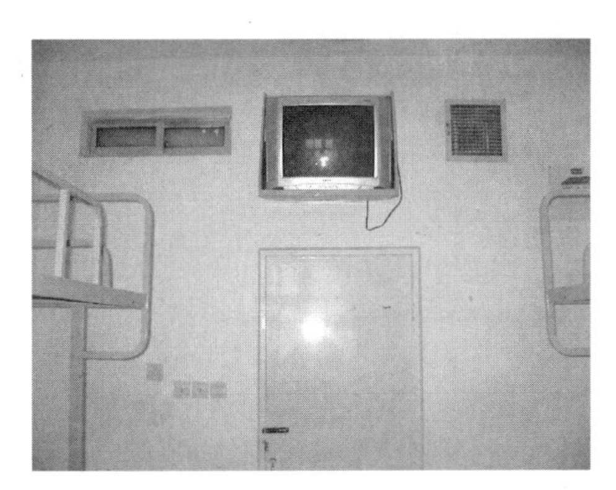

图3－33 室内太阳墙系统出风口位置

图3－34 太阳墙系统室内风口格栅

在过渡季节尤其是集中供暖前后一段时间，太阳墙可以提供房间的全部采暖负荷，使室内达到较舒适的温度。

太阳墙系统对北向房间的总供风量为6500m³/h，最高送风温度达40℃，可将室外空气温度平均提高7.9℃。经计算，生态公寓的太阳墙每年可产生212GJ热量，9月到第二年5月可产生182GJ热量。

3.2.6 太阳墙板的安装

因为太阳墙系统在国内首次使用，部分施工图由加拿大可持续发展中心提供，太阳墙板材、框架材料和所有的螺栓、铆钉、增强气密性的橡胶封条都由加拿大进口，我方没有任何安装经验，所以从与建筑相结合的设计到图纸翻译和绘制（图3－35～图3－40），从墙体材料入关检验到尺寸复核（图3－41、图3－42），从施工步骤的设计到钢架型材的搭建，都耗费了设计人员和施工人员的大量心血。

墙板安装之前首先要检验太阳墙板，复核槽钢框架尺寸（图3－41～图3－43），确认无误后按以下步骤进行施工：

（1）搭建窗间墙位置的竖向框架

土建施工时窗间墙部位依照太阳墙板尺寸预制了截面为120mm×120mm的混凝土柱，框架直接与柱上100mm×100mm的预埋钢件连接，竖框之间的横檩用Z形钢固定在墙面外200mm处，保证太阳墙板和墙体之间的空腔宽度在200mm左右（图3－44～图3－46）。

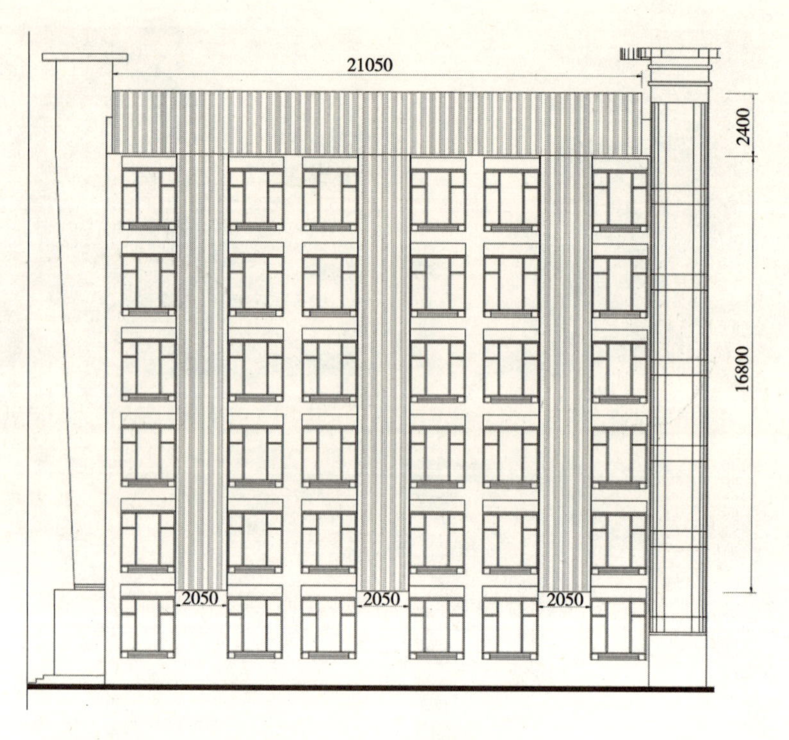

图 3－35　太阳墙立面

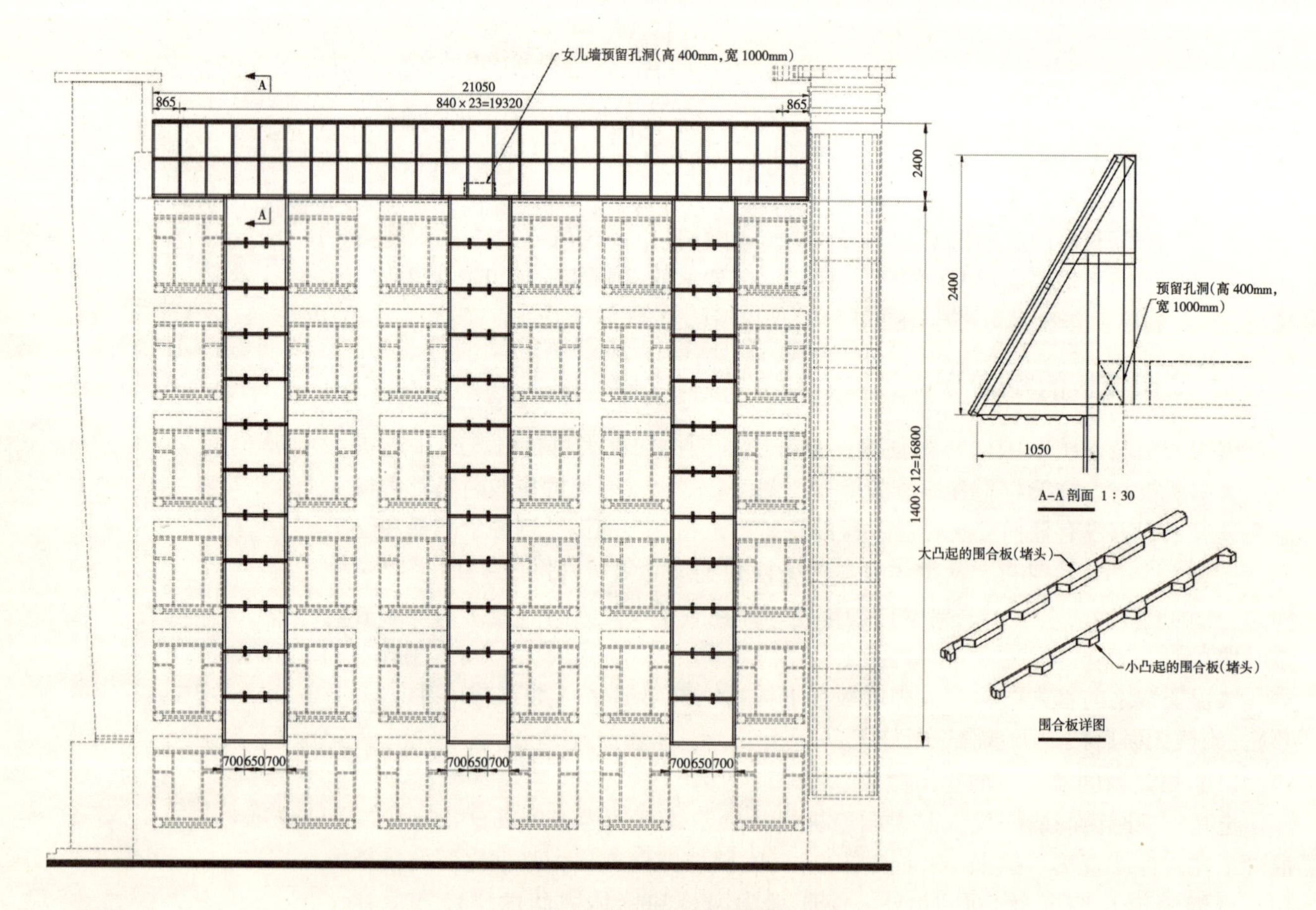

图 3－36　太阳墙安装图

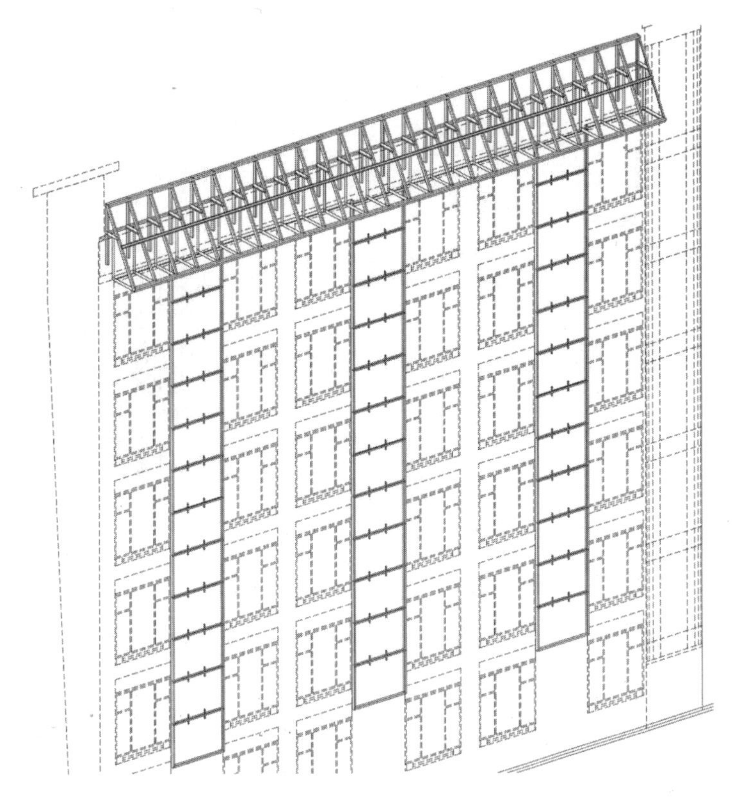

图3－37　太阳墙安装图

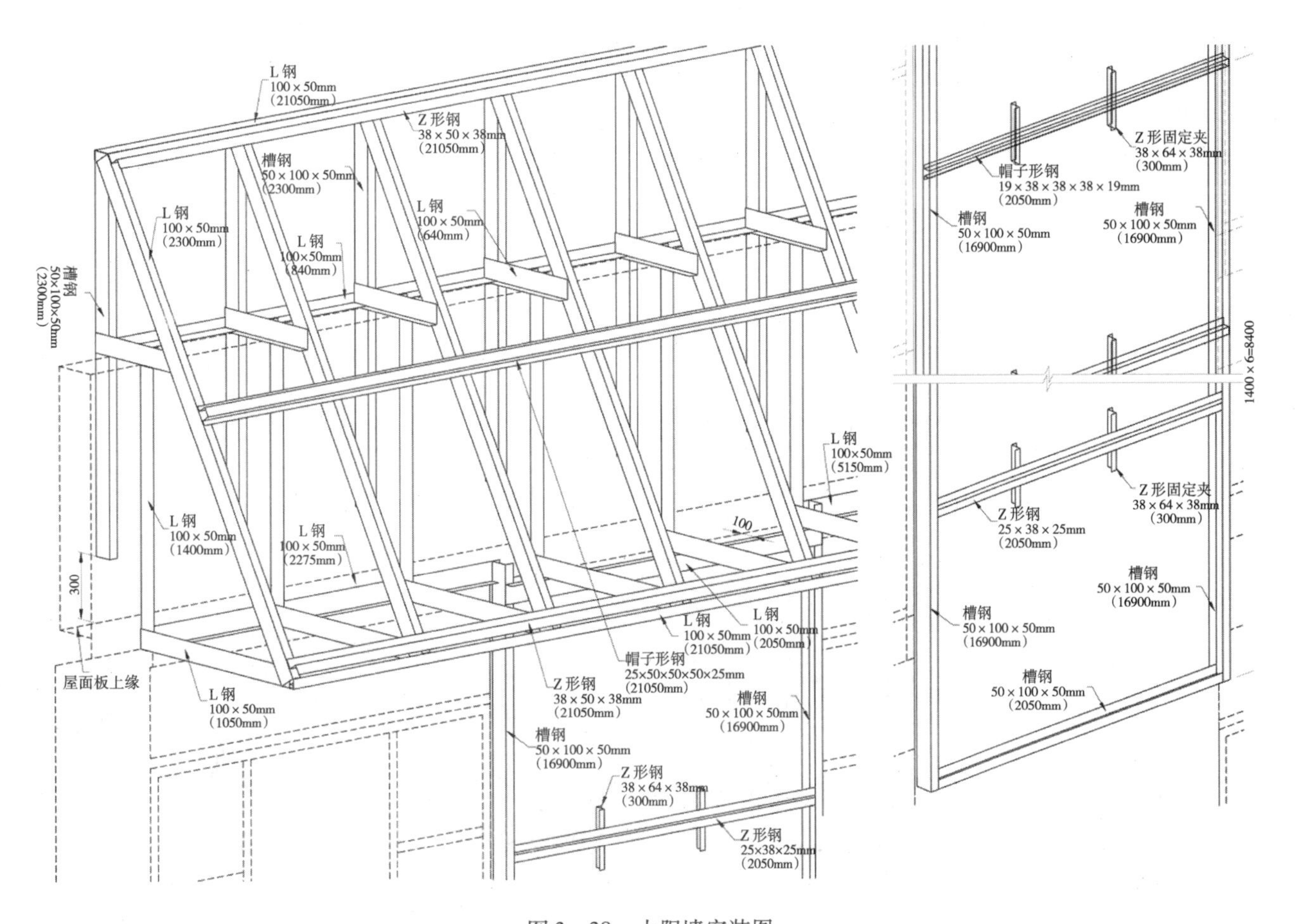

图3－38　太阳墙安装图

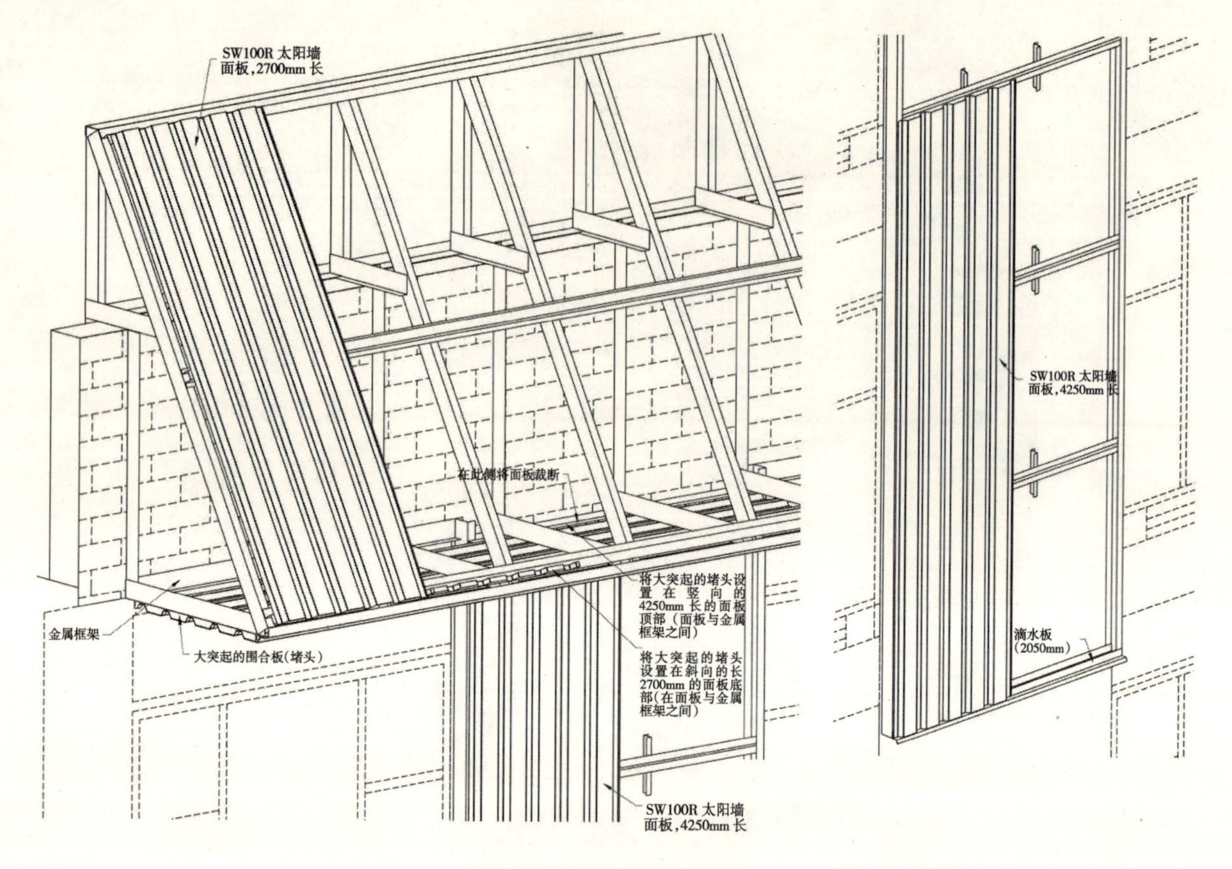

图 3－39　太阳墙安装图

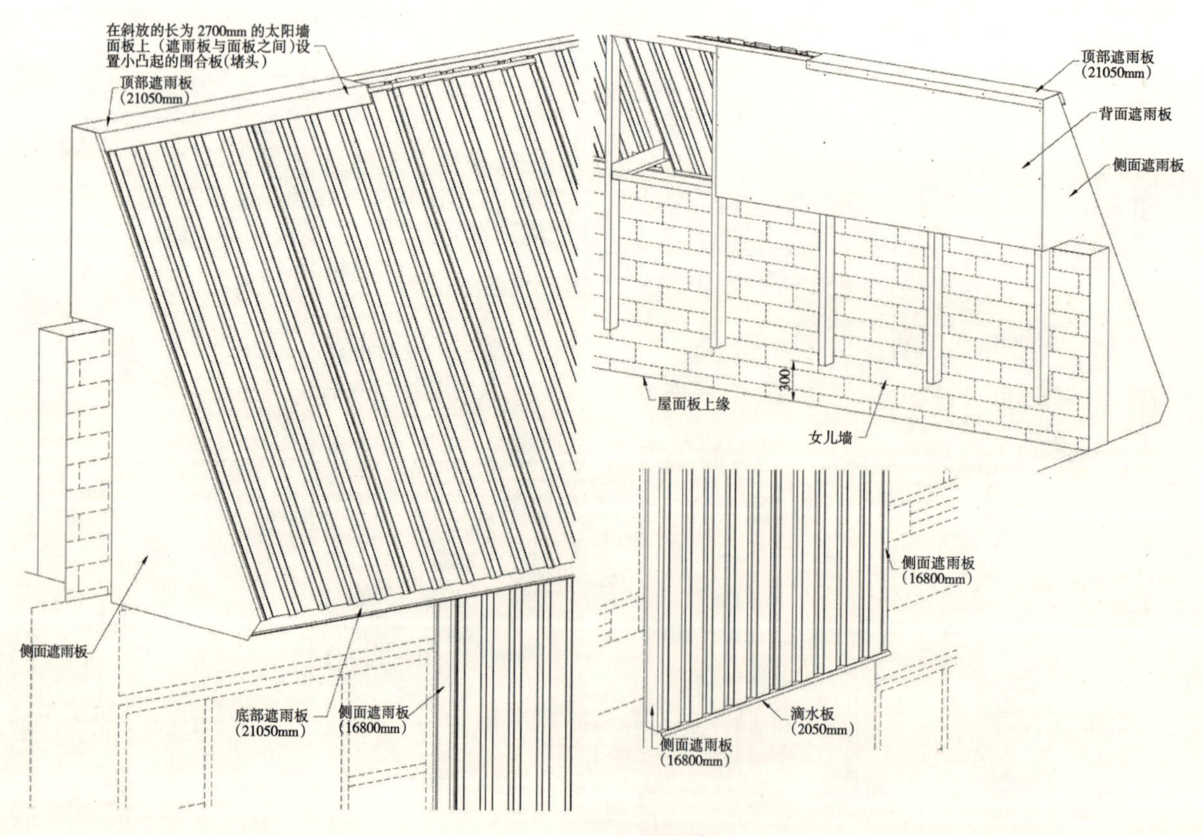

图 3－40　太阳墙安装图

图3－41　开箱检验太阳墙板

图3－42　复核槽钢框架尺寸

图3－43　太阳墙板及平板背板

图3－44　安装竖向框架

图3－45　横撑用Z形钢固定在墙上

图3－46　竖向框架安装完毕

（2）安装女儿墙位置斜向集热部分

该部分框架需要将槽钢、Z形钢、L形钢和帽形钢等多种形钢按要求组合搭配，结合现场尺寸磨合、固定，比较耗费工时。框架以4m长为一个单元组合焊接。太阳墙板分1080mm×4000mm和1080mm×2700mm两种尺寸，根据现场情况搭配使用，安装在焊好的框架单元上。最后把5个安好墙板的框架单元分别吊装固定在女儿墙上，拼接成连续的集热部分（图3－47～图3－52）。

（3）安装竖向墙板

计算好墙板尺寸和用量后，从上到下安装。两块墙板叠合正好符合南向窗间墙2080mm的宽度。墙板用螺栓固定在框架上，螺母刷防锈漆后再刷一层深棕色漆，与墙板色彩统一（图3－53）。

图3－47　焊接斜向集热部分框架

图3－48　安装太阳墙板前揭掉塑料保护膜

图3－49　安装集热部分太阳墙板

图 3-50　吊装集热单元

图 3-51　集热部分安装连接完毕

图 3-52　安装集热部分背板

图 3-53　安装竖向太阳墙板

（4）密封不应有的缝隙

将墙板之间的叠合处以及墙板平边与钢框架的交接处用透明密封胶密封，墙板凹凸的一边与钢框架交接时用相同槽型尺寸的深色密封条密封，由此可以保证外界空气都经太阳墙板上的小孔进入空腔，受到了墙板加热（图 3-54）。

在太阳墙系统的安装过程中，加拿大可持续发展中心一直通过传真和邮件跟踪、指导施工。集热系统安装完毕后，Conserval 公司的专家到施工现场进行了检验，并对系统运行提出了建议。根据专家意见，我们对墙板不必要的缝隙作了全面密封。

另外，因为女儿墙部位的集热部分高达 2.4m，且南北均无遮挡，受到风力较大，所以在该部分安装之前请结构技术人员对材料和安装方案做了鉴定，安装后又进行了测试和验收，确保施工质量和使用安全。图 3-55 是集热部分与竖向墙板的交接施工。图 3-56 是太阳墙集热部分背面，方孔为夏季散热孔洞。

太阳墙集热系统的安装工作持续了一个月的时间。

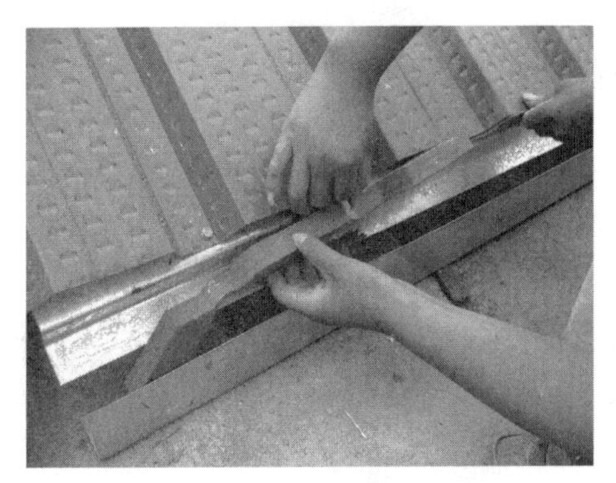

图3-54　用封条密封空隙

图3-55　集热部分与竖向板交接

3.2.7　太阳墙送风系统的安装

太阳墙系统的送风量随着楼层的降低而减小，所以走廊内竖向送风主管道的管径由350mm×700mm逐渐减小为250mm×300mm，而各层连通房间的横向风管管径都是200mm，因此送风系统的施工重点是预制不同管径的玻璃钢风管，按照要求安装。这项工作由风管厂家负责（图3-57~图3-59）。

图3-56　太阳墙集热部分背面

图3-57　太阳墙送风系统不同管径的风管

图3-58　安装屋面上的太阳墙系统风管

图3-59　安装室内太阳墙系统风管

3.3 太阳能热水应用技术

3.3.1 太阳能热水系统的特点、组成与分类

3.3.1.1 太阳能热水系统的特点

太阳能热水系统工程是一种节能、环保、安全、经济的供热水工程，是符合国家产业政策的朝阳行业，具有以下特点：

1）适应性强，无论是高寒地区还是无冰霜地区均可使用。

2）可依据用户的热水需求总量（每天）、用水方式、用水时间（或时段）及用水计划等基本数据按各自要求、条件、环境设计相应的集热器及采光面积，并确定系统的循环方式。

3）为在阴雨天或冬天无太阳光照时保证热水供应，可采用辅助能源的方式进行设计（例如：光电互补、光热与燃气、燃油锅炉或其他热源辅助加热）。

4）整个系统可采用微电脑控制、智能化管理、全天候运转供热，减少人为操作，达到定时上水、定时加热，定时供水和定量供水。

3.3.1.2 太阳能热水系统的组成

太阳能热水系统是由太阳能集热器（平板式集热器、真空管式集热器、真空超导热管式集热器）、循环系统、储热系统（各种型式水箱、罐）、控制系统（温感器、光感器、水位控制、电热元件、电气元件组合及显示器或供热性能程序电脑）、辅助能源系统以及支撑架等有机地组合在一起的，在阳光的照射下，通过不同形式的运转，使太阳的光能充分转化为热能，匹配当量的电力和燃气能源，就成为比较稳定的定量能源设备，提供中温水供人们使用。

（1）太阳能集热器

太阳能集热器是把太阳辐射能转换为热能的主要部件。经过多年的开发研究，已经进入较成熟的阶段，它主要分为两大类：平板式集热器和真空管式集热器。

1）平板式集热器。平板式集热器是在17世纪后期发明的，但直至1960年以后才真正进行深入研究和规模化应用。平板式太阳热水器制造成本较低，但每年只能有6~7个月的使用时间，冬季不能使用。在夏季多云和阴天条件下，太阳能吸收率较低，同样天气在春秋季节也不能使用。

平板式集热器的基本工作原理是：一块金属片涂以黑色，置于阳光下，吸收太阳辐射而使其温度升高。金属片内有流道，使流体通过并带走热量。并在板的背后衬垫隔热保温材料，在其阳面上加上玻璃罩盖，以减少板对环境的散热，全年太阳能量利用率50%（图3-60）。

平板式集热器按工质划分为空气集热器和液体集热器，目前大量使用的是液体集热器；按吸热板芯材料划分有钢板铁管、全铜、全铝、铜铝复合、不锈钢、塑料及其他非金属集热器等；按结构划分有管板式、扁盒式、管翅式、热管翅片式、蛇形管式集热器，还有带平面反射镜集热器和逆平板集热器等；按盖板划分有单层或多层玻璃、玻璃钢或高分子透明材料、透明隔热材料集热器等。目前，国内外使用比较普遍的是全铜集热器和铜铝复合集热器。

由于平板式集热器热损失大，难以达到80℃以上的工作温度，所以只适合于低温太阳能产品（如热水器）。

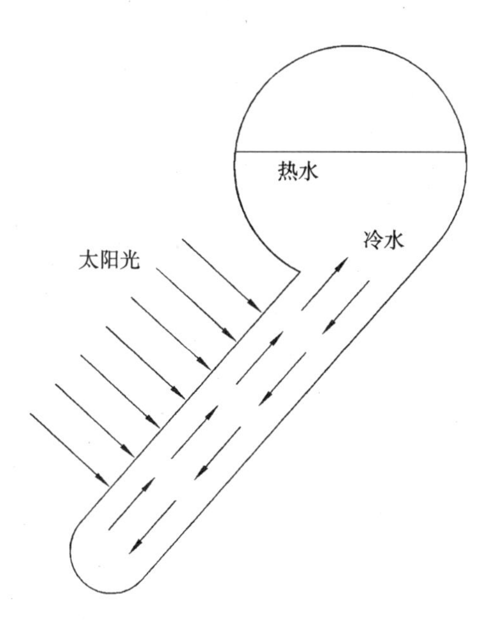

图3-60 平板热水器集热原理

2）真空管式集热器。虽然采用了选择性吸收表面，但平板式集热器热损系数还很大，这就限制了平板式集热器在较高的工作温度下获取有用收益。为了减少平板集热器的热损，提高集热温度，国际上20世纪70年代研制成功真空集热管，其吸热体被封闭在高真空的玻璃真空管内，只有在真空条件下才能充分发挥选择性吸收涂层的低发射率及降低热损的作用。在内玻璃外表面，利用真空镀膜机沉积选择性吸收膜，再把内管与外管之间抽真空，这样就大大减少对流、辐射与传导造成的热损，使总热损降到最低，最高温度可以达到120℃，这就是真空集热管的基本思路。将若干支真空集热管组装在一起，即构成真空管集热器，为了增加太阳光的采集量，有的在真空集热管的背部还加装了反光板（图3-61）。

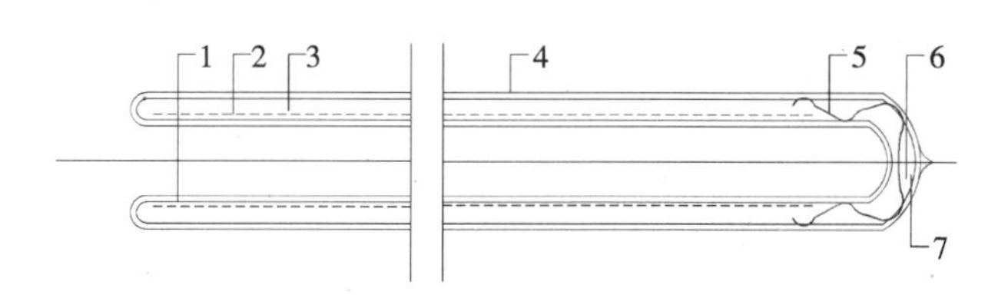

图3-61 全玻璃真空太阳集热管结构

1—内玻璃管；2—太阳能选择性吸收图层；3—真空夹层；4—罩玻璃管；5—弹簧夹子；6—吸气剂；7—吸气膜

真空管集热器按照不同的类型又可以分为：热管—真空管集热器、同心套管—真空管集热器、U形管—真空管集热器。

● 热管—真空管集热器。其缺点是热量转换带来一定的热效率降低，同时有双真空结构所带来的结构复杂及造价高的问题，当然结构复杂本身也极易导致装置的可靠性和寿命问题。目前无论国外还是国内太阳能行业所用热管，都还有很大改进空间，如能在制作及检验技术上更进一步，热管—真空管将是一种非常有前途的集热器形式。热管—真空管集热器有封装式和插入式两种，前者的问题是造价和寿命，后者的问题是转换效率（图3-62）。

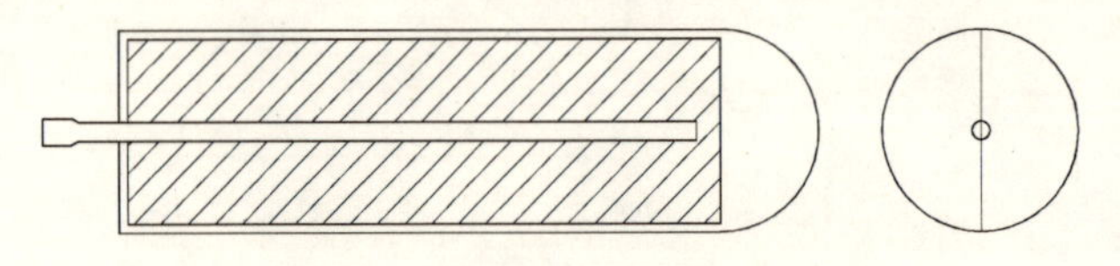

图 3-62　热管—真空管集热器

• 同心套管—真空管集热器（或称直流式真空管）。其外形跟热管式真空管较为相似，只是在热管的位置上用两根内外相套的金属管代替。工作时，冷水从内管进入真空管，被吸热板加热后，热水通过外管流出。传热介质进入真空管，被吸热板直接加热，减少了中间环节的传导热损失，因此提高了热效率。同时，在有些场合下可将真空管水平安装在屋顶上，通过转动真空管而将吸热板与水平方向的夹角调整到所需要的数值，这样既可以简化集热器的支架，又可避免集热器影响建筑美观（图 3-63）。

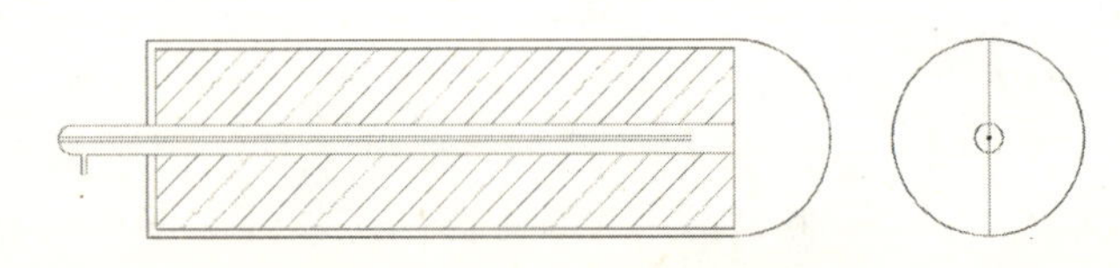

图 3-63　同心套管—真空管集热器

• U 形管—真空管集热器

在全玻璃真空管插入弯成 U 形的金属管，在 U 形金属管和全玻璃真空管之间，同样有与二者均紧密接触的金属翅片，担负二者之间的热传导工作，被加热流体在金属管中流过，吸走全玻璃真空管收集的太阳能热量而被加热，从而构成 U 形管—真空管太阳能集热器。

U 形管—真空管集热器和热管—真空管集热器一样，既实现了玻璃管不直接接触被加热流体，又保留了全玻璃真空管在低温环境中散热少，加热工质温度高的优点，同时还避免了热管—真空管集热器双真空结构带来的一系列问题，同时由于被加热流体是在玻璃管中被加热，热量转换得更直接，整体效率也高于热管—真空管集热器（图 3-64）。

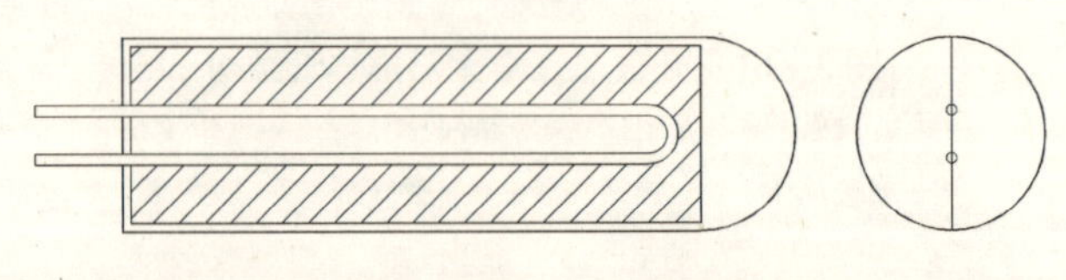

图 3-64　U 形管—真空管集热器

它的主要问题是以水为工质时，仍存在金属管冻裂和结垢问题，所以一般用于双循环系统及强制循环系统。

（2）循环系统

系统内装有能量载体将太阳能量连续性的载走储存。

（3）控制系统

保证各系统连续性的自控工作，确保整个系统的正常运行。

（4）储热系统

储热系统主要是指储热水箱，其作用是将能量载体载来的能量进行储存、备用；其保温效果完全取决于保温材料的种类和保温材料的厚度及密度。目前太阳能热水器保温材料大多选用固体保温材料聚氨酯。聚氨酯整体发泡工艺复杂，加工难度很高。成功发泡成型的保温泡沫整体性好，无漏发泡，泡沫密度达 80kg/m^3，强度均匀，封闭性好。如厚度在4～5cm左右，则保温性能极佳（东北严寒地区需6cm厚）。水箱外壳必须选择抗腐蚀耐老化的材料制成。

（5）辅助能源系统

其作用是保证整个系统在阴雨天或冬季光照强度较弱时能正常使用。按照辅助能源的来源不同，又可分为太阳能电辅助热源联合供热系统和全自动燃油炉联合供热水系统。

1）太阳能电辅助热源联合供热系统：辅助电加热是对太阳能集热系统在功能上的补充，在阴雨雪天气下，当太阳光不足时，通过电加热仍可得到热水供应。电加热功率与产水量成正比，一般计算1t热水需配备4kW电力，电加热功能可实现自动化。

2）全自动燃油炉联合供热水系统：在该系统里，可以通过仪表也可以人工控制循环泵，使之在白天或太阳辐射照度满足要求时启动，集热器吸收太阳能给蓄热水箱的水加热，在蓄热水箱中的水不许先经过全自动燃油（或燃气）炉再供给用户。该系统既充分利用了太阳能资源，又可以为用户全天提供热水。

（6）支撑架

支撑架主要由反射板、尾座及主撑架组成，是为了保证集热系统的采光角度及正常运转中与整个系统的牢固性而设计的辅助结构。

反射板的作用主要是把射入真空管缝隙中的光有效地利用起来。现在市面上热水器的反光板主要有平面不锈钢板、轧花铝板、大聚焦、小聚焦。平面反射板把射入的太阳光又原路反射回去；轧花铝板漫反射没有方向性，一部分反射到真空管上而加以吸收利用。大聚焦反射板其弧面宽度为8cm左右，其聚焦点则全面在真空管之外。只有小聚焦型反射板其弧面宽度为6cm，能够把太阳能光完全聚集到真空管上，大大提高了太阳能热使用率。

尾座的作用是保持真空玻璃管的稳定，其材料是选用厚度在0.6mm以上的430不锈钢板，如低于此厚度则强度不够，刚板弯曲变形，易导致真空管下滑脱落破碎。

主撑架选用430不锈钢，须用不锈钢螺钉连接，因其有优秀的高强度性能，故正规厂家大多选用此材料。

3.3.1.3　太阳能热水系统的分类

1）按照太阳能热水系统提供热水的范围可分为集中供热水系统、集中分散供热水系统和分散供热水系统。

2）按照太阳能热水系统的运行方式分为自然循环系统、强制循环系统和直流式系统。

- 自然循环系统。自然循环系统主要是由太阳能组件、热水储蓄器、转换或交换装置、固定框架等装置构成。此类热水系统的系统如图3－65所示。其蓄水箱必须置于集热器的上方，水在集热器中被太阳辐射加热后，温度升高；由于集热器中的水温与蓄水箱中的水温不同，因而产生密度差，形成热虹吸压头，使热水由上循环管进入水箱的上部，同时水箱底部的冷水由下循环管进入集热器，形成循环流动。这种热水器的循环不需要外加动力，故称为自然循环。在运行过程中，系统的水温逐渐提高，经过一段时间后，水箱上部的热水即可使用。在用水的同时，由补给水箱向蓄水箱补充冷水。

• 强制循环系统。强制循环系统如图 3－66 所示。在这种系统中，水是靠泵来循环的，系统中装有控制系统，当集热器顶部的水温与蓄水箱底部水温的差值达到某一限定值的时候，控制装置就会自动的启动水泵；反之，当集热器顶部的水温与蓄水箱底部水温的差值小于某一限定值的时候，控制装置就会自动关闭水泵，停止循环。因此，强制循环系统中蓄水箱的位置不必一定高于集热器，整个系统布置比较灵活，适用于大型热水系统。

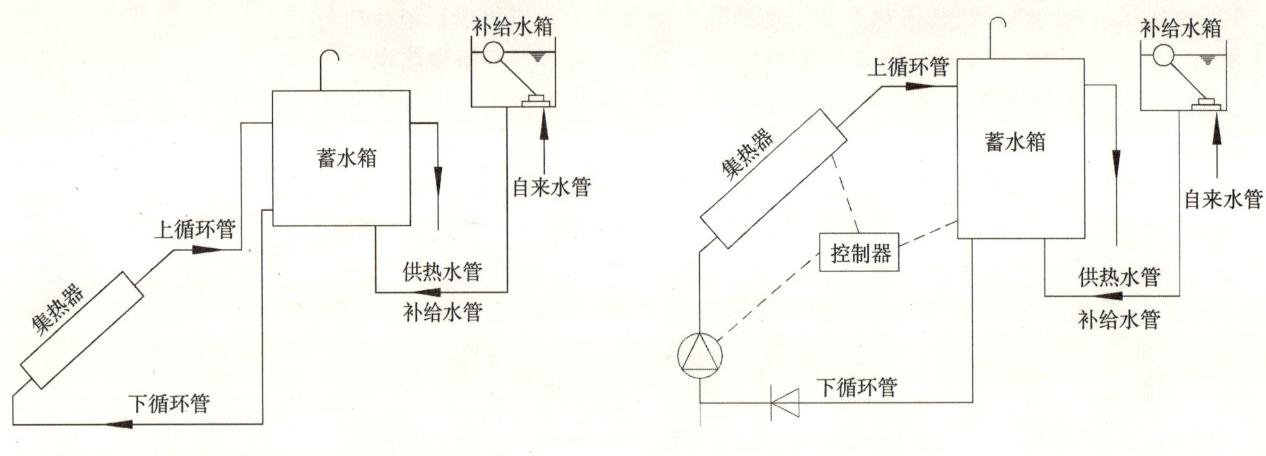

图 3－65　自然循环式热水系统示意图

图 3－66　强迫循环式热水系统示意图

• 直流式系统。直流式系统如图 3－67 所示。这一系统是在自然循环和强制循环的基础上发展而来的。水通过集热器被加热到预定的温度上限，集热器出口的电接点温度计立即给控制器信号，并打开电磁阀后，自来水将达到预定温度的热水顶出热水器，流入蓄水箱。当点温度计降到预定的温度下限时，电接电磁阀又关闭，这样热水时开时关，不断的获得热水。

3）按照太阳能热水系统中生活热水与集热器内传热工质的关系分为直接系统和间接系统。

4）按照太阳能热水系统中辅助能源的安装位置分为内置加热系统和外置加热系统。

5）按照太阳能热水系统中辅助能源的启动方式分为全日自动启动系统、定时自动启动系统和按需手动启动系统。

6）按照太阳能热水系统中集热器与蓄水箱之间的相对位置分为整体式和分体式。

• 整体式。整体式是指太阳能集热器与水箱整体设置的太阳能热水系统，又分为屋脊支架式、挂脊支架式、南坡面预埋固定式、平屋面普通支架式。目前整体式太阳能集热器的使用比较普遍，价格也比较低廉，但在太阳能建筑一体化方面的问题还有待解决。

• 分体式。分体式是指太阳能集热器与水箱相分离的太阳能热水系统，分为阳台嵌入式、南坡面嵌入式、平顶嵌入式。集热器作为建筑的一个构件，成为屋顶或墙面的一个组成部分，水箱放置在阁楼或室内，系统的管道预先埋设，在太阳能建筑一体化方面的优势较为突出，但结构复杂，造价较高。

3.3.2　太阳能热水系统应用实例

（1）力诺瑞特青岛千禧龙生态小区太阳能热水工程

青岛千禧龙生态小区位于青岛经济技术开发区的黄金地段，是一个风景优美、环境秀丽的高档住宅小区，小区内多为13层的小高层住宅，并在设计初期就提出了使用太阳能中央热水的要求。在整个工程中，施工方采用了集中供应热水的太阳能热水系统，并且很好的实现了太阳能集热器与楼顶结构的有机结合，在平屋顶上专门制作了用于安装太阳能集热器的倾角10°的大型钢结构飘板，即满足了突出建筑风格的美学要求，又为太阳能集热器的合理均匀铺设提供了场所。同时太阳能集热器真空管的管间距也做了适当的调整，扩大到115mm，前后管之间不会产生遮挡，即不影响钢结构的整体美观，又能保证正常的集热效果（图3－68）。

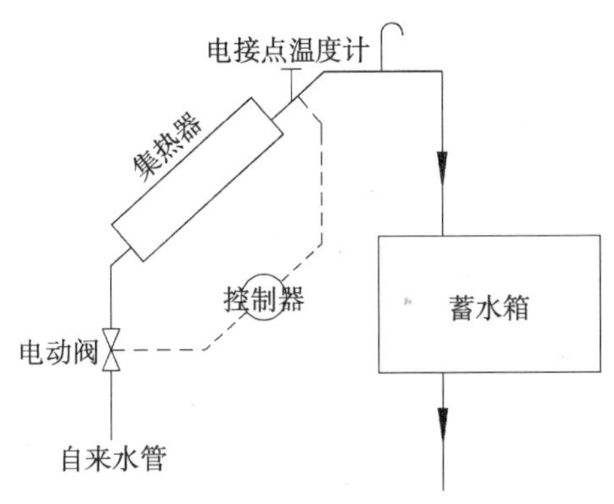

图3－67　直流式热水系统示意图

图3－68　青岛市千禧龙太阳能工程

另外，在该工程中住宅楼热水供应都是分单元式的供水，同时自动化程度的要求也非常高。因此工程技术人员将供水系统设计为两个子系统。下面的十层有足够的落差可以保证水压，但由于管线较长，容易产生热损失，因此安装了小型循环水泵，采用定温循环的方式，保证管道内保持恒定的水温；上面的三层管线较短，但距离楼顶水箱较近，压差不够，加装了水流开关和增压泵。设计简单可靠，完全达到了用户的使用要求。在辅助热源方面采用的则是在单元小系统中使用燃气作为辅助热源的方式。

（2）山东皇明集团太阳能热水示范工程

该建筑采用4种类型的太阳热水器与建筑结合的形式。阳台壁挂式太阳热水器、阳台分体式太阳热水器、立面壁挂式太阳热水器以及屋面飘板式太阳集热器，在太阳能热水器与建筑一体化方面做了大胆的尝试，并取得了可喜的成绩，是近年来少有的太阳能建筑一体化的典范（图3－69）。

在太阳能热水技术方面的创新之处在于：将集热器安装在建筑南立面或窗间墙上，充分利用空间，点缀装饰，效果突出；循环管路最短，效率高，解决无效冷水和压力平衡的问题；将太阳集热器作为建筑的一个构件，实现了太阳能与建筑的一体化设计和太阳能标准模块化生产。

图 3－69
山东皇明集团多层住宅楼
太阳能热水示范工程

该工程针对居民区采用集中供热水系统，其中有 24h 供热水和定时恒温供热水两个系统。其特点是：

1）采用热水管道循环；有效解决管路中的无效热水问题，实现打开水龙头就有热水。

2）太阳能与辅助能源相结合，有效克服太阳能不连续性的缺点。

3）利用变频增压技术有效解决热水水压不稳定的缺点，使洗浴更加温馨舒适。

4）智能分户计量热水收费。

3.3.3 太阳能热水技术在生态学生公寓中的应用

对我国目前的学生公寓来说，能够在宿舍中洗上热水澡似乎还是一种奢望，而通过利用太阳能就可以提供廉价的生活热水。用太阳能生产低温热水（小于 100℃）的太阳能热水系统，是目前太阳能热利用中技术最成熟、经济性方面最具竞争力、应用最广泛、产业化发展最快的领域。太阳能热水系统与建筑的一体化技术已被建设部列入建筑节能和可再生能源利用的重点推广技术。

在生态学生公寓中，我们采用了一套力诺瑞特集中式太阳能热水系统（图 3－70）。该系统为强制循环系统，由集热器、蓄水箱和循环管组成。依靠集热器与蓄水箱中的水温不同产生的密度差进行温差循环，水箱中的水经过集热器被不断加热，再通过连接在蓄水箱上的管路送至各房间。集热器总集热面积 $72m^2$，以春秋季考虑，满足提供每日 5760L 热水（每人每日 20L 定额）。

蓄水箱设有电辅助加热装置，在阴雨天气和冬季阳光不充足的时候（11 月至来年 3 月），启动辅助加热装置，将水加热至所需温度。这需要一定的电能，据估算，在全年使用的情况下，太阳能可以提供 70% 的热量。实际上，由于冬季洗澡次数较少，另外最冷月学校已放假，辅助加热所消耗的电能还是十分有限的。

热水计量方面，由于多数时间中，太阳能热水的温度都高于洗澡所需的温度，因此需要与冷水混合后才能使用，热水计量表就装在房间里的热水管上。用 IC 卡计费，洗澡前需要先插入 IC 卡，然后才能用热水，而且每人每天热水用量

图3－70
生态学生公寓集中式太阳能热水系统

有一定限度，防止少数学生用水过多早早的把水箱放空。热水收费以全年的水费、加热费用、运行管理费用为根据并考虑到回收造价，得出一个平均值，作为热水的价格。

3.3.3.1　太阳能热水工程设计方案

该工程使用力诺瑞特 LPC47－1540 型集热单元串并联结构。该系统可以独立运行，也可与辅助能源系统兼容使用。

（1）设计参数的选择与确定

山东属于我国三等太阳能辐照度地区，年辐射总量为 5015～5434MJ/m^2·a；冬季长达4～5个月，气温低，太阳辐射强度低，云量少，晴天的时间居多，年照时数大多在2400h/a以上；济南的地理纬度为37°左右；山东地区地下水的温度在15～20℃之间（计算中取低值15℃）；全年光照时间每天平均按8h计算，全年光照时间按2400h计算，则：全年光晴天时间为2400h/a÷8h/d＝300d；每个季度按300d÷4h/d＝75d计算；夏季、春秋季、冬季太阳辐射量分配比例为1∶0.7∶0.4；年辐射总量按5200 MJ/m^2·a计算，则按照夏季、春秋季、冬季太阳辐射量分配比例可以得出，各个季节每天平均太阳辐射量分别为：

夏　季：5200MJ/(m^2·a) ÷ (1＋0.7×2＋0.4) ×1＝1857MJ/(m^2·季)
1857MJ/(m^2·季) ÷75d/季＝25MJ/(m^2·d)

春秋季：5200MJ/(m^2·a) ÷ (1＋0.7×2＋0.4) ×0.7＝1300MJ/(m^2·季)
1300MJ/(m^2·季) ÷75d/季＝17.3MJ/(m^2·d)

冬　季：5200MJ/(m^2·a) ÷ (1＋0.7×2＋0.4) ×0.4＝743MJ/(m^2·季)
743MJ/(m^2·季) ÷75d/季＝10MJ/(m^2·d)

太阳能系统的热效率按50%计算，则每天吸收热量为：

夏　季：25MJ/(m^2·d) ×50%＝12.5MJ/(m^2·d)，合计2604kcal/(m^2·d)

春秋季：17.3MJ/(m^2·d)×50%＝8.65MJ/(m^2·d)，合计2069kcal/(m^2·d)

冬　季：10MJ/(m^2·d)×50%=5MJ/(m^2·d)，合计1196kcal/(m^2·d)

每天，每平方米的集热面积可使60L、15℃的冷水升温到：

夏　季：T1=2604kcal/(1kcal×60L)+15℃=58.4℃

春秋季：T1=2069kcal/(1kcal×60L)+15℃=49.5℃

冬　季：T1=1196kcal/(1kcal×60L)+15℃=35℃

热水的使用温度一般按40℃计算，在集中供热系统中，出口温度与配水点温差不应大于15℃，出口温度不应大于75℃；由于当水温大于60℃时，结垢量会明显增大，因此加热器的出口热水温度不宜大于60℃；热水管道中的流速一般采用0.8~1.5m/s，管径为15mm或25mm的管道，宜采用0.6~0.8m/s。

生态学生公寓楼西翼共有公寓72间，每间每天需要45℃以上热水120L；每天定时供水，温度在50~60℃左右；在要求的供水时间段内保证管网中一开开关便是热水，保证管网中有一定的压力；在热负荷的计算方面，按照每天每支真空管产40~80℃的热水7.5kg计算，供应热水的时间定为8h；辅助热源为电辅助加热。集热面积的确定方法如表3-3所示：

集热面积的确定　　　　**表3-3**

用水房间数量	72个
每间平均用水量	120L
每天用水总量	120×72=8460L
集热器单元数量	30组
集热单元特征	每组由40支直径为47mm，长度为1500mm的集热管组成
集热管的数量	30×40=1200支

(2) 辅助能源的选择

辅助能源系统采用60kW的电热丝，平铺在储热水箱的底部，保证在没有太阳的情况下可以使水温在4h上升25℃以上。采用储热水箱的底部平铺电热丝的方式可以有效的节约设备成本，降低整套系统的造价。

(3) 系统流程

整个系统流程中包括集热循环、补水系统、低水位补水系统、电辅助系统和防冻系统等智能控制系统，在第6章中将做详细的介绍，系统流程原理如图3-71所示。

(4) 系统设计

1）集热器布置方案。在生态学生公寓中，为了安装方便在平屋面上设置了用于安装集热器的水泥基础，太阳能集热器固定在基础上，集中设置在学生公寓的屋面上，其具体的安装尺寸如图3-72和图3-73所示：

2）设备布置方案。在生态学生公寓中，储热水箱安装在顶层的设备间中，与直接暴露在室外的水箱相比具有更加高效的保温作用，同时也便于日常对于水箱的维护与检修，其具体的安装尺寸如图3-74所示。

3）循环系统设计。集热循环管路采用国标热镀锌管道，并采用聚乙烯保温；采用PP—R节能环保产品，利用循环泵定时将管网中的冷水循环到储热水箱，以节约热量损失；回水管路：为了保证热水的一用即出，现设计*DN*25回水管，利用定温电磁阀让低温水循环回储热水箱。

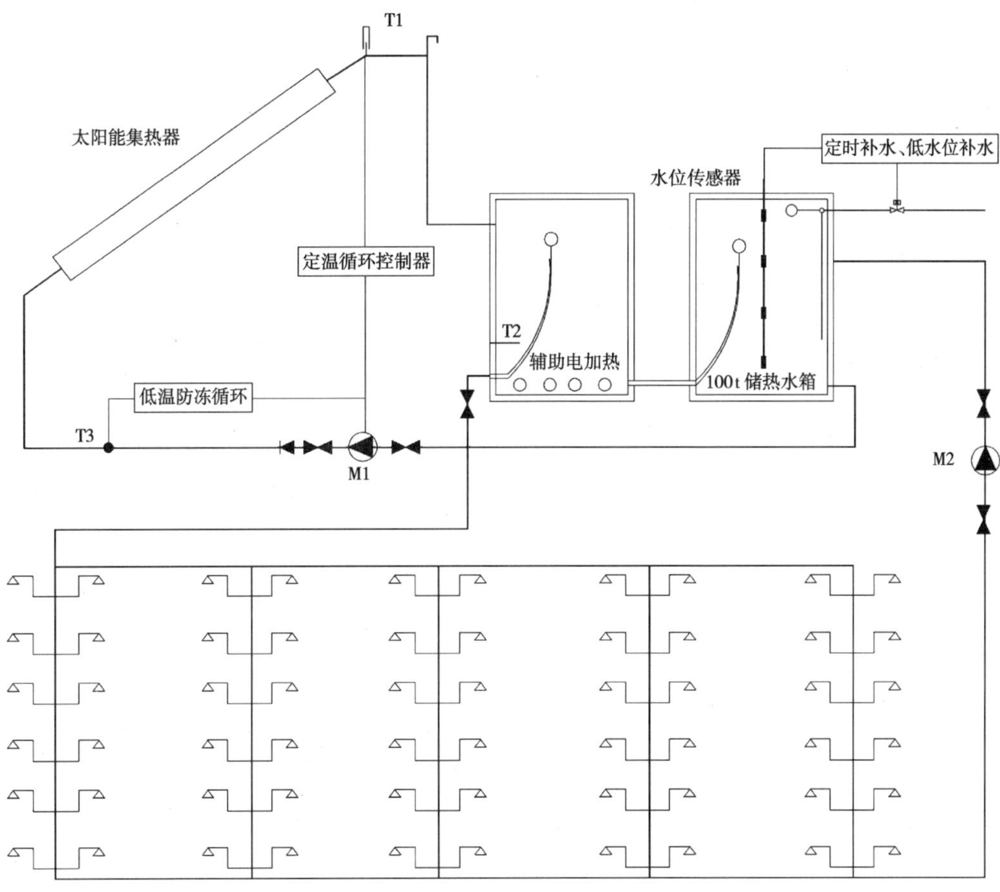

图3－71 太阳能集热工程运行原理图

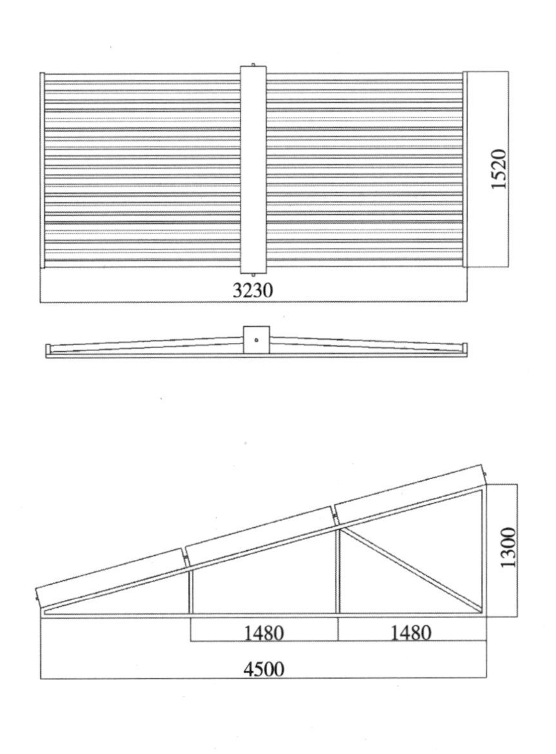

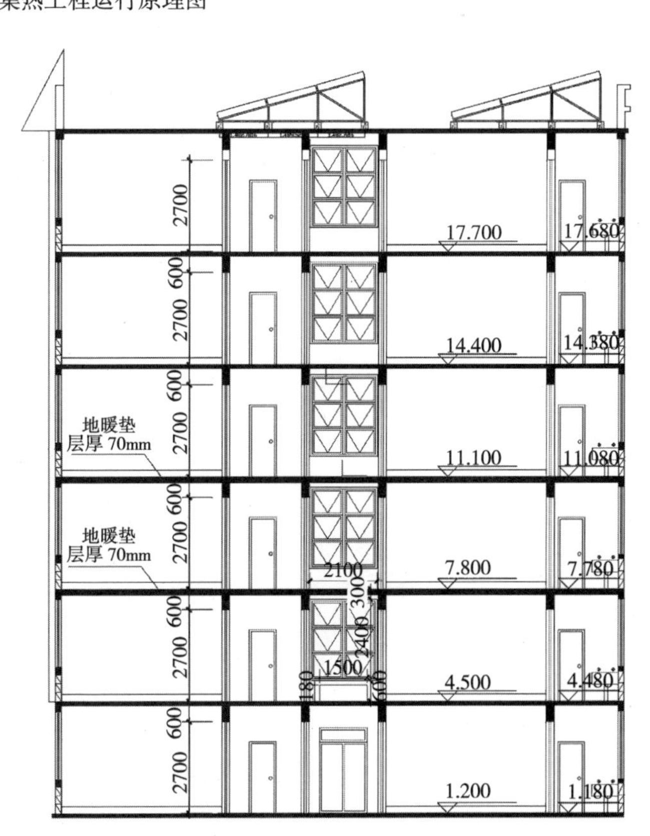

图3－72 太阳能集热工程安装侧视尺寸图

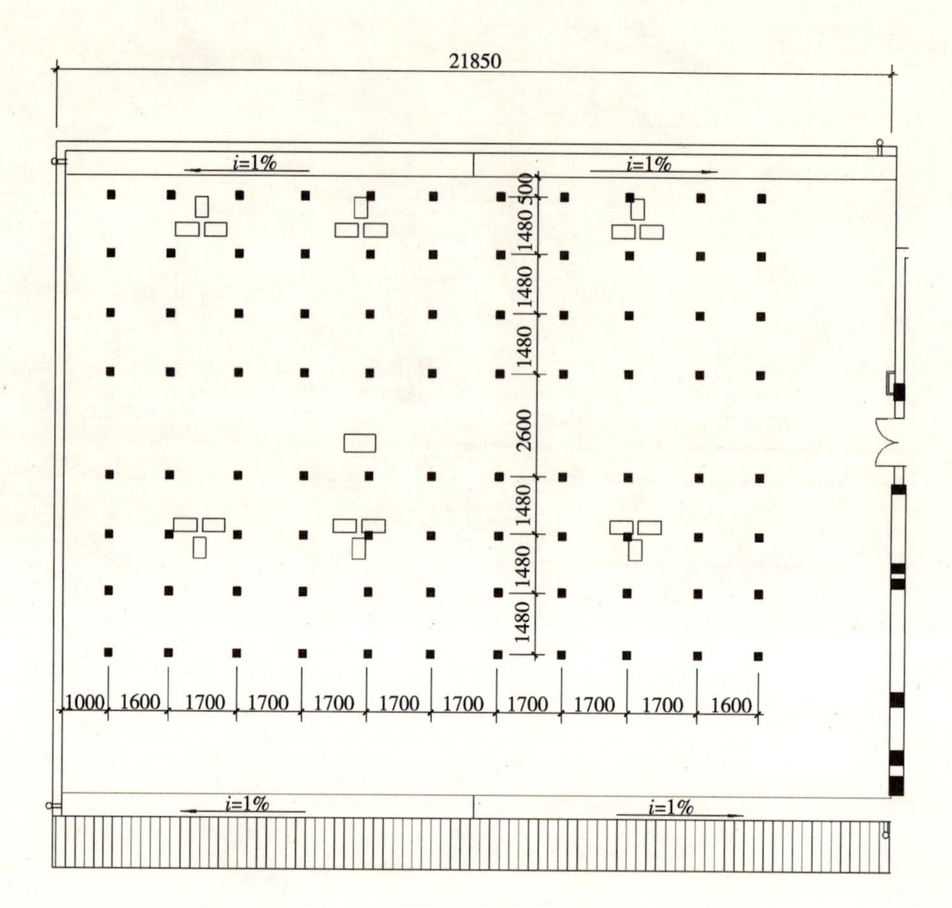

图3－73
太阳能集热工程
屋顶支墩布置图

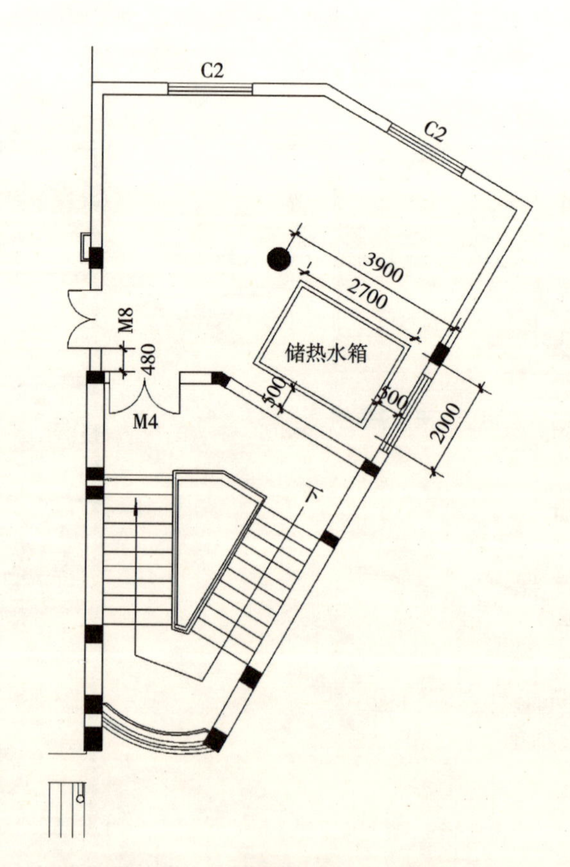

图3－74　太阳能集热工程水箱布置图

根据每平方米集热面积的流量不小于36L/h的流量要求，并保证系统的压力不大于50kPa，以及安装基地的限制，集热循环泵现选择PH—101，供水循环泵采用的是扬程7.5m、流量为18.6t/h的PH—251E。

4）太阳能工程材料方案。集热元件是采用山东力诺集团生产的风靡欧洲的“AZURRO”集热管，颜色为地中海蓝色，膜色均匀，在使用中20年不褪色，大大提高了集热管的寿命，经德国镀膜专家检测吸收率高达95%以上，比普通集热管提高了30%，集热效率达到了欧美发达国家先进水平（表3-4）。

集热元件性能 **表3-4**

名称	性能参数	国家标准
吸收涂层的太阳吸收率	$a \geq 0.95$	$a \geq 0.86$（AM1.5）
半球发射率	$\varepsilon \leq 0.05$	$\varepsilon \leq 0.09$（80℃ ±5℃）
闷晒性能参数	$H \leq 2.639 MJ/m^2$	$H \leq 3.3 MJ/m^2$
空晒性能参数	$Y \geq 415.51 m^2 \cdot K/kW$	$Y \geq 175 m^2 \cdot K/kW$
平均热损系数	$ULT < 0.53 W/(m^2 \cdot K)$	$ULT < 0.90 W/(m^2 \cdot K)$

循环管路采用标准饮用水镀锌管道；循环泵采用德国威乐—LG系列水泵，该水泵为世界顶级泵，有低噪声、高效率、寿命长、外形美观等特点。控制系统采用模拟电路控制。储热系统内胆采用5～8㎜钢板焊接防腐而成，不仅水质纯净而且具有较长的寿命；防水外皮采用铁板防腐加工而成，保温材料采用进口聚氨酯发泡而成，保温效果超群。支撑架采用4号角钢焊接而成，边面进行了防腐处理，强度寿命长（表3-5）。

聚氨酯发泡性能表 **表3-5**

性能＼参数	测试标准	单位	测试说明	测试结果				备注
密度	GB 6343—86	kg/m^3	——	35.82				
压缩强度	GB 8813—88	kPa	——	172.5				
导热系数	GB 10295—88	W/（m·K）	热板温度25℃ 冷板温度5℃ 平均温度15℃	0.0193				
尺寸稳定性	GB 8811—88	%	条件＼方向	L	W	T	平均值	L：长度 W：宽度 T：厚度
			-20℃，24h	0.23	0.18	0.46	0.30	
			100℃，24h	0.63	0.46	0.69	0.60	
闭孔率	GB 10799—89	%	体积膨胀法 23℃	95.10				

3.3.3.2 太阳能热水系统的安装施工

（1）水泥基础施工

图3-75为太阳能集热工程安装水泥基础详图，图3-76为太阳能集热工程支架安装现场。

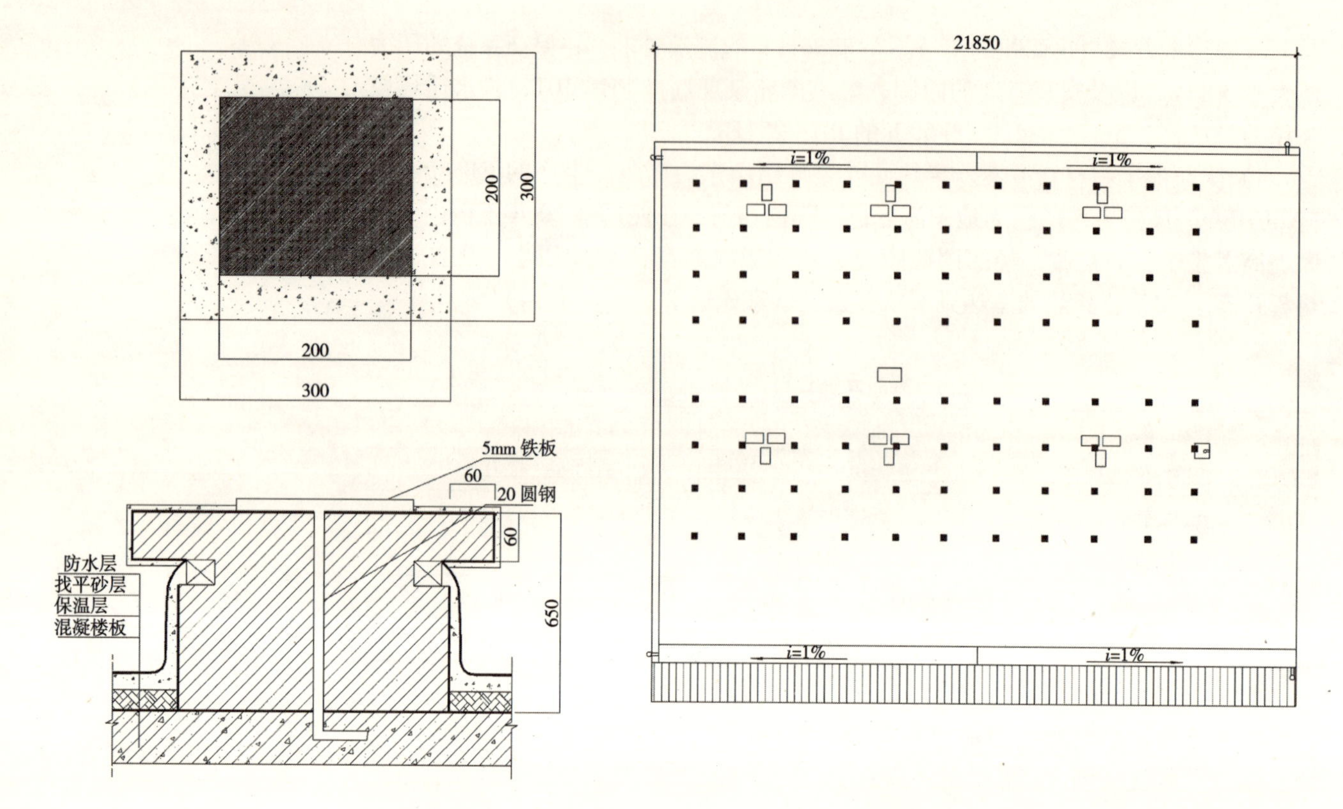

图 3－75 太阳能集热工程安装水泥基础详图

图 3－76 太阳能集热工程水泥基础安装现场

（2）支架的制作与集热器的安装

图 3－77 为太阳能集热工程支架安装现场，图 3－78 为太阳能集热工程集热器安装现场。

（3）管路的安装

集热循环管路的管径应与串并联组数相适应，集热循环管路尽可能的短，绕行的应是集热器进水管路，管路应有 1% 的安装角度，以便系统排气，避免气堵现象。主管路的最高点应设置排气管，水箱低于集热器时，集热器进水管路应安装单向阀，系统再循环泵、电磁阀、集热器等部分应安装维修阀门。

（4）电控系统的安装

根据现场的需要，按照电路安装要求进行安装，强电电线与弱电信号线均走不同的串线管，并保证两端标记对应，串线管走向横平竖直。

图3－77　太阳能集热工程支架安装现场

图3－78　太阳能集热工程集热器安装现场

3.3.3.3　太阳能热水系统的调试

1）系统注水：调试电控系统中的补水控制器（水位表），利用清晨太阳光照很弱时自动将储水箱注满冷水。

2）集热循环调试：将控制仪表调整到正常状态，利用外界因素将探头温度升高或降低，检查当温度升高时系统是否自动开始循环，温度降低时是否自动停止运行，反复试验，直到集热循环运行正常为止。

3）集热系统管路调试：集热系统运行时检查是否有漏水现象。

4）自动加热控制测试：首先测试漏电保护器是否可靠，调试电控系统中的加热控制器（温度传感器），在时间控制范围内，利用外界因素将探头温度升高或降低，检查当温度升高系统是否自动断电，温度降低时是否自动启动；在时间控制范围外，利用外界因素使探头升温、降温，检查电加热是否自动启动或关闭。反复试验，直到运行正常为止。

5）防冻循环控制测试：利用外界因素使探头升温，检查系统是否自动停止循环；温度降时是否自动启动循环，反复试验，直到运行正常为止。

6）根据设计方案、参数对系统进行验收，并递交使用说明。

3.4　太阳能光伏发电技术

太阳能转换为电能有两种基本途径：一种是把太阳辐射能转换为热能，即“太阳热发电”；另一种是通过光电器件将太阳光直接转换为电能，即“太阳光发电”。“太阳能光伏发电”简称“光伏发电”，是直接将太阳能转化为电能的一种发电形式。

太阳能发电具有许多优点，比如太阳能发电安全可靠、无噪声、无污染；太阳能发电所需能量随处可得，无需消耗燃料无机械转动部件，太阳能发电维护简便，使用寿命长；建设周期短，规模大小随意；太阳能发电可以无人值守，也无需架设输电线路；太阳能发电还可方便与建筑物相结合等。这些都是常规发电、其他发电方式所无法比拟的。

3.4.1　太阳能光伏发电技术原理、组成与分类

3.4.1.1　太阳能光伏发电技术原理

太阳能电池发电的原理主要是半导体的光电效应，一般的半导体主要结构如下：图3－79中，正电荷表示硅原子，负电荷表示围绕在硅原子旁边的四个电子。当硅晶体中掺入其他的杂质，如硼、磷等，当掺入硼时，硅晶体中就会存在着一个空穴，它的形成可以参照图3－80，正电荷表示硅原子，负电荷表示围绕在硅原子旁边的四个电子。而灰色的表示掺入的硼原子，因为硼原子周围只有3个电子，所以就会产生如图3－80所示的蓝色的空穴，这个空穴因为没有电子而变得很不稳定，容易吸收电子而中和，形成n型半导体。同样，掺入磷原子以后，因为磷原子有五个电子，所以就会有一个电子变得非常活跃，形成p型半导体（图3－81）。灰色的为磷原子核，黑色的为多余的电子。n型半导体中含有较多的空穴，而p型半导体中含有较多的电子，这样，当p型和n型半导体结合在一起时，就会在接触面形成电势差，这就是p－n结（图3－82）。当晶片受光后，p－n结中，n型半导体的空穴往p型区移动，而p型区中的电子往n型区移动，从而形成从n型区到p型区的电流。然后在p－n结中形成电势差，这就形成了电源。

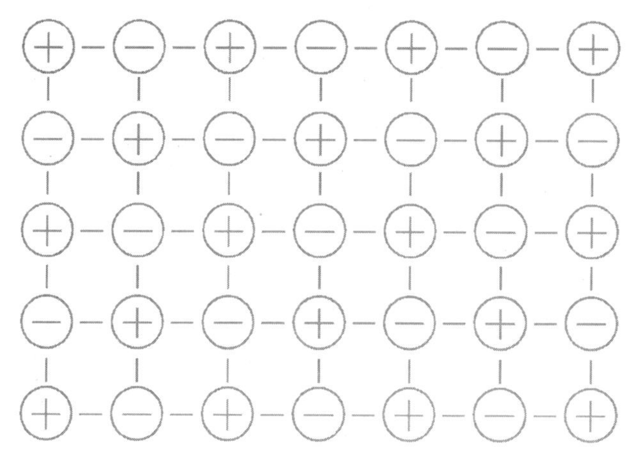

图3－79　太阳能光伏发电原理图1

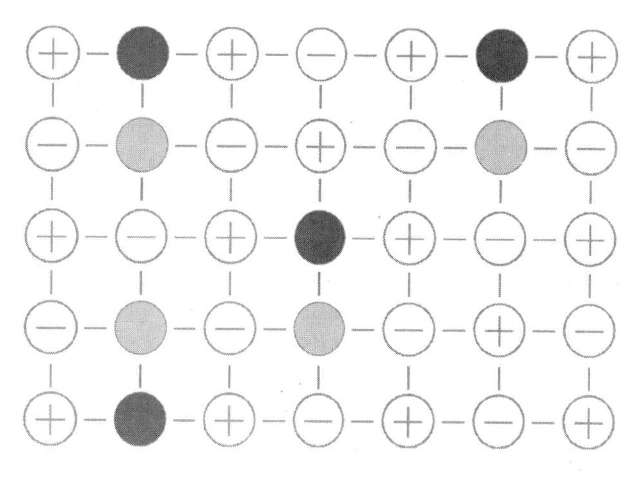

图3－80　太阳能光伏发电原理图2

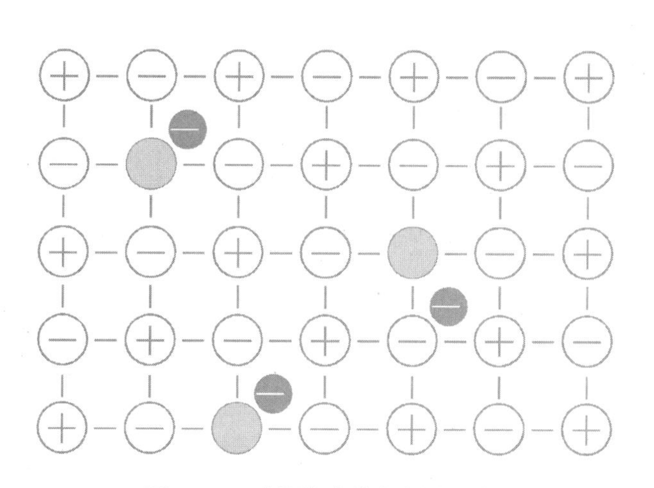

图3－81　太阳能光伏发电原理图3

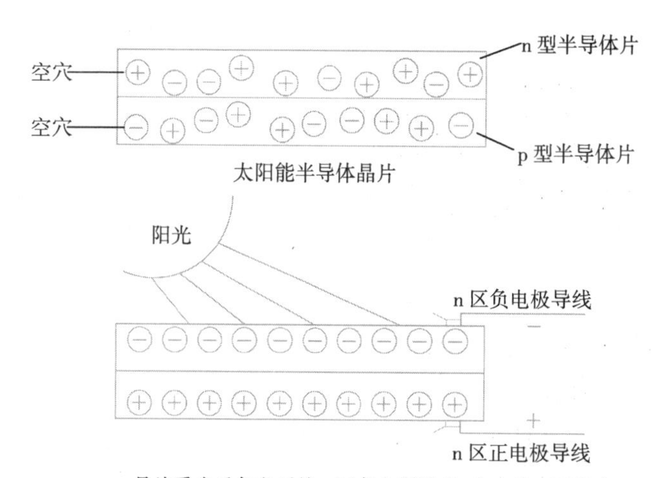

图3－82　太阳能光伏发电原理图4

3.4.1.2　太阳能光伏发电系统组成

通常的独立光伏发电系统分为直流系统、交流系统和交直流混合系统（图3－83～图3－85），主要由太阳电池板、防反充二极管、逆变器、充电控制器、蓄电池和测量设备构成，下面对各部分的功能做一个简单的介绍：

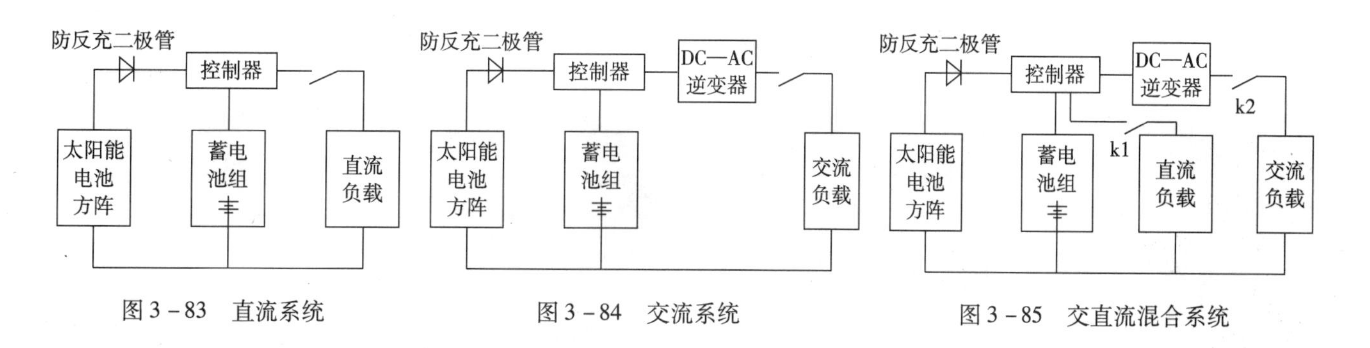

图3－83　直流系统　　图3－84　交流系统　　图3－85　交直流混合系统

（1）太阳光伏电池板

太阳电池板的作用是将太阳辐射能直接转换成直流电，供负载使用或存贮于蓄电池内备用。由于技术和材料原因，单一电池的发电量是十分有限的，实用中的太阳能电池是单一电池经串、并联组成的电池系统，称为电池组件（阵列）。一般的太阳能电池板根据用户需要将太阳能电池方阵，再配上适当的支架及接线盒组成。太阳能电池多为半导体材料制成，发展到今天种类和形式都已经很繁多了。

1）按照其结构分类可以分为：

• 同质结太阳能电池，由同一种半导体材料构成一个或多个 p－n 结的太阳能电池。

• 异质结太阳能电池，用两种不同禁带宽度的的半导体材料在相接的界面上构成一个异质 p－n 结的太阳能电池。

• 肖特基太阳能电池，用金属和半导体接触组成一个“肖特基势垒”的太阳能电池，也叫做 MS 太阳能电池。

2）按照材料分类

• 硅太阳能电池，以硅材料作为基体的太阳能电池。如单晶硅太阳能电池、多晶硅太阳能电池、非晶硅太阳能电池等（图 3－86～图 3－88）。

• 硫化镉太阳能电池，以硫化镉单晶或多晶为基体材料的太阳能电池。

• 砷化镓太阳能电池，以砷化镓为基体材料的太阳能电池。

（2）防反充二极管

防反充二极管又成为阻塞二极管，其作用是避免由于太阳能电池方阵在阴雨天或夜晚不发电时，或出现短路故障时，蓄电池组通过太阳能电池方阵放电。它串联在太阳能电池方阵电路中，起单向导通的作用。要求它能承受足够大的电流，而且正向电压降要小，反向饱和电流要小。一般可选用合适的整流二极管。

（3）逆变器

逆变器按激励方式，可分为自激式振荡逆变和他激式振荡逆变。逆变器的作用就是将太阳能电池方阵和蓄电池提供的低压直流电逆变成 220V 交流电，通过全桥电路，一般采用 SPWM 处理器经过调制、滤波、升压等，得到与照明负载频率 f，额定电压 UN 等匹配的正弦交流电供系统终端用户使用。

（4）充电控制器

在不同类型的光伏发电系统中，充电控制器不尽相同，其功能多少及复杂程度差别很大（图 3－89），这需根据系统的要求及重要程度来确定。充电控制器

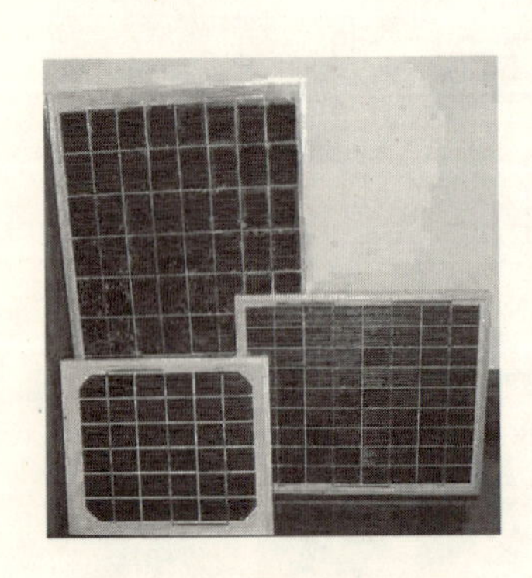

图 3－86　单晶硅太阳能电池

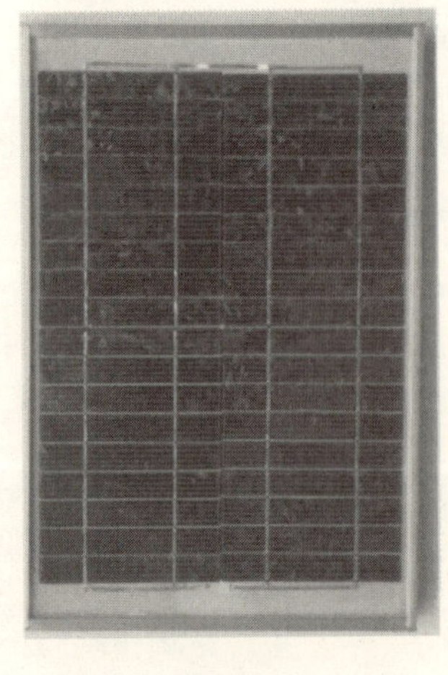

图 3－87　多晶硅太阳能电池

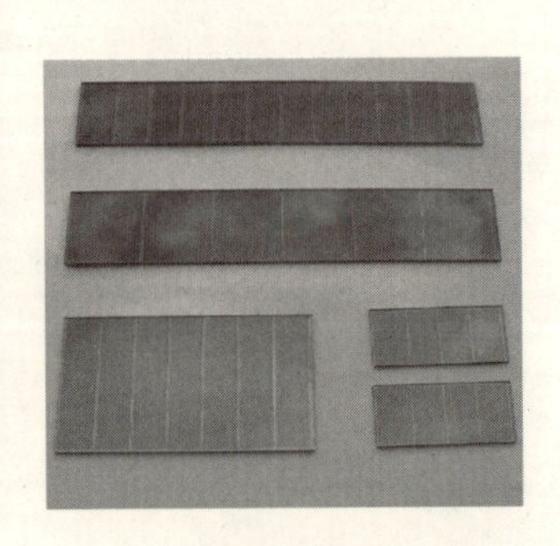

图 3－88　非晶硅太阳能电池

图 3－89　充电控制器

主要由电子元器件、仪表、继电器、开关等组成。在太阳发电系统中，充电控制器的基本作用是为蓄电池提供最佳的充电电流和电压，快速、平稳、高效的为蓄电池充电，并在充电过程中减少损耗、尽量延长蓄电池的使用寿命；同时保护蓄电池，避免过充电和过放电现象的发生。如果用户使用直流负载，通过充电控制器还能为负载提供稳定的直流电（由于天气的原因，太阳电池方阵发出的直流电的电压和电流不是很稳定）。

（5）蓄电池组

蓄电池组是将太阳电池方阵发出直流电储存起来，供负载使用。在光伏发电系统中，蓄电池处于浮充放电状态，夏天日照量大，除了供给负载用电外，还对蓄电池充电；在冬天日照量少，这部分储存的电能逐步放出。白天太阳能电池方阵给蓄电池充电（同时方阵还要给负载用电），晚上负载用电全部由蓄电池供给。因此，要求蓄电池的自放电要小，而且充电效率要高，同时还要考虑价格和使用是否方便等因素。常用的蓄电池有铅酸蓄电池和硅胶蓄电池，要求较高的场合也有价格比较昂贵的镍镉蓄电池。太阳能电池产生的直流电先进入蓄电池储存，蓄电池的特性影响着系统的工作效率和特性。

蓄电池技术是十分成熟的，但其容量要受到末端需电量，日照时间（发电时间）的影响。因此蓄电池瓦时容量和安时容量由预定的连续无日照时间决定。

（6）测量设备

对于小型太阳能光伏发电系统，只要求进行简单的测量，测量所用的电压表和电流表一般就安装在控制器上。对于大中型的太阳能光伏电站，就要求配备独立的数据采集系统和微机监控系统。

3.4.1.3 太阳能光伏发电系统分类

太阳能光伏发电系统（又称太阳电池发电系统）按其使用场所不同，可分为空间应用和地面应用两大类。在地面可以作为独立的电源使用，也可以与风力发电机或柴油机等组成混合发电系统，还可以与电网连接，向电网输送电力。目前应用比较广泛的光伏发电系统主要是作为地面独立电源使用。

3.4.2 太阳能光伏发电技术应用实例

首都博物馆新馆

北京市位于北纬36°56′，东经116°20′地区。全年日照2662h，平均标准日照时间为4～5h。理论上每平方米日照面积能量可达1000W，属太阳能资源丰富地区。

首博新馆作为北京的标志性建筑物，是市政府奥运工程配套项目中的重点工程。为了更好地将建筑与艺术、建筑与高新技术相结合，配合北京2008年奥运会，突出“绿色北京、绿色奥运”理念，努力创造绿色、环保、节能城市整体形象，首都博物馆新馆建设工程业主委员会在市领导和有关部门的支持下，决定在首博新馆建筑屋顶安装太阳能光伏发电装置，使首博新馆建设成集节能、环保与高科技为一体的、充满现代气息的博物馆，具体而形象地表现太阳能资源利用，起到“可持续发展”的教育示范作用。

首博新馆屋顶设计为平顶挑檐结构，有利于太阳能发电板的布置与安装。根据屋顶平面部分设计，安装太阳能发电板的面积5000m^2、峰值发电量达300kW。在中国已经建造的太阳能光伏发电工程中，单体建筑发电量居第一，达到了国际先进水平（图3－90）。

图 3-90
首都博物馆新馆

济南二环南路太阳能路灯实施方案

图 3-91 是济南市启动绿色照明工程改造后的济南二环南路，二环南路的南、北侧靠山，在山的适当位置建太阳能发电站，用电缆给路灯送电。安装路灯路段如图 3-92 中的 A-B-C 段所示：全长近 1.5km，从英雄山路 A 端起到拐弯处 B 端是宽车道，约 757m 路两边安装双排路灯，轴向平均灯杆距 36m，共安装 250W 高压钠灯 88 支。从拐弯处 B 端起是窄路面双向车道，约 700m 在路中央的隔离带安装单排路灯，灯杆距 35m，共安装 250W 高压钠灯 42 支，功率

图 3-91
济南二环南路太阳能路灯

10.5kW。A－B－C 全路段共有钠灯 130 支，光源总功率 32.5kW。在冬季用电最长达 12h，最大日耗电量为 390kW·h。自动跟踪太阳能发电站系统和路灯的总造价为 441.844 万元。若采用节电措施，其造价可降低到 377.28 万元。

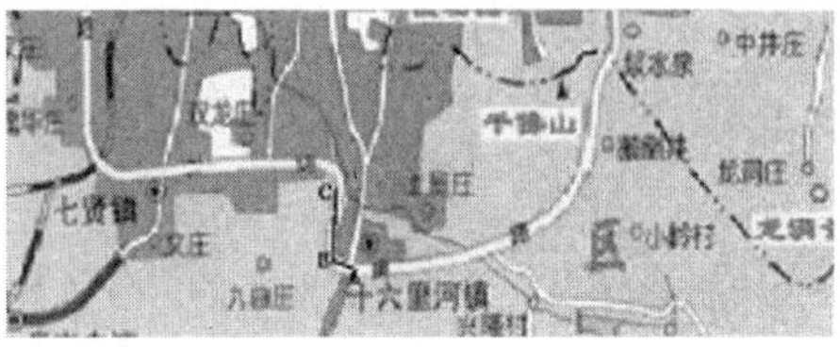

图 3-92 太阳能路灯安装路线

3.4.3 太阳能光伏发电技术在生态学生公寓中的运用

生态学生公寓楼的西南侧建有一小型的太阳能光伏发电实验室，用以实验、测试和推广光伏发电技术。整套发电系统所产生的电能，除提供实验室的日常用电之外，还可通过预设的输电线路输送到学生公寓楼中，为夜间公寓内的走廊照明提供能源，同时也可以为公寓楼附近小型广场和道路夜间照明提供电能，既可以为光伏发电的研究工作提供便利的条件和良好的操作平台，又可以节约一定量的常规能源，更加突出了生态学生公寓节能、生态和可持续发展的设计构思和理念，也因此成为生态学生公寓众多节能和生态技术中的又一亮点（图 3－93 、图 3－94）。

该套太阳能光伏发电系统安装在光伏发电实验室的屋顶上方，采用的是山东华森太阳能产业公司捐赠的 HS—15KWH 型高效精确追踪式太阳能光伏发电系统，并在整个的安装和施工过程中得到了华森公司的大力协助与支持。

图 3－93 生态学生公寓中太阳能光伏发电技术

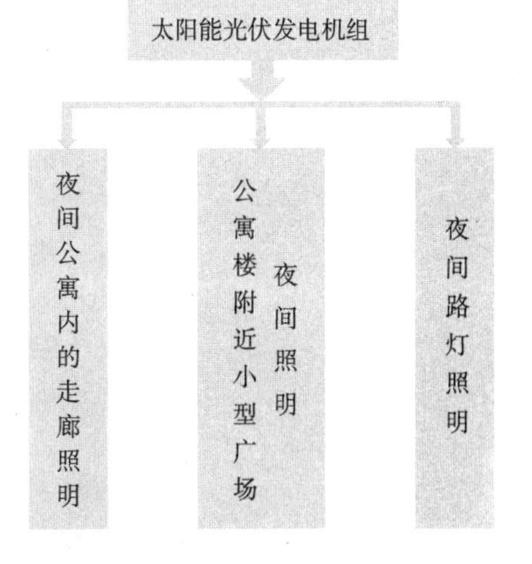

图 3－94 太阳能光伏发电功能分析

3.4.3.1 HS—15KWH 型精确跟踪光伏发电系的相关技术数据

HS—15KWH 型精确跟踪光伏发电系的相关技术参数如表 3－6 所示。

精密跟踪太阳能发电电源系统——HS—15KWH 精密跟踪太阳能发电电源系统

表 3-6

最大功率	1530W（发电量相当于 3060W 固定电站）
开路电压	388.0V
短路电流	5A
工作电压	309.6V
工作电流	4.83A
日发电量	15kW·h
机械精度	齿间隙 <0.1 度
跟踪方式	双轴跟踪
跟踪精度	<0.1 度
跟踪驱动功率	<2W
跟踪日耗电	<0.01kW·h
蓄电池	220V/100A·h，阴天支持供电 48h；220V/200A·h，阴天支持供电 96h
逆变器	2000W/220V；正弦波
控制器	10A/220V，对蓄电池充、放电保护。适用于 24h 耗电量 10kW·h 的用户；多级并联可组成大规模和超大规模光伏电站
旋转半径	2382mm
最大高度	2940mm
光照面积	11.28m^2
重量	398kg

3.4.3.2 HS—15KWH 型精确跟踪光伏发电系的特点

1）生态学生公寓所采用的 HS—15KWH 型精确跟踪光伏发电系统（图 3-95），采用东西水平和上下垂直方向、双轴自动跟踪系统，以带动光伏电池板阵列精确跟踪太阳运动，使光伏电池板保持与太阳光线垂直，最大限度的接受太阳辐射能量，大大提高太阳能光伏发电系统的效率。

跟踪系统的机械传动部分由东西水平方位和垂直方向仰角驱动电机及低齿轮间隙、高强度、高精度、高减速比的减速器组成，保证了整机的精度。由于减速器的减速比很高，因此大大减少电机的驱动力和功率；方位和仰角驱动电机的功耗小于 1W，只占系统发电量的 1/1000，因此驱动电机的耗电量可以忽略不计，由于系统每天从东到西跟踪太阳只转动 180°，夜间从西向再返回到东向，一天只转动一圈，机械磨损极小，寿命很长。

2）HS—15KWH 型高效精确追踪式太阳能光伏发电系统，可以精确的跟踪太阳运动，使光伏电池板始终垂直于太阳光线，效率比固定式光伏系统要高近一倍。在同样的用电需求时，光伏电池板的用量可减少一半，使光伏发电系统成本降低 1/3。在发电峰值功率相同的情况下，精确跟踪光伏发电系统与固定式光伏发电系统一天内发电量曲线如图 3-96 所示：

上面的曲线所包含的面积是精确追踪式光伏发电系统一天内发电量总和；下面的曲线所包含的面积是固定式光伏发电系统一天内发电量总和。可以看出上面曲线所包含的面积是下面曲线所包含面积的 2 倍。

3.4.3.3 主要技术特点和创新点

这一系统实现了高精度、高可靠性，制造成本低廉的在三维空间非线性

图3-95　HS—15KWH型精确跟踪光伏发电系统

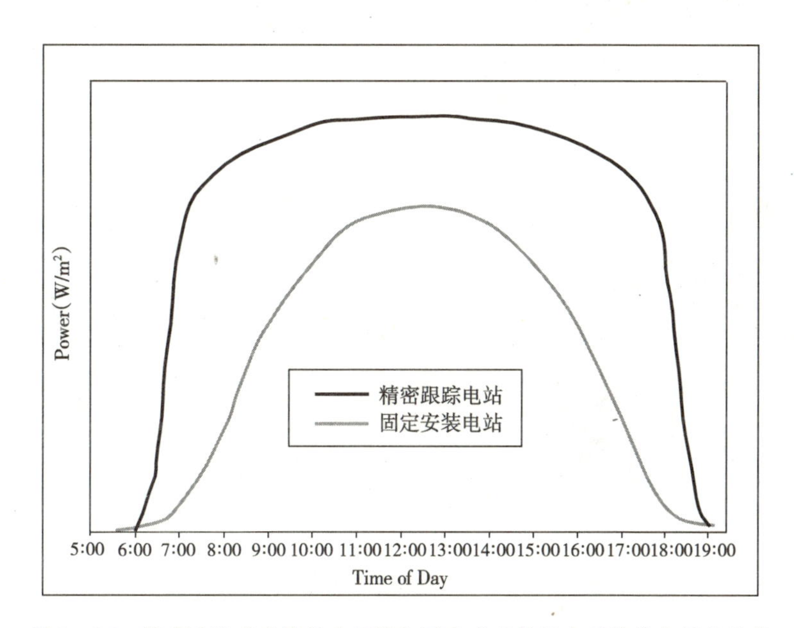

图3-96　精确追踪式光伏发电系统与固定式光伏发电系统发电量的比较

运动，自动化跟踪太阳的技术和装备，为大规模、高效利用太阳能奠定了可供选择的装备基础。创新点是：系统驱动功率小，跟踪精度高，创新实现了光、机、电一体化精密设计。按照实际发电量计算可以降低20%～30%的光伏发电站系统投资规模，光伏发电站系统按照发动量计算，制造成本处于国际最低水平。

3.4.3.4　太阳能光伏发电系统安装作业

为使太阳能电池方阵不受建筑物或树木的遮挡，将其安装在生态公寓前兴建的太阳能站屋顶上。用于安装太阳能电池方阵的支架固定在屋面的水泥基础上。太阳能电池方阵的设计和生产制造遵循了用材省、造价低、坚固耐用、安装方便的原则。支架根据实际应用的要求，设计成屋顶安装型，其材料选用钢材制造，其强度应达到可承受10级大风的吹刮。在支架的金属表面涂防锈漆，以防止生锈腐蚀。太阳能电池方阵支架的连接件，包括组件和支架的连接件、支架与螺栓的连接件以及螺栓与方阵场的连接件，均以电镀钢材制造。对于方阵支架和固定支架的基础以及与控制器连接的电缆沟道等的加工与施工，均按照设计进行。

图3－97是工人在施工现场安装太阳能电池方阵的支架及转动轴承，图3－98是工人在施工现场安装太阳能电池板。

图3－97　工人在施工现场安装太阳能电池方阵的支架及转动轴承（一）

图3－97　工人在施工现场安装太阳能电池方阵的支架及转动轴承（二）

图3－98　工人在施工现场安装太阳能电池板

第4章
建筑通风技术

4.1 建筑通风技术概述

建筑通风包括从室内排出污浊空气和向室内补充新鲜空气，前者称为排风，后者称为送风。为实现排风和送风所采用的设备装置总体称为建筑通风系统。不论是室内外通风，还是空调送风，都是建筑通风，本质都是与室内的空气交换。

在影响建筑室内舒适度的众多因素当中，建筑通风的影响是直接和瞬时的，它带来的气流与室内空气混合，它的热湿状况会立刻影响室内空气的状态。当新鲜的空气沿着合适的通道顺畅地流向人们时，建筑通风能创造一种协调、优美的氛围。而如果通风不当，则可能造成以下问题：

1）热量或冷量的过度消耗；

2）外界不良自然条件带给人们的不舒适感觉；

3）噪声及可悬浮颗粒的污染；

4）通风使人工调节室内空气舒适度的效果不可控；

5）建造、维护过程中的成本增加。所以在进行建筑设计时，必须采取适当的通风技术，处理好建筑通风。

建筑通风的必要性

近些年来，随着我国经济的发展，人们的工作和居住条件大大改善。但新建筑材料和装饰材料的应用，同时也带来了继煤烟污染和光化学污染之后的室内空气污染问题。室内空气污染会引发各种疾病，损害人体健康。

几种主要室内污染物的来源和毒性　　表4－1

名　称	主要来源	毒性作用部位	备注
甲醛	建筑材料、装饰材料（胶合板、粘合板、隔板等）、家具、办公设备、石油及燃烧产物、清洁剂、杀虫剂	上呼吸道、肺、神经、血液、胃肠、心血管、肝、肾、胚胎	建筑释放物对室内污染的主要评价指标之一
CO_2	人体呼吸、吸烟	呼吸系统、全身供氧	室内通风评价指标
CO	燃烧产物	神经、心血管	环境烟雾评价指标之一
氡及其子体	建筑材料（混凝土、砖）水	肺	
颗粒物	燃烧产物、花粉、孢子、霉、泥土、粉尘、皮屑	吸附多环芳烃（强毒性）	
菌类	人、动物、环境、空调中反复循环的空气	传热病、变应性疾病	室内空气细菌学评价指标

根据环境毒理学和环境流行病学调查统计，危害人体健康的几种（类）主要室内污染物有：甲醛（HCHO）及其他挥发性有机化合物（VOC）（如苯、甲苯、二甲苯等），二氧化碳（CO_2），一氧化碳（CO），氡及其子体，颗粒物，菌类（细菌、真菌、病毒、原虫、螨等），它们的主要来源及毒性（作用部位）见表4－1、表4－2为我国《室内空气质量标准》（GB/T 18883—2002）的主要控制指标。

我国《室内空气质量标准》的主要控制指标 表4-2

序号	参数类别	参数	单位	标准值	备注
1	物理性	温度	℃	22~28	夏季空调
				16~24	冬季采暖
2		相对湿度	%	40~80	夏季空调
				30~60	冬季采暖
3		空气流速	m/s	0.3	夏季空调
				0.2	冬季采暖
4		新风量	$m^3/h \cdot P$	30a	
5	化学性	二氧化硫 SO_2	mg/m^3	0.50	1h 均值
6		二氧化氮 NO_2	mg/m^3	0.24	1h 均值
7		一氧化碳 CO	mg/m^3	10	1h 均值
8		二氧化碳 CO_2	%	0.10	日平均值
9		氨 NH_3	mg/m^3	0.20	1h 均值
10		臭氧 O_3	mg/m^3	0.16	1h 均值
11		甲醛 HCHO	mg/m^3	0.10	1h 均值
12		苯 C_6H_6	mg/m^3	0.11	1h 均值
13		甲苯 C_7H_8	mg/m^3	0.20	1h 均值
14		二甲苯 C_8H_{10}	mg/m^3	0.20	1h 均值
15		苯并[a]B(a)P	ng/m^3	1.0	日平均值
16		可吸入颗粒 PM10	mg/m^3	0.15	日平均值
17		总挥发性有机物 TVOC	mg/m^3	0.60	8h 均值
18	生物性	细菌总数	cfu/m^3	2500	依据仪器定
19	放射性	氡 Rn	Bq/m^3	400	年平均（行动水平）

减少污染源是防止室内空气污染，保证室内空气质量的根本性对策。经科研测试和实践证明，良好的建筑通风是排出室内空气污染物、改善室内空气品质的最有效措施。所以为了保证室内良好的舒适度，维护人体健康，必须更好的进行建筑通风。

4.2 建筑通风技术

按动力来源，建筑通风技术分为机械通风和自然通风两大类。

4.2.1 机械通风

机械通风依靠机械动力（如风机风压）进行通风换气。机械通风最早用于生产环境的除尘降温，后来逐渐用于商场、宾馆、写字楼等公共建筑。它通过送风和排风系统向室内输送新风，改善室内空气品质。机械通风要求建筑围护结构的气密性。我国幅员辽阔，有的地区空调期和采暖期较长，机械通风非常必要。在空调期和采暖期间，机械通风需要对引入的新风进行调温换气，有些情况下需要对新风除湿或除尘，有时两种要求会同时出现。如果室外温度过高、过低或过于潮湿干燥，或污染严重，则适宜采用机械通风。

（1）局部通风

包括局部送风和局部排风两类。

局部送风就是将干净的空气直接送至室内人员所在的地方，改善每位工作人员周围的局部环境，使其达到要求的标准，而并非使整个空间环境达到标准。这种方法比较适用于大面积的空间、人员分布不密集的场合，空气经处理后由风管送到每个人附近（图4－1）。

局部排风就是在产生污染物的地点直接将污染物收集起来，经处理后排至室外。在排风系统中，以局部排风最为经济、有效，因此对于污染源比较固定的情况应优先考虑。污染源产生的污染物经局部排风罩收集后，通过风管送至净化设备处理后，排至室外（图4－2）。

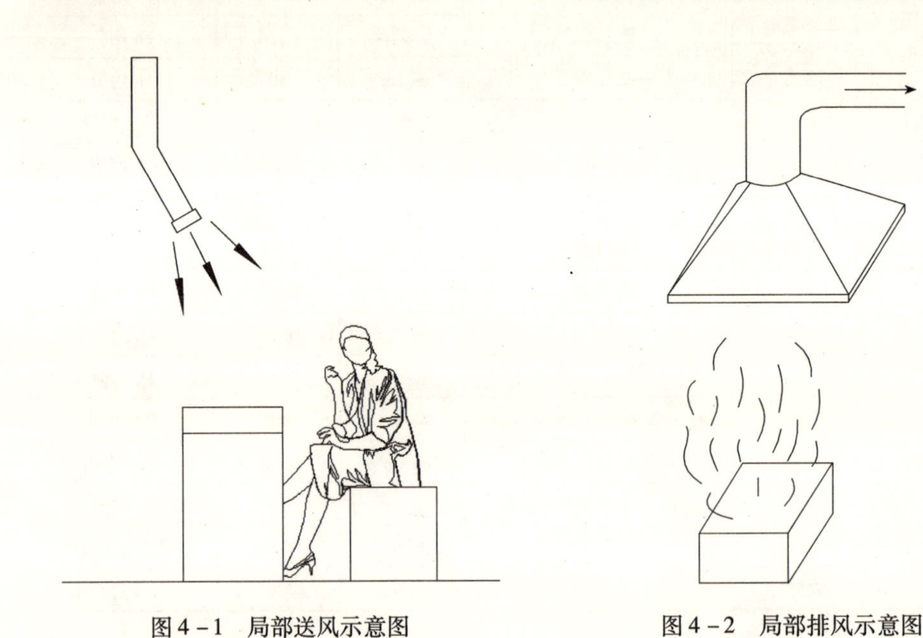

图4－1　局部送风示意图　　　　图4－2　局部排风示意图

（2）全面通风

亦称稀释通风，即对整个控制空间进行通风换气，使室内污染物浓度低于容许的最高浓度。

由于全面通风的风量与设备较大，因此只有当局部排风无法适用时才考虑全面通风。

控制空间的通风气流组织形式对全面通风的效果影响很大，因此在设计全面通风系统时应遵守一个基本原则：应将干净空气直接送至工作人员所在地，然后排出。常用的送、排风方式有上送上排、下送上排及中间送、上下排等多种形式。具体应用时应根据下列原则选择：

1）进风口应位于排风口上风侧；

2）送风口应接近工作人员所在地点，或者污染物浓度低的地带；

3）排风口应设在污染物浓度高的地方；

4）在整个控制空间内，尽量使室内气流均匀，减少涡流的存在，从而避免污染物在局部地区聚积。

（3）置换通风

是基于空气有密度差而形成热空气上升、冷空气下降的原理实现通风换气的。置换通风的送风分布器通常都是靠近地板，送风口面积较大，因此其出风速度较低，在低的流速下送风气流与室内空气的掺混量很小，能够保持分区的流态。

置换通风送入室内的低速、低温空气在重力作用下先下沉，随后慢慢扩散，在地面上方形成一空气层。与此同时，室内热污染源产生的热浊气流由于浮力作用而上升，并在上升过程中不断卷吸周围空气，形成一股蘑菇状的上升气流。系统的排风口通常被置于顶棚附近，热浊气流上升到这里被排掉。由于热浊气流上升过程中的“卷吸”作用和后续新风的“推动”作用，以及排风口的“抽吸”作用，覆盖在地板上方的新鲜空气缓缓上升，形成类似活塞流的向上单向流动，于是工作区的污浊空气被后续的新风所取代，即被置换了。

当达到稳定状态时，室内空气在流态上形成上部混合区和下部单向流动的清洁区，两区域在空气温度和污染物浓度上存在一个明显的界面。上部区域为紊乱的混合区，其污染物浓度为排风浓度，下部区域由两部分组成：向上的热气流区和周围的清洁空气区。在分界面上，热灼气流的上升对流流量正好与送风量相等，此时可以认为处于下部区域热浊气流之外的空气清洁度与送风气流近似相等。这种室内空气的分层就可以保证人体处于清洁空气区，而人体以上的空间则不是我们所要控制的区域。

与全面通风不同，置换通风会在室内沿高度方向产生一个温度梯度；在原理上，置换通风的送风即是动量源，又是浮力源，而全面通风的送风仅作为动量源，由此产生卷吸周围空气的射流；从目标和结果看，置换通风是要在工作区创造一个近于新鲜的送风条件，全面通风则是在整个室内空间形成一个近于排风空气的条件；置换通风用新风置换工作区的污染空气，并将新风直接送到呼吸区，而全面通风适用新风来充分混合和稀释室内污染物，尽量降低呼吸区空气中的有害物浓度。

4.2.2 自然通风

自然通风是一种比较经济的通风方式，它不消耗动力，也可获得较大的通风换气量，简单易行，节约能源，有利于环境保护，被广泛应用于工业和民用建筑中。自然通风是当今生态建筑中广泛采用的一项技术措施。与其他相对复杂、昂贵的生态技术相比，自然通风技术已比较成熟并且廉价。采用自然通风可以取代或部分取代空调制冷系统，从而降低能耗与环境污染，同时更利于人的身体健康。

采用自然通风的意义有：

1）节能；

2）排除室内废气污染物，消除余热余湿；

3）引入新风，维持室内良好的空气品质；

4）更好的满足人体热舒适等优点；

5）实行有效的被动式制冷。

自然通风可以在不消耗不可再生能源的情况下降低室内温度，带走室内潮湿气体，达到人体舒适度要求。提供新鲜清洁的自然空气，有利于人的身体和心理健康。室内空气品质差很大程度上是因为缺乏足够的新空气，经常使用空调维持恒温的室内环境也会使人的抵抗力下降，引发各种“空调病”，自然通风除了能够把室内污浊的空气排出之外，还会满足人们要求和大自然接触的心理。

4.2.2.1 自然通风的原理

自然通风的原理是利用建筑内部空气温度差所形成的热压和室外风力在建筑外表面所形成的风压，从而在建筑内部产生空气流动，进行通风换气。如果在建筑物外围护结构上有一开口，且开口两侧存在压力差，那么根据动力学原理，压力在此压力差的作用下将流进或流出该建筑，这就形成了自然通风，此压力差由室外风力或室内外温差产生的密度差形成。

(1) 热压作用下的自然通风

利用建筑内部空气的热压差，即通常讲的“烟囱效应来实现建筑的自然通风。利用热空气上升的原理，在建筑上部设排风口可将污浊的热空气从室内排出，而室外新鲜的冷空气则从建筑底部被吸入。热压作用与进、出风口的高差和室内外的温差有关，室内外温差和进、出风口的高差越大，则热压作用越明显。在建筑设计中，可利用建筑物内部贯穿多层的竖向空腔——如楼梯间、中庭、拔风井等满足进排风口的高差要求，并在顶部设置可以控制的开口，将建筑各层的热空气排出，达到自然通风的目的。热压作用下的自然通风更能适应常变的外部风环境和不良的外部风环境。

位于日本横滨的东京煤气公司总部（TOKYO GAS EARTH PORT）的中庭就是利用热压通风原理（图4-3）。该中庭贯通整个建筑（图4-4）。办公空间的通风就是利用中庭热空气上升的拔风效应来取得的。中庭将外界的空气吸入基座层，然后再流经跟中庭相通的各层办公楼面，最后从屋顶的风塔和高层的气窗排出（图4-5）。

图4-3 日本横滨东京煤气公司总部实景图

图4-4 日本横滨东京煤气公司总部中庭实景图

(2) 风压作用下的自然通风

在具有良好的外部风环境的地区，风压可作为实现自然通风的主要手段。在我国大量的非空调建筑中，利用风压促进建筑的室内空气流通，改善室内的空气环境质量，是一种常用的建筑处理手段。风洞试验表明：当风吹向建筑时，因受到建筑的阻挡，会在建筑的迎风面产生正压力。同时，气流绕过建筑的各个侧面及背面，会在相应位置产生负压力（图4-6）。风压通风就是利用建筑的迎风面和背风面之间的压力差实现空气的流通。压力差的大小与建筑的形式、建筑与风的夹角以及建筑周围的环境有关。当风垂直吹向建筑的正立面时，迎风面中心处正压最大，在屋角和屋脊处负压最大（图4-7）。我们常说的“穿堂风”就是利用风压的自然通风。

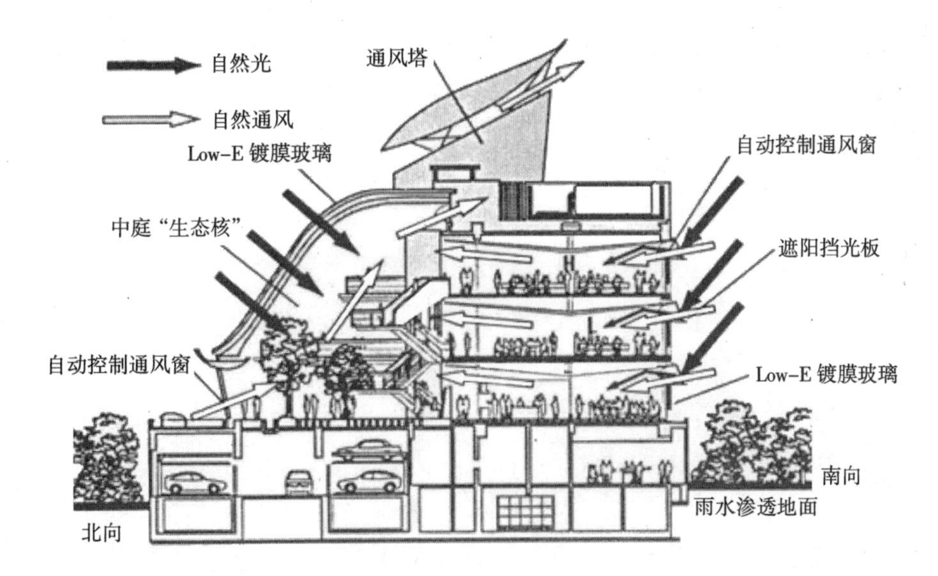

图4－5　日本横滨东京煤气公司总部热压通风原理图

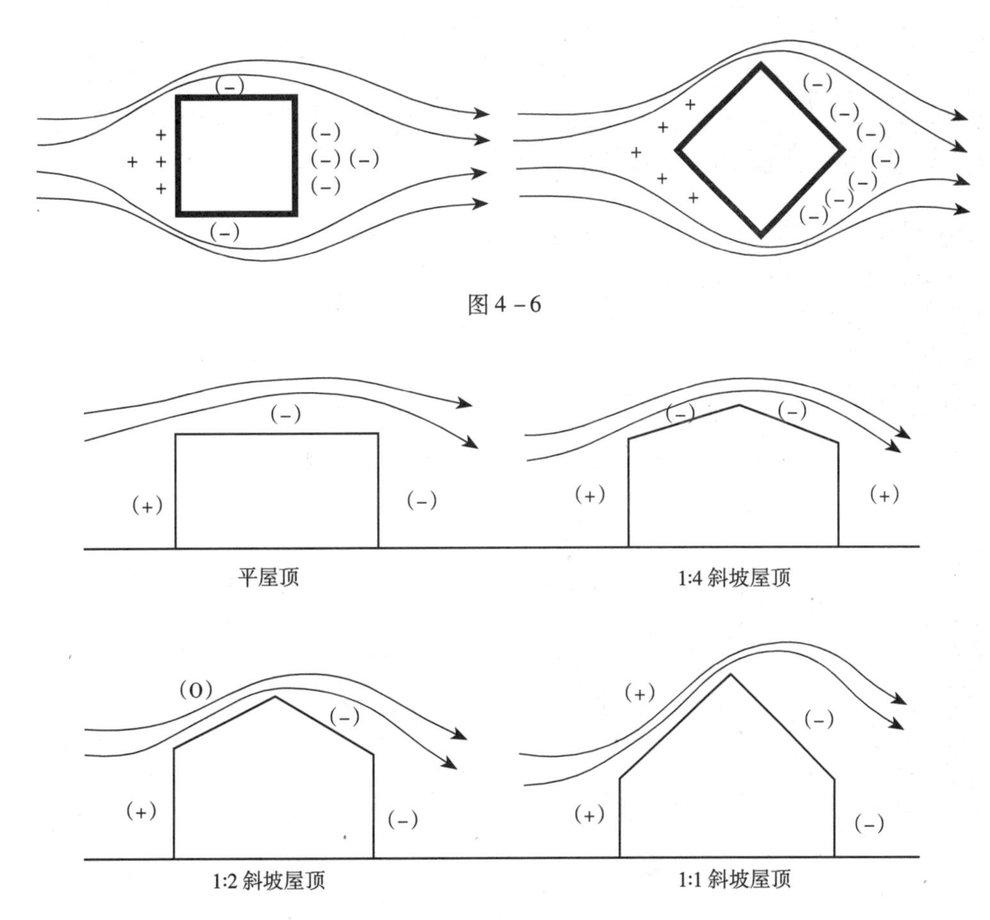

图4－6

图4－7

意大利建筑师伦佐·皮阿诺（Renzo Piano）1991～1998年在南太平洋小岛新卡利多尼亚设计的特吉巴奥文化中心（Jean Marie Tjibaou Cultural Center）是利用风压通风的代表作（图4－8）。南太平洋气候炎热潮湿，常年多风。皮阿诺通过建筑造型设计，形成在下风处的强大负压，再通过调节百叶的开合和不同方向上百叶的配合来控制室内气流，从而实现完全被动式的自然通风、降温降湿，达到了节约能源的目的。建筑造型经过多次计算机模拟和风洞实验，并根据实验结果对形状加以改进，最终形成（图4－9）。图4－10为建筑的百叶细部。

图4－8
特吉巴奥文化中心实景图

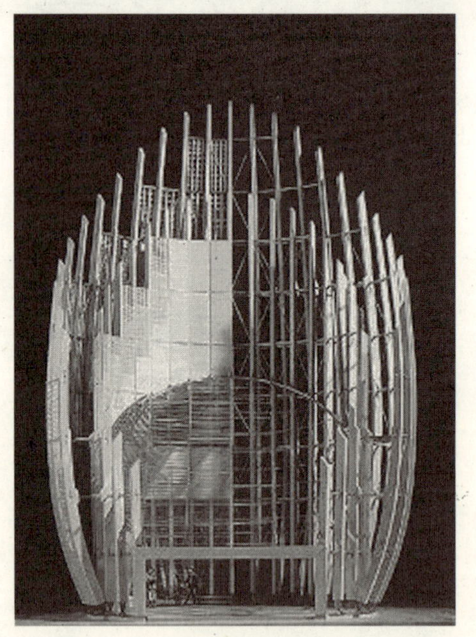

图4－9 特吉巴奥文化中心建筑模型

图4－10 特吉巴奥文化中心建筑细部

（3）风压、热压同时作用的自然通风

在建筑的自然通风设计中，风压通风与热压通风往往是互为补充、密不可分的。一般来说，在建筑进深较小的部位多利用风压来直接通风，而进深较大的部位则多利用热压来达到通风效果。

英国莱彻斯特的德蒙特福德大学女王馆（The Queens Building，De Montfort University，1989～1993），是利用风压、热压同时作用自然通风的例子（图4－11）。建筑面积1万多平方米，建筑师是肖特·福特及其合作伙伴（Short

Ford & Associates）由于建筑比较庞大，因此建筑师将建筑分成一系列小体块，既在尺度上与周围古老的街区相协调，又能形成一种有节奏的韵律感，同时也可以进行自然通风。建筑进深较小的实验室、办公室利用风压通风；而进深较大的报告厅等房间则依靠热压效应（烟囱效应）进行通风（图4－12）。

图4－11
德蒙特福德大学女王馆

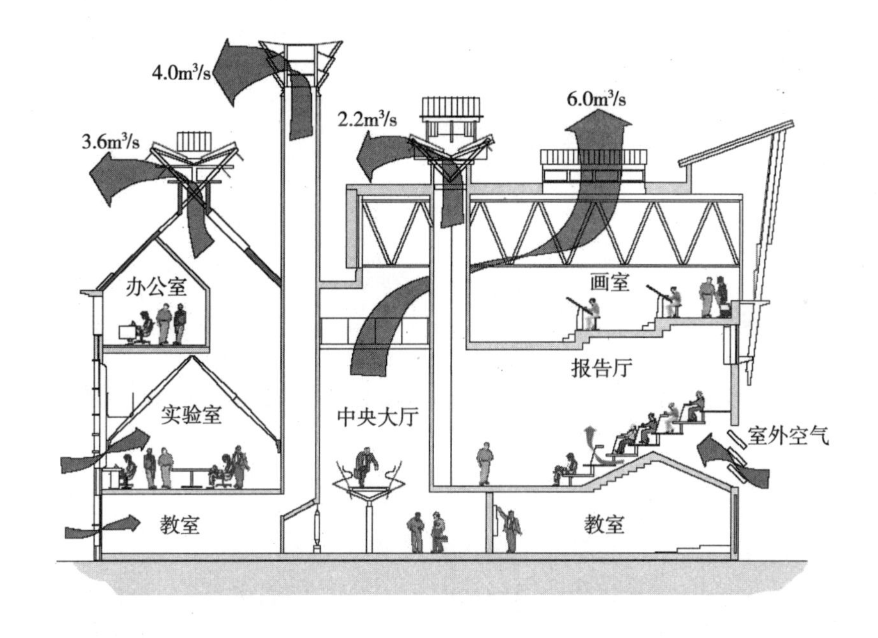

图4－12
德蒙特福德大学女王馆通风原理图

（4）机械辅助式自然通风

对于一些大型体育场馆、展览馆、商业设施等，由于通风路径（或管道）较长，单纯依靠自然的风压，热压往往不足以实现自然通风，而对于空气和噪声污染比较严重的大城市，直接自然通风不利于人体健康。在以上情况下，常常采用一种机械辅助式自然通风系统。

诺曼·福斯特（Norman Foster）设计的位于德国柏林的德国新议会大厦

(New German Parliament，1993～1999）采用的就是机械辅助自然通风的方式（图4－13）。为了避免汽车尾气等有害气体进入建筑内部，建筑的进风口设置在建筑的檐口位置，排气口位于玻璃穹顶的顶部（图4－14）。新风由机械装置引入，经过处理后进入建筑内部，然后利用自然通风的原理排出建筑（图4－15）。图4－16为德国新议会大厦议会厅内景。

图4－13　德国新议会大厦

图4－14　德国新议会大厦穹顶

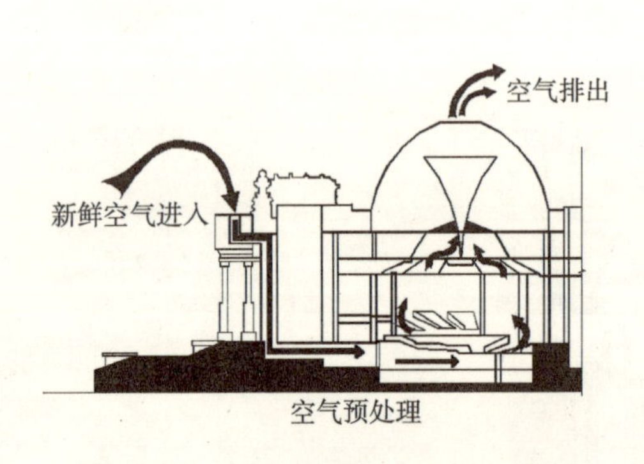

图4－15　德国新议会大厦通风示意图

图4－16　德国新议会大厦议会厅内景

4.2.2.2　自然通风的方式

自然通风主要有三种方式：

（1）穿越式通风

就是我们常说的穿堂风。它是利用风压来进行通风的。室外空气从房屋一侧的窗流入，另一侧的窗流出。此时，房屋在通风方向的进深不能太大，否则就会通风不畅。进气窗和出气窗之间的风压差大，房屋内部空气流动阻力小，才能保证通风流畅（图4－17）。

（2）烟囱式通风

主要是利用热压效应，室外冷空气从高度低的窗户进入室内，室内暖空气从高窗处排出。通常用烟囱或天井来产生足够的浮力，促进通风（图4－18）。

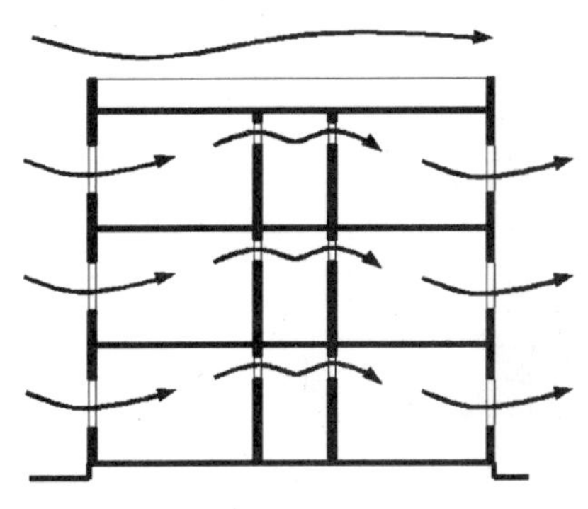

图4-17 穿越式通风

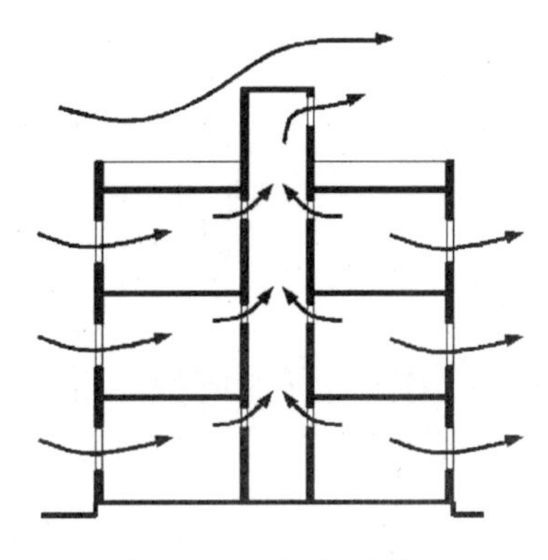

图4-18 烟囱式通风

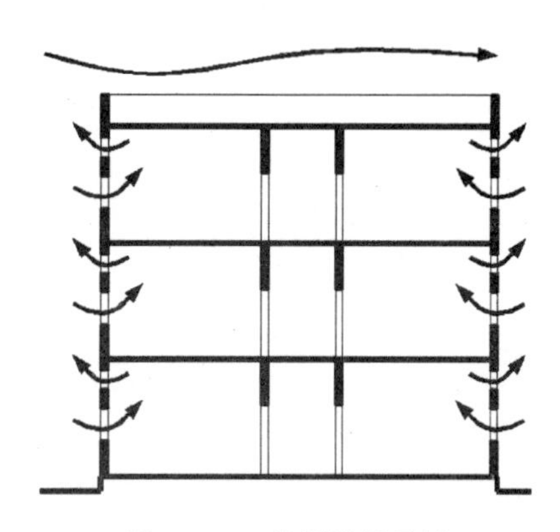

图4-19 单侧局部通风

迈克尔·霍普金斯（Michael Hopkins）设计的英国诺丁汉税务部（Nottingham Tax Office，1993~1995）就是很好的烟囱通风例子。该建筑为院落式布局，高度为3~4层，周边风速较小，为了更好的实现自然通风，设计师首先控制建筑进深为13.6m，以利于自然采光和通风，然后设计了一组顶帽可以升降的圆柱形玻璃通风塔作为建筑的入口和楼梯间（图4-20、图4-21）。玻璃通风塔可以最大限度的吸收太阳的能量，提高塔内空气温度，从而进一步加强烟囱效应，带动各楼层的空气循环，实现自然通风。

图4-20 英国诺丁汉税务部

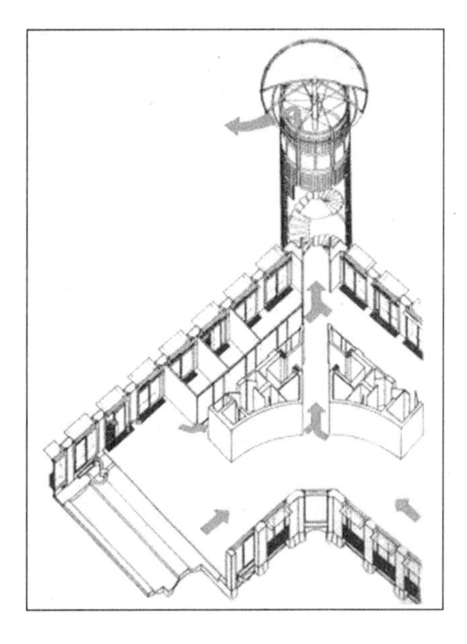

图4-21 英国诺丁汉税务部通风示意图

（3）单侧局部通风

局限于房间的通风。空气的流动是由于房间内的热压效应、微小的风压差和湍流。因此，单侧局部通风的动力很小，效果不明显（图4-19）。

4.2.2.3 建筑自然通风的影响因素

自然通风同机械通风相比，在同等室内空气质量的情况下，自然通风不但能减少基建投资和运行费用，而且可降低能耗，减少对环境的污染，有利于使用者的健康和疾病的预防，因此自然通风技术日益受到“绿色建筑”或“可持续建筑”界的重视。美国J. Roben对采用不同通风系统房屋做了调查，结果如图4-22所示。

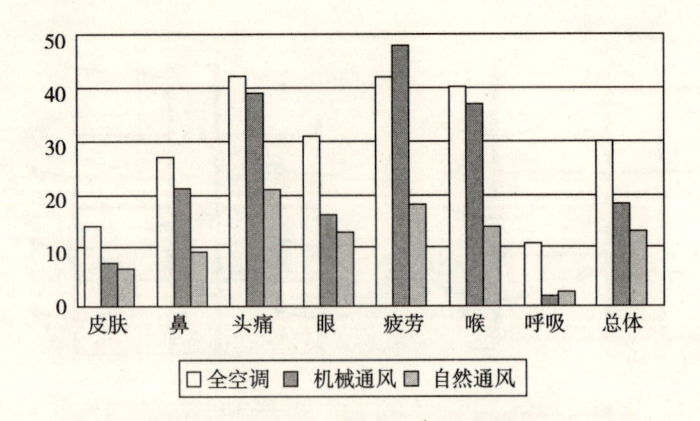

图4－22　不同通风情况下发生病态建筑综合症的建筑数量

从图可见，自然通风效果最好，机械通风次之，全空调效果最差。因此对于对室内空气的温度、湿度、清洁度、气流速度均无严格要求的场合，在条件许可时，应优先考虑自然通风。自然通风可以在不消耗常规能源的情况下实现夏季降温致凉，创造凉爽的室内环境。其实夏季建筑降温最古老最合理的方法就是良好的自然通风，利用夜间凉爽的通风使室内材料降温，从而降低房间温度；通风时气流直接吹到人体上，在湿热的环境中，通过蒸发作用，加大人体散热量，也可以起到降温的效果。

设计自然通风时要注意的问题有：基地环境应不影响夏季主导风吹向建筑物，并考虑冬季主导风尽量少影响建筑；考虑植被、构筑物等永久地貌对风向的作用；对基地内的所有因素都要加以组织、利用，以最简洁经济的方式改善室外环境，创造良好的风环境。

建筑室内自然通风主要的影响因素有：

（1）建筑洞口（窗、门）的面积、相对位置

由于夏季自然通风的主要是将室外的自然风引入到室内，到达人体位置，同时保证风速适当，借此提高室内的舒适度。因此开窗的位置无论是在平面上还是在立面上均会影响到室内气流的路径，从而影响自然通风的效果。

风吹到一面中央设窗的墙体时的状况，原有的正压区一分为二，但是房间无出气口，所以室内的空气很快达到饱和，随后恢复到原有的正压状态，因没有出气洞口，房间内没有明显的通风行为，只有在外部风压发生变换时，为平衡气压，室内的空气才会发生换气行为。

如果在下侧墙开洞口，则随即产生通风；若将进气窗上移，那么因为迎风墙的两部分气压不等，下半部墙的部分气压正压较上部大，会把气流挤向室内的右上角，最终的结果是气流的路径比前图所示的要长。由此可以看出后者的通风效率高于前者（图4－23）。

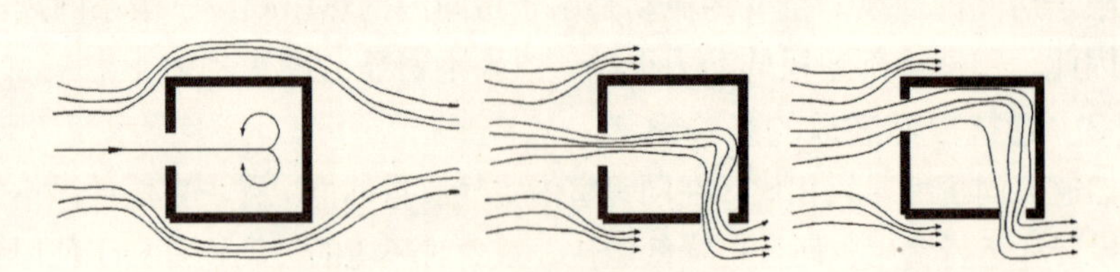

图4－23　建筑平面洞口位置对建筑通风的影响

同样，立面和剖面也是一样，开窗的相对位置都会直接影响气流路线。图 4－24为几种建筑开口位置对室内气流影响的示意图（左为剖面图，右为平面图）。

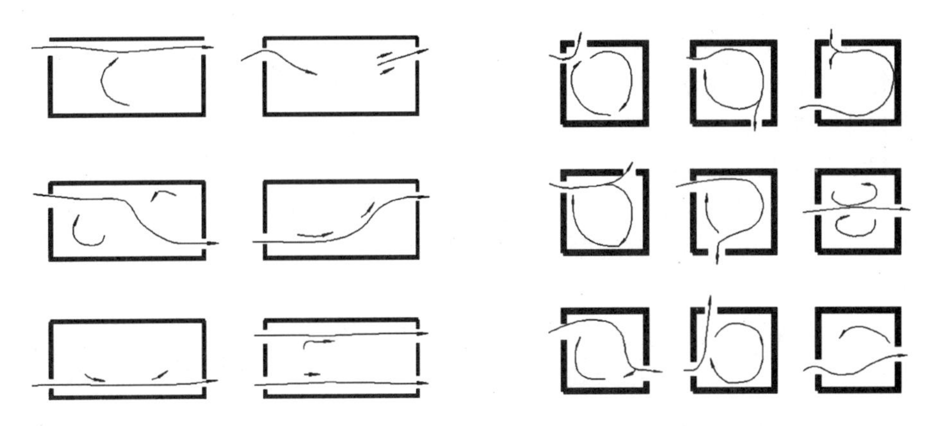

图 4－24　建筑开口位置对室内气流的影响

窗户形式也会影响气流的流向，当采用悬窗形式时，会迫使气流上吹至顶棚，不利于夏季的通风要求，因此除非是作为换气之用的高窗，不宜在夏季采用这种类型的窗户。窗扇的开启形式不仅有导风的作用，还有挡风的作用，设计时要采用合理的窗户形式。比如一般的平开窗通常向外开启 90°，这种开启方式的窗，当风向的入射角较大时，会将风阻挡在外，如果增大开启的角度，则可有效地引导气流。此外，落地长窗、漏窗、漏空窗台等通风构件有利于降低气流的高度，增大人体的受风面，在炎热地区是常见的构造措施。

夏季通风室内所需的气流速度为 0.5～1.5m/s，下限为人体在夏季可感觉到的气流的最低值，上限为室内作业的可以允许的最高值（非纸面作业的室内环境不受此限制）。一般夏季户外平均风速为 3m/s，室内所需风速是室外风速的 17%～50%。但是在建筑密度较高的区域，室外平均风速往往为 1m/s 左右，是室内要求风速的 1～2 倍。所以开窗除了换气的作用之外，更要确保室内的气流达到一定的风速。房间开口尺寸的大小将直接影响到风速和进气量。开口大，则气流场较大。缩小开口面积，流速虽然相对增加，但是气流场缩小。因此开口大小与通风效率之间并不存在正比关系。根据测定，当开口宽度为开间宽度的 1/3～2/3，开口面积为地板面积的 15%～20% 时，通风效率最佳。利用空气动力学的原理，控制进气口的面积和出气口的面积，可以改变进气风的速度和出气风的速度。如果进气口大，出气口小，那么流入室内的风速小，出气口的风速大；如果进气口小，出气口大，那么流入室内的风速可以比室外的平均风速大，因而可以加强自然通风的效果。

（2）建筑平面布局

室内是通风流经的“管道”，其平面比例将会对建筑的通风造成影响。从工程流体力学来看，将室内理解为空气流动（通风）的理想管道，必须使流体在此管道内有一定长度的流径区域，即通过一定长的过程，以使室内空气作为理想流体形成有规则的定常、分层流动，不至于造成空间内的相互过甚的扰动（紊流）而影响室内通风质量，因此沿通风方向适当长的流动区域对通风是有益的。工程流体力学向我们揭示要创造室内良好通风，浅进深、大开间对充分利用风压来改善室内通风质量是有效的。

此外建筑室内家具的陈设以及建筑室内装修都会影响建筑室内通风，不再详细讲述。

4.2.3 建筑通风分析研究方法

建筑在设计通风的时候，必须采用一些方法来分析通风设计的效果。常用的分析方法有实验法和数值模拟法，现在常使用计算机软件来模拟通风状况。

（1）实验法

1）风洞模型实验法。风洞实验的原理是相似性原理，它应用于自然通风中主要是模拟建筑表面及建筑周围的压力场和速度场，以及确定风压系数，预测自然通风性能。

2）示踪气体测量法。示踪气体测量法可以预测建筑通风量和气流分布。有两种测量方法：定浓度法和衰减法。所谓定浓度法，就是在测试期间，保持所有测试房间的示踪气体浓度不变，而改变示踪气体注射量，它可用来处理驱动力发生改变的通风问题。而衰减法指向测试房间注入一定量的示踪气体，随着示踪气体在测试房间的扩散，示踪气体的浓度呈衰减趋势。在自然通风中可用该方法来预测自然通风量。

3）热浮力实验模型技术。用热浮力实验模型技术模拟热压驱动的自然通风的物理过程比较直观。目前主要有4种技术：带有加热装置的气体模拟法（the gas modeling system，以空气或其他气体作为流动介质，热浮力由固定的加热装置产生）；带有加热装置的水模型系统（the water modeling system，以水作为介质，有固定的加热装置）；盐水模拟法（the brine water modeling，利用盐水的浓度差产生类似于热羽的流动，已被广泛接受，但需大蓄水池和不断补充盐水）；气泡技术（a fine bubble technique，由电路的阴极产生气泡以模拟热羽运动，可以模拟点源、线源及垂直热源的情况）。其缺点是不能模拟建筑热特性对自然通风的影响。对风压与热压共同驱动的自然通风的实验模拟则较复杂，可以通过改进这4种模拟法或综合这4种模拟法，使之能模拟二力共同驱动的自然通风。

（2）数值模拟法

1）CFD。CFD方法应用相当广泛，该方法就是将房间划分为小的控制体，把控制空气流动的连续的微分方程组通过有限差分或有限元方法离散为非连续的代数方程组，并结合实际的边界条件在计算机上求解离散所得的代数方程组，只要划分的控制体足够小，就可认为离散区域的离散值代表整个房间内空气分布情况。由于分割的控制体可以很小，所以它可详细描述流场，但由于求解的问题往往是非线性的，需进行多次迭代，故较耗时。

2）多区模型方法（multi-zone model 或 single-flow element model）。假设每个房间的特征参数分布均匀，则可将建筑的一个房间看作一个节点，通过窗户、门、缝隙等与其他房间连接。其优点是简单，可以预测通过整个建筑的风量，但不能提供房间的温度与气流分布信息。该方法是利用伯努利方程求解开口两侧的压差，根据压差与流量的关系就可求出流量。它只适用于预测每个房间参数分布较均匀的多区建筑的通风量，不适合预测建筑内的气流分布。

3）区域模型方法（zonal model 或 multi-flow elements model）。多区模型方法过分简化了系统，容易产生误差，尤其在处理热压驱动的自然通风等室内温度产生明显分层的情况时误差很大。那区域模型方法则是将房间划分为一些有限的宏观区域，认为每个区域的相关参数如温度、浓度等相等，而区域间存在热质交换；建立质量和能量守恒方程，并充分考虑区域间压差和流动的关系来研究房间内的温度分布及流动情况。该方法比多区模型方法复杂和精确，但比 CFD 简单。

（3）模拟软件

在自然通风研究与设计过程中，现在常借助于流体流动分析软件，目前可应用于分析自然通风系统的通风特性和热特性的常见软件分别有：Fluent，BREEZE，BLAST，EnergyPlus，DOE2 等。

4.3　生态学生公寓建筑通风技术

随着高校连续扩招、学生在校人数逐年增加，高校原有的学生住宿条件已经不能满足需要（图4－25）；学生公寓作为较特殊的居住建筑，在建筑节能与可持续发展已经成为建筑发展趋势的今天，作为生态建筑的设计对象，利用技术提高室内舒适度，是十分有意义的研究与探索。

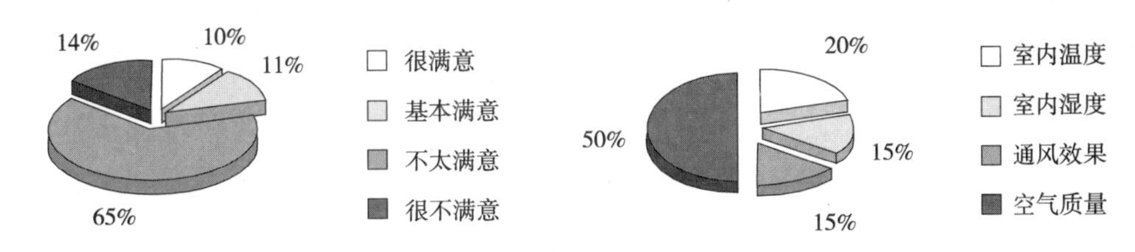

图4－25　高校学生公寓室内舒适度及学生不满意原因调查

山东建筑大学生态学生公寓结合公寓的建筑特点及学校的实际情况主要利用了建筑通风技术来控制室内空气品质、提高室内舒适度。

4.3.1　自然通风技术

在设计通风时，公寓根据实际情况着重利用自然通风。在夏季运用自然通风来进行通风降温。公寓东西走向，面南朝北，可以最大程度利用济南夏季主导风。同时建筑地势较高，周围影响建筑物较少，有着较为良好的风环境。当室外气温20～30℃、相对湿度25%～80%，造成室内空气流速1.5～2m/s 的气候条件比较适合利用通风降温，在济南，每年的5～10月都符合此条件。

4.3.1.1　对流通风

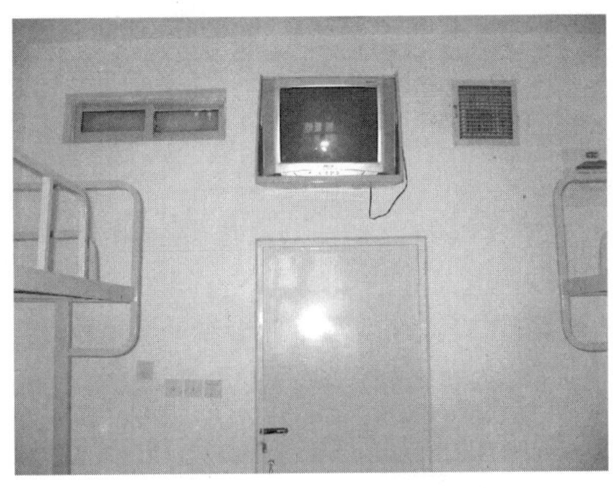

图4－26　朝向走廊开的通风窗

在设计公寓时，平面进深做了一定控制，以便于组织对流穿堂风。设计房间外墙窗户时，结合平面开间尺寸，把进风窗口尺寸定为1.1m×2.1m，约占开间宽度的1/3，开口面积为总面积的19.5%，以争取得到较好的通风效率。在排风口方面，普通公寓为了在房间内门的上方安装电视机，门均没有通风亮子，使得夏季室内不能良好通风，而生态公寓的每个房间都朝向走廊开有通风窗，位于门上方，避开安装电视机的位置，尺寸为900mm×300mm，为推拉窗，安全性能比上亮要好（图4－26）。通风窗与房间外窗形成穿堂形布局，并且南北房间贯通，有较广的通风覆盖面，通风直接、流畅，室内涡流区小，通风质量很好。

4.3.1.2　利用太阳能烟囱加强通风

生态学生公寓通过一个太阳能烟囱充分利用烟囱效应，加强了自然通风效果。太阳能烟囱位于公寓西墙外侧中部，与走廊通过窗户连接。烟囱采用钢结构，槽型压型钢板围合而成。太阳能烟囱的尺寸和造型经加拿大合作方计算机通风模拟设计得出。其设计遵循了以下原则：

1）满足使用要求。太阳能烟囱的特殊位置决定了其必须在满足采光等建筑使用功能的前提下解决技术问题。烟囱以一层西侧疏散出口的门斗为基础，外壁开大窗，窗扇固定，为走廊间接采光（图4－27）；一层走廊通过天花板处的风道与门斗上的烟囱相连；二至六层走廊尽端的窗户尺寸为2600mm×2400mm，均分成6扇下悬窗，室内污浊热空气由此排入烟囱（图4－28）。冬季关闭所有下悬窗可防止室内热空气散失。屋面上烟囱外壁有检修口（图4－29）。风帽下面安装铁丝网，防止飞鸟进入。

图4－27　太阳能烟囱外观

图4－28　走廊西头与太阳能烟囱相连的通风窗

图4－29　太阳能烟囱风帽与检修口

2）烟囱效应。按照热力学原理，沿高度方向温度场分布不均匀，拉大空间中气流入口和出口的位置差将导致上下空间温差加剧，加大热压，促进通风。太阳能烟囱总高度27.2m，风帽高出屋面5.5m。充足的高度是足够热压的保证，而且宽高比接近1∶10，通风量最大，通风效果最好（图4－30、图4－31）。

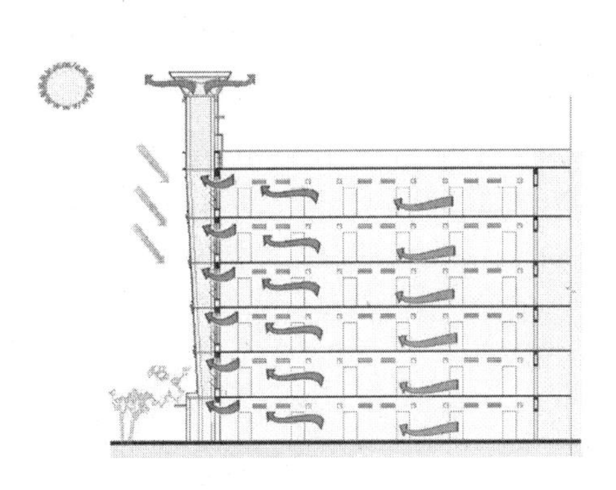

图4-30 太阳能烟囱剖面

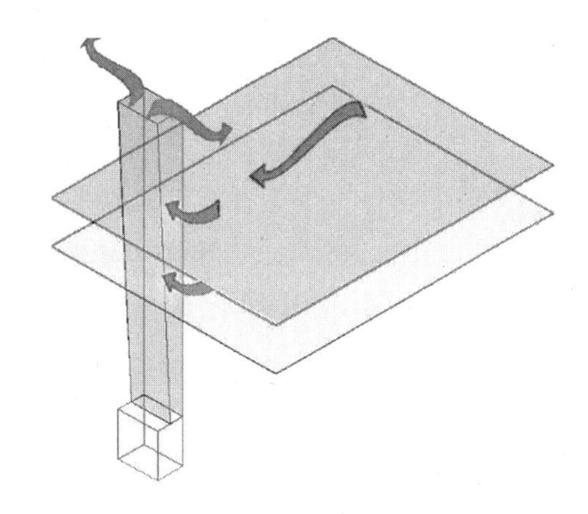
图4-31 太阳能烟囱通风示意

3）漏斗作用。根据热力学第二定律和热量散失规律可知，热量总是由高温传向低温，由“热”密度高区域流向“热”密度低区域，所以在漏斗空间中，受形体造成的上疏下密影响，热量要向低密度扩散，即热空气上升指向上口。因此太阳能烟囱设计为近似漏斗形，横截面自下而上从1.2m×3m扩大到2m×4m。这种形体对烟囱效应下的热空气上升起到推波助澜的作用。此外，这种设计还能保证各层的气流均衡：底层距离风口远，位置低，热压大，所以通道横截面小、下悬窗开启角度小，可以减小气流；顶层距离风口近，位置高，热压小，所以加大通道横截面积和下悬窗开启角度，可以增大气流。

4）避免涡流和气流回灌。如图4-32所示，在炎热季节中，烟囱效应会和文丘里效应（风帽的形状）、伯努利效应（气流在屋顶附近加速流动）共同起作用，加速排出室内空气。烟囱按照以上效应进行设计，且风帽底部设计成倒锥形可有效减少气流阻力，避免形成涡流和气流倒灌（图4-33、图4-34）。

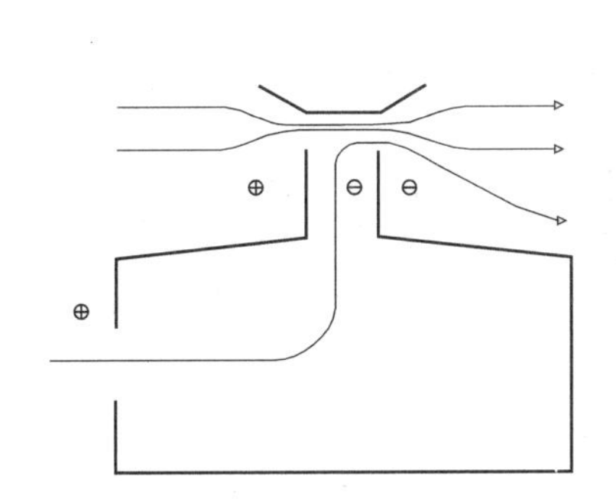

图4-32 多种效应共同起作用的自然通风

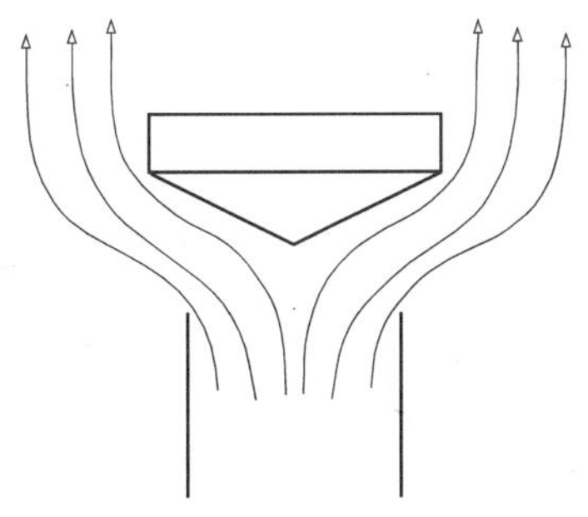
图4-33 倒锥形风帽的排风状况

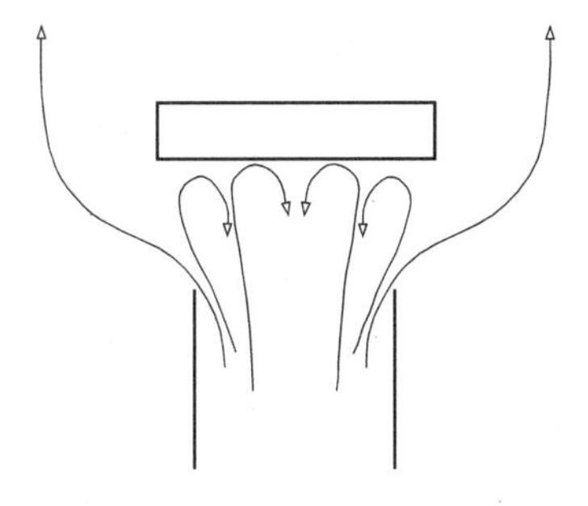
图4-34 矩形风帽的排风状况

4.3.1.3 多种措施实现夏季良好自然通风

夏季白天，打开通风窗，室外有适当风速时，生态公寓各房间通过开窗引入室外气流，南北向房间可直接对流，不用打开房门，无相互干扰。室外无风或风速较小时，西墙外深色的太阳能烟囱吸收太阳光热加热空腔内的空气，热压加强，热空气上升。在压力作用下各层走廊内的空气流入烟囱作为补充，室内通过通风窗流向走廊的气流也会大大加强，促使房间内具有一定风速。尤其是在下午，

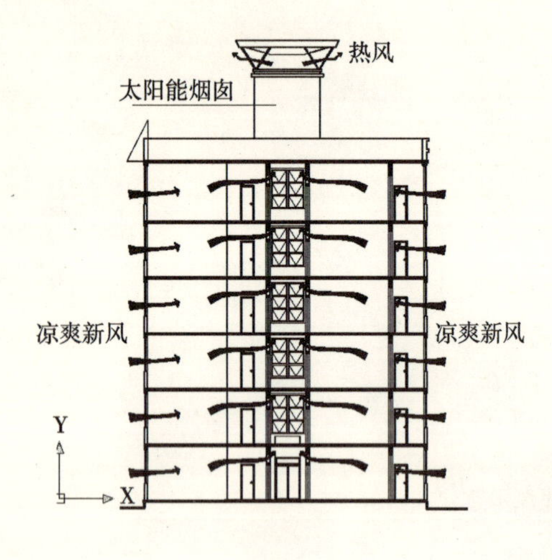

图 4-35

当经过一段延迟时间室内温度达到最高时，通风窗和太阳能烟囱可以起到加强自然通风降温的作用，有效改善室内炎热憋闷的状况，提高人体舒适度（图4-35）。

夏季夜晚，除开窗对流通风外，还可以利用太阳墙系统通风降温。将风机的温度控制器设定在较低温度，当室外气温低于设定温度时风机运转，把室外凉爽空气送入室内，加快降温。

4.3.2 机械通风技术

春夏秋季，房间完全可以通过开窗引入新风；在冬季，由于窗户的开度不好控制，开窗往往会引入过量冷风，影响采暖效果。实际上，由于开窗引入的冷风对房间热舒适度造成较大影响，人们一般不会开窗。随着窗户的密闭性能增强，冷风渗透率降低，冬季几乎没有新风引入，造成室内空气品质较差。保温与空气质量、节能与新风似乎成了矛盾。为了创造良好的室内环境品质，生态学生公寓通过利用太阳墙新风系统、冬季涓流通风技术与卫生间背景排风技术来进行冬季通风，在保证充足新风的同时及时排走室内污染空气，创造了宜人室内环境。

4.3.2.1 太阳墙新风系统

太阳墙可以把预热的新鲜空气通过通风系统送入室内，实现合理通风与采暖有机结合。通风换气不受外界环境影响，能够通过风机和气阀控制新风流量、流速及温度，气流宜人，有效提高了室内空气质量，有利于使用者身体健康，大量的新风不但没有影响节能效果，还分担了部分室内负荷。公寓北向房间的新风就由太阳墙系统提供。

4.3.2.2 涓流通风技术

生态公寓南面房间运用了冬季涓流通风技术来提供新风。

涓流通风技术（Trickle Ventilation）国外应用的很广，技术也十分成熟。采用这种技术，既可以节约能耗，也可以引入过滤后的新鲜空气，保证室内空气质量（图4-36）。

涓流通风可通过构造方法也可通过安装通风器来实现。安装通风器的方法有穿墙设置墙沟（Wall slots）（图4-37），也可安装在窗体上（图4-38）。第二种方法应用比较多。

图4-36　通风器

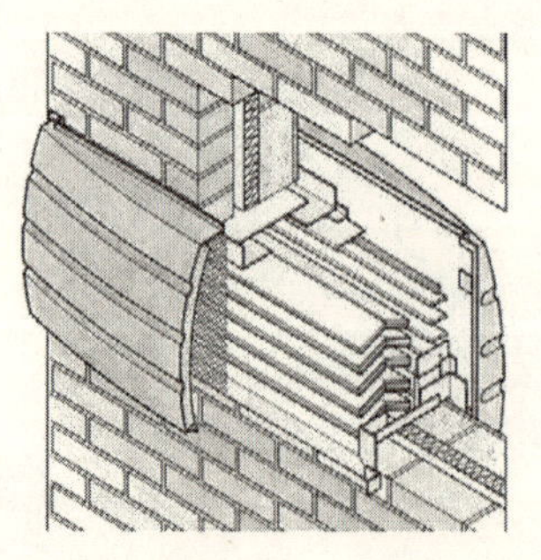
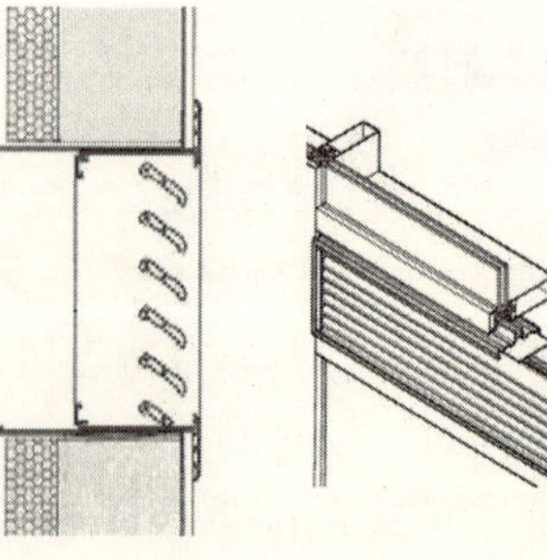

图4-37　冬季涓流通风安装构造图一

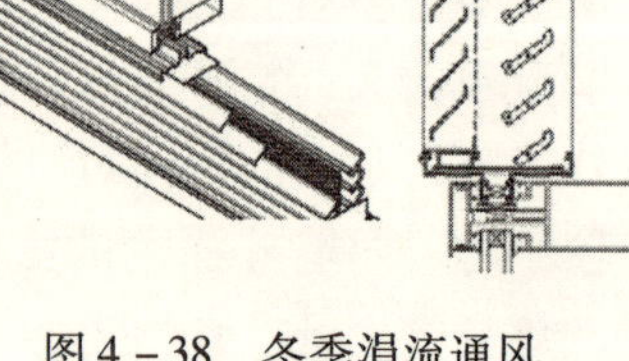

图4-38　冬季涓流通风安装构造图二

目前国内很多厂家生产通风器，即可过滤空气也隔绝噪声。生态学生公寓就是采用在窗上安装通风器的方法（图4－39）。该通风器与窗户成为一体，可以为房间提供持续的适量新风供应。通风器有格栅的一端装在室外，共有3个开度，可以在室内通过绳索方便的控制，每拉一下开度大一级，开到最大一挡再拉一下就可以关闭，使用非常方便。通风器最大通风量为8.4L/s、风压10Pa。可设定最小持续通风量，使房间一直有微量新风供应。对于一般卧室来说已经足够了，而且没有噪声。通风器中装有过滤器，可以过滤掉新风中的粉尘和悬浮物，保证新风质量。通风器可以方便的拿下来以进行清洗或更换过滤器，防止长时间使用后通风器成为新的污染源。

4.3.2.3 卫生间背景排风技术

要保证室内空气质量，除要及时引进新风外，及时排出室内污浊的空气也十分重要。学生宿舍内，空间不大但人数较多，因此CO_2等污染物的排放量十分大，如果宿舍再带有卫生间，那么不及时排风将很容易造成室内异味等污染。

因此生态学生公寓在宿舍的卫生间内设置了通风口，每个通风口都装有可调节开口大小的Power Grille排风装置（图4－40），该装置从加拿大进口。排风风道在土建时用空心砌块预埋在墙体中。风道分为南北两组，每组均用横向风管把屋面上各个出风口连接起来，最终连到二级变速排风机上（图4－41）。风机功率是1.5～2.2kW，平时低速运行，提供背景排风，卫生间有人使用时开启设在卫生间中的排风装置开关，风机改为高速运行，将卫生间中的异味抽走，有效减轻卫生间对室内空气的污染。卫生间内的风机开关受延时控制器控制（图4－42），可根据需要设定延迟时间（设定范围在1～99min之间，该项目设定的是15min），可以避免使用者忘记关闭，浪费能源。

图4－39 生态学生公寓窗上安装通风器实景图

图4－40 Power Grille 排风装置

背景排风装置与新风装置一起构成了完善的、生态的室内通风系统。

4.3.3 计算机通风模拟

通风设计很难通过计算得到直观的效果分析，采用模拟软件则能方便、准确地模拟出生态公寓的通风状况，因此在设计完成后，我们使用软件对太阳能烟囱的效果进行了热压效应模拟，对东端南北两个房间（热压通风最不利的房间）进行了对流通风模拟。

图 4－41　二级变速排风机

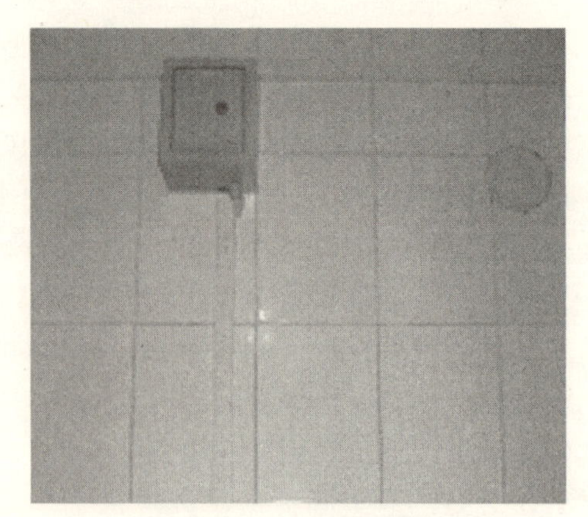
图 4－42　延时控制器

图 4－43～图 4－46 是对太阳能烟囱热压作用进行的模拟，烟囱所受的风压忽略不计，只受阳光辐射影响。图中用由暖到冷的色彩和由长到短的箭头表示风速由大到小。依图得知，室外风速较大时，南北房间穿堂风比较明显，通风效果很好，烟囱只起到辅助作用（图 4－43）；随着室外风速减小，穿堂风减弱，烟囱作用增强（图 4－44）；室外无风时，烟囱可以引起空气流动，带动所有房间，但是力度不均匀，低楼层风速大，高楼层风速小，同一楼层近烟囱处风速大，远处风速小（图 4－45、4－46）。针对这种情况，实际使用时，走廊通向烟囱的窗户在低楼层开启小些，在高楼层开启大些，同一楼层房间开向走廊的通风窗近烟囱处开启小些，远离烟囱处开启大些，这样做能够平衡室内风速。因为烟囱受热面大，且出风口面积大，所以通风量很大，尤其是在无风、闷热的夏季，能够形成较为宜人的室内自然通风。

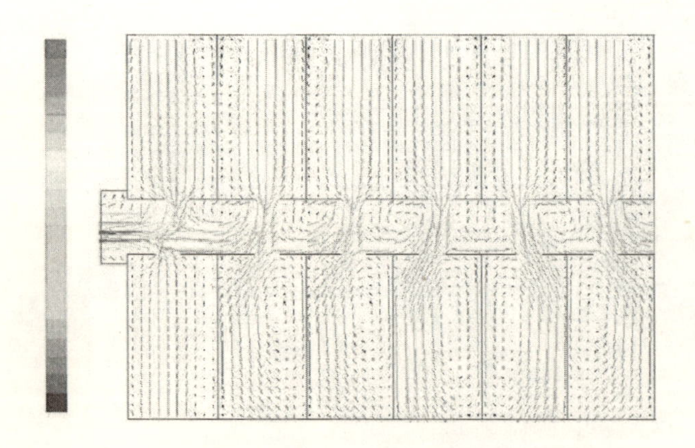
图 4－43　室外风速较大穿堂风较强时的通风情况

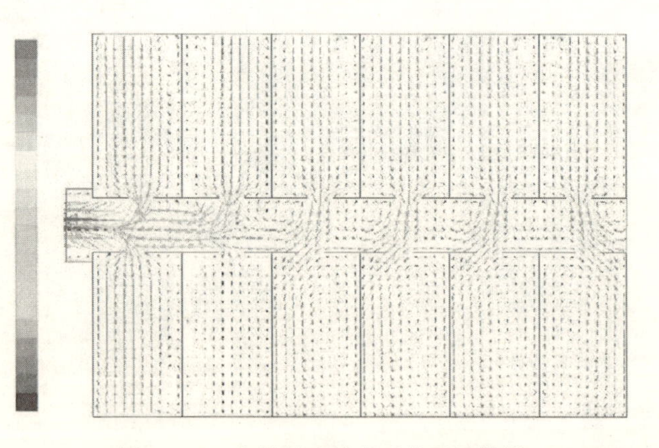
图 4－44　室外风速较小时的通风模拟

对东端南北向房间进行了对流通风模拟。为了得到比较准确的模拟效果，建模细致，对人体、计算机、灯等散热体和家具都做了具体描述。设定的自然条件为济南最热月平均室外气温 27.5℃和室外较低风速 1.5m/s；室内状况是房间门和卫生间门关闭，外窗和对走廊的通风窗完全打开；活动状况是四人静坐，均使用计算机。

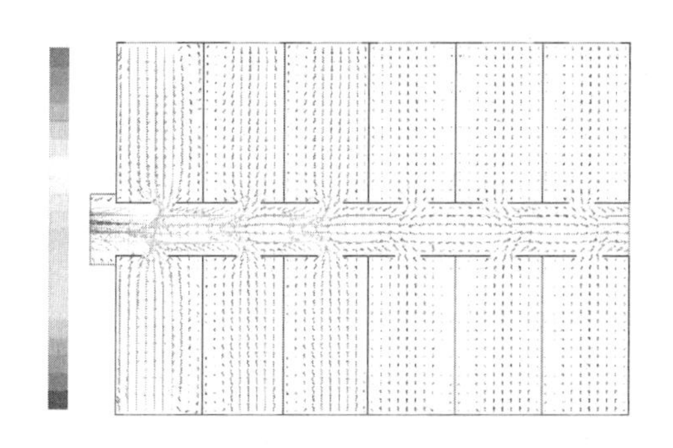

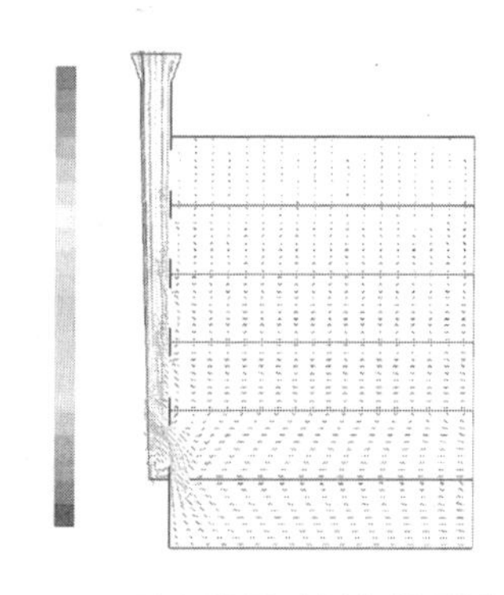

图4-45　无穿堂风时的通风模拟　　图4-46　无穿堂风时烟囱的通风情况

从风速图4-47、图4-48中可以看出，室内穿堂风效果较好，近人位置风速在0.5m/s左右，感觉舒适。外窗附近风速较大，如果感觉不舒适，可以适当关小窗户。通风窗处风速最大，因其面积小，造成了空气急流，但对自然通风起到了重要作用。卫生间的位置对空气流动有影响，卫生间的迎风面有涡流形成。

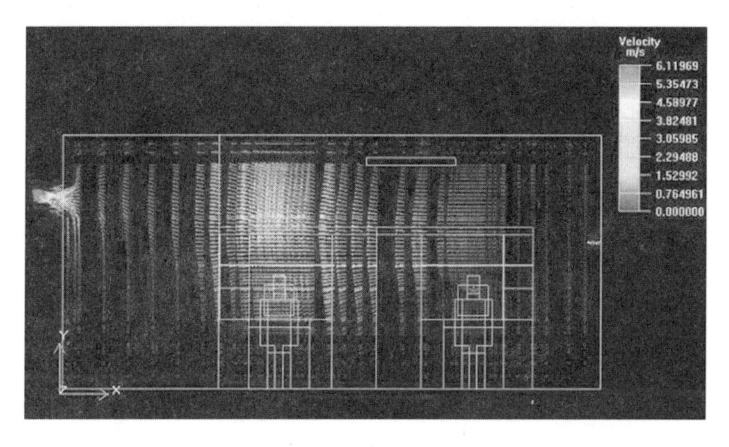

图4-47　夏季南向房间中间位置垂直断面风速模拟

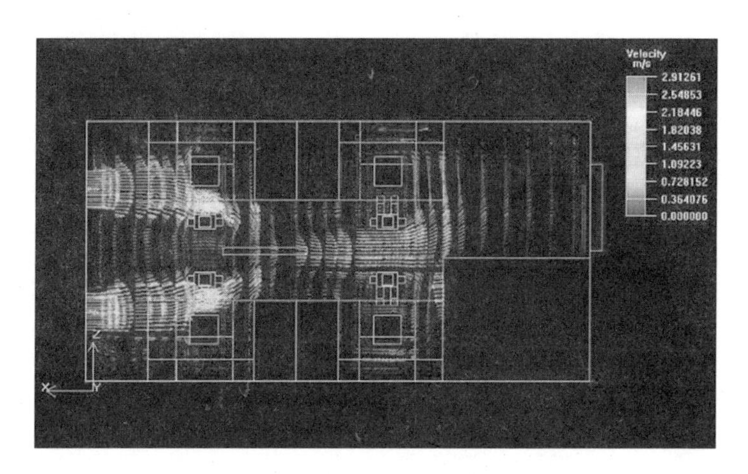

图4-48　夏季南向房间人体活动高度水平断面风速模拟

空气龄定量反映了室内空气的新鲜程度，它可以综合衡量房间的通风换气效果。在模拟图4-49和图4-50中，近人位置的空气龄在10~20s之间，空气新鲜。只有个别区域受家具遮挡，空气龄较高，但最高处也不过40余秒，因此能够说明房间整体通风情况良好。

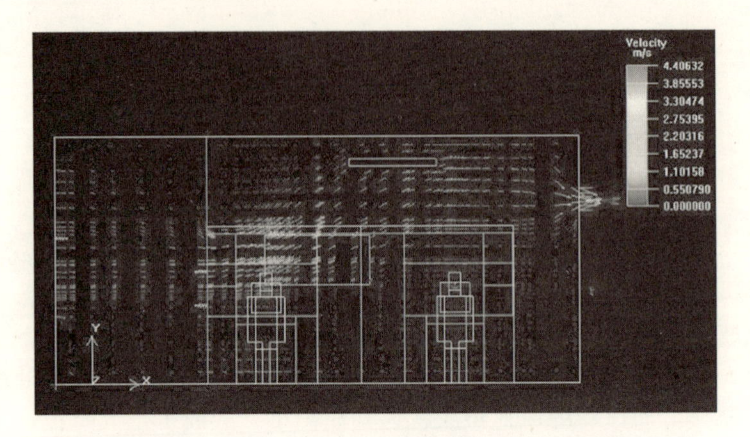

图4－49　夏季北向房间中间位置垂直断面风速模拟

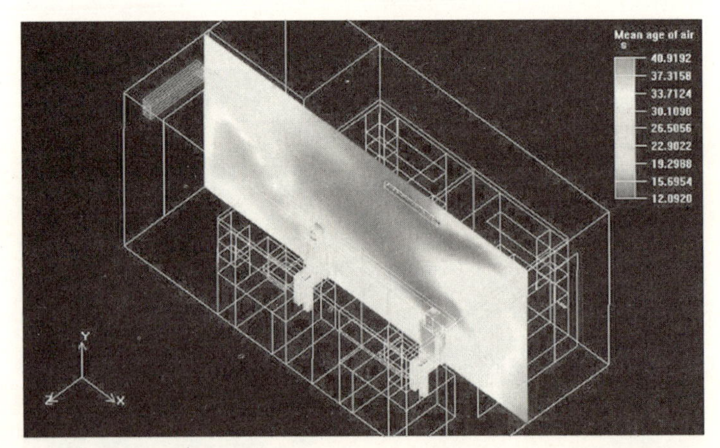

图4－50　夏季南向房间中间位置垂直断面空气龄模拟

第5章
围护结构节能技术

5.1 绿色墙体材料

5.1.1 我国墙体材料绿色化进程的必要性

所谓绿色墙体材料，就是具有绿色材料特征的墙体材料。这些特征包括采用低能耗制造工艺和不污染环境的生产技术，在产品生产过程中不使用有害人体健康的化合物，产品设计以改善环境、提高生活质量为宗旨，作为绿色的建筑材料，还应具有以下四个主要特色以区别于传统建筑材料：节约资源，制造所用原材料尽可能少用甚至不用天然资源，而多用甚至全部使用工业、农业或其他渠道的废弃物；节约能耗，既节约其生产能耗，又可节约建筑物的使用能耗；节约土地，不毁田取土作原料；墙体材料应具备多方面的功能，如防霉、防火、阻燃、隔声、防辐射等；可再生利用，到达其使用寿命后，可加以再生循环使用，而不污染环境。

采用绿色墙体材料对于保护耕地具有特殊的意义。我国是世界上小块实心黏土砖生产量最大的国家，全国约有砖瓦生产企业 11 万个，占地 500 多万亩；每年制砖毁田数十万亩；实心黏土砖的年生产能耗达 6000 万 t 标煤，同时由于农村住宅建设持续不断的增长，导致了传统黏土砖瓦生产量的绝对值仍在逐年上升。这种严重的资源耗费，加剧了我国人多地少矛盾，给子孙后代的未来造成了十分严峻的资源危机。采用绿色建筑材料代替烧结黏土砖，可以保护耕地不受侵占，保护子孙后代赖以生存的粮食资源不受威胁。

选用绿色墙体材料对于减少工业固体废弃物、保护我国环境质量有着特殊意义。目前我国是世界上第三大粉煤灰生产国，因电力工业一项，年粉煤灰排放量超过亿吨以上，而目前利用率仅有 38% 左右，并且我国城市的建筑垃圾日益增高，目前年排放量已逾 6 亿 t，亟待采取有效处理办法，而生产绿色墙体材料则对消纳工业废渣。利用废弃物采用新工艺作的各种绿色墙体材料，可提高墙体的某些性能，例如用废弃聚苯乙烯粉碎而制成（掺入水泥和粉煤灰）的砌块和墙板，其防火性能明显高于整块的聚苯乙烯板。

选用绿色墙体材料可以降低建筑物能耗水平。我国的建筑面积计算采暖能耗是发达国家的 3 倍左右。因此，中国政府一直十分重视住宅的节能问题，并通过产业的结构调整，大力开发住宅的节能和墙体改革。1986 年建设部发布第一个节能标准，即《民用建筑节能设计标准》（采暖居住建筑部分）（JGJ26 - 86），节能率为 30%。1994 年 9 月建设部成立节能办公室，设立了建筑节能工作协调组。1995 年 12 月，建设部发布第二个节能标准（JGJ26 - 95），要求采暖能耗在当地 1980 ~ 1981 年住宅通用设计的基础上节能 50%。2000 年 2 月，建设部发布《民用建筑节能管理规定》（简称“76 号令”），从法规方面对建筑节能给予规范，并于 2000 年 10 月 1 日起执行。我国推行的墙体材料改革就是要通过采用新型墙材取代传统的黏土实心砖，提高外墙的保温隔热性能，减少采暖和空调设备的能耗水平，达到节约能源的目的。绿色墙材在保温隔热性能上大大优于传统材料，属于新型墙材的范畴，是我国墙体材料改革中应推广应用的材料。在降低建筑物耗能水平的同时，生产绿色墙体材料时所消耗的能源也要比烧制实心黏土砖低很多。

绿色墙体材料的使用可以保障居住者的身体健康。当前因建材、装修的污染带给居住者的不便和危害引起越来越多的关注，引发的纠纷更是有上升趋势，使用绿色环保材料的呼声越来越高。例如，目前我国作为内隔墙的材料主要是石棉硅酸钙板，其中所存在的石棉纤维由于纤维长度大于3μm，而直径小于1μm是一种致癌物，因而在家居装饰时容易造成石棉纤维的飞扬，影响人体健康。目前我国公共建筑（医院、办公大楼等）已经开始使用无石棉硅酸钙板替代石棉水泥板，保护空间的环境质量。同时，对于目前的毛坯房，消费者一般愿意根据自我设计来改变房间的分割和布局，因此内隔墙材料的选择则显得更加重要。

使用绿色墙体材料对于提高我国消费者的居住环境质量、保护我国的有限资源、减少废物的排放量有着重要的意义。绿色墙体材料正以其节能、节土、利废、安全、健康、改善环境和提高建筑功能等特色，显示出强大生命力，尤其是我国人多地少，资源相对贫乏，长期不改变取土烧砖现状，将对子孙后代带来威胁，因此发展生态绿色墙体材料是势在必行，迫在眉睫。

5.1.2　绿色墙体材料的特点和种类

下面简介几种典型的绿色墙体材料。

（1）工业废渣制成的空心砖和墙板

用工业废渣代替黏土制造空心砖是一个典型的化废为宝、节约耕地的好措施。例如，粉煤灰砖、煤矸石砖、页岩砖、矿渣砖、煤渣砖等。若用以生产相当1000亿块实心黏土砖的新型墙体材料，一年可消纳工业废渣7000万t，节约耕地3万亩，节约生产能耗100万t标煤，同时还可减少废渣堆存占地和减轻环境污染。例如，四川省开发成功的页岩多孔砖已完全不含黏土，采用新的焙烧工艺并利用余热干燥砖坯，与小块实心黏土砖相比，可节约生产与建筑使用能耗20%，减轻建筑物自重10%～20%，并可改善墙体的隔热、保温性与抗震性。

某些工业废渣经一定的加工处理可代替部分水泥制混凝土砌块、加气混凝土砌块与墙板、纤维水泥板、硅酸钙板等。其中最值得利用的是粉煤灰。我国是世界上第三大粉煤灰生产国，仅电力工业年粉煤灰排放量已逾亿吨，目前利用率仅38%左右，主要用于筑路、制造粉煤灰水泥等。事实上，粉煤灰经适当处理后，可制造价值更高的若干墙体材料，如高性能混凝土砌块、蒸压纤维增强粉煤灰水泥墙板、加气混凝土砌块与条板等。

（2）无石棉纤维水泥板

不少发达国家已公认石棉有害于人体健康，因其中所含微细纤维（长度>3μm，直径<1μm）是致癌物。尽管目前在世界范围内石棉水泥仍是纤维水泥工业的主导产品，但无石棉纤维水泥制品的品种不断增加，产量持续上升。不少发达国家已禁止生产与使用含有石棉的制品。根据国际上纤维水泥制品的发展趋向，预计在21世纪内，无石棉水泥板必将作为绿色建材逐渐取代石棉水泥板。我国在20世纪80年代起已先后开发成功玻璃纤维增强水泥（GRC）板、无石棉维纶水泥板以及无石棉蒸压粉煤灰水泥板等，为今后此类产品的进一步发展奠定了基础。国家环境保护总局于1998年7月已将无石棉建筑制品正式列入环境标志产品。其市场需求量很大，近年来产量已达到1200余万平方米。

玻璃纤维增强材料轻质、高强、抗冲击性好、耐久性好，且成型工艺简单、节省原材料，可以制成外形较为复杂的各种制品，已满足各种需要。各种GRC

轻质多孔隔墙条板（图5－1）主要用作建筑物内隔墙，质轻，施工方便，绝热吸声效果好。GRC外墙板具有轻质、高强、耐久性好等物理性能，而且还有造型丰富、外墙表面形状和线条多样、明快、安装施工简便等特点，广泛应用于各类建筑的墙体外挂装饰保护板。

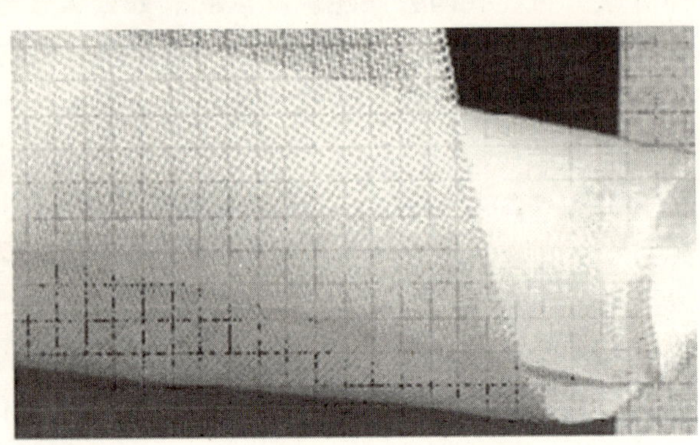

图5－1
玻璃纤维增强水泥板材

（3）有机纤维板与有机复合板

有机纤维板是指用木材的木质纤维、木质碎料或含有一定量纤维的其他植物作原料，加工制成的轻质人造板材，包括木质纤维板如硬质纤维板、木质刨花板、定向木片层压板，非木质植物纤维板如稻草、稻壳板、蔗渣板、麦秸碎料板、棉秆纤维板以及由这些板材经复合制成的有机复合板等。这些板材利用天然可再生的林业资源，是名副其实的绿色材料。

这类板材，在建筑装饰、装修中，主要用作隔断墙，室内墙面装饰板和吊顶装饰板。此外，还可用于屋面板、挡风板以及混凝土的模板。

（4）石膏砌块与板材

石膏作为三大胶凝材料之一，具有很多优点。石膏制品质轻，具有一定的保温隔热、吸声性能，且耐火性好，尺寸稳定，装饰美观，可加工性能好。石膏材料还有“呼吸”功能，使其装饰的居住环境舒适。生产建筑石膏的能耗仅为生产水泥的1/3，可谓节能材料。我国的石膏矿藏丰富，居世界之首，但我国的石膏制品工业与发达国家相比，无论在生产与应用或是在产量、品种、质量以及应用范围等方面都还比较落后。

我国墙体材料的组成还很不合理，小块实心砖至今仍在墙体材料中占主导地位，就墙体材料的绿色化程度而论，我国与发达国家相比，还有很大的差距。为了在我国现代化建设中实施可持续发展战略，我国政府已将限制实心黏土砖的生产与使用、开发和推广新型建材产品作为在相当长一个时期内的既定国策之一。根据国家建筑材料工业局的规划，我国新型墙体材料产量占全部墙体材料的百分比将在2010年与2030年应分别达到40%和60%。新世纪的我国建筑材料工业将以发展节能、利废、环保型的绿色墙体材料作为奋斗目标之一。

5.1.3 生态学生公寓绿色墙体材料

山东建筑大学生态学生公寓为了减少对土地资源的浪费，最大程度的化废为宝，采用的是黄河淤泥多孔承重砖（图5－2）。

黄河淤泥是一种大自然废料，量大面广，危害极大，如不加以整治与利用，它会淤积河道而抬高河床，迫使河水上溢，若遇到洪水汛期，会出现险情，严重危及两岸人民群众的生命财产安全。国家每年都要花大量的财力、人力和物力预防和排除险情。如能利用好黄河淤泥，不仅可以化害为利、变废为宝、节省资源、改善环境，而且有利于河道治理。同时挖出淤泥后的河床不多久又会淤平，可见黄河淤泥是取之不尽、用之不竭的较理想生产原料，利用得当，将是一种潜在价值很大的宝贵资源。

图 5-2　黄河淤泥多孔承重砖

黄河淤泥作为多孔承重砖的原料生产有很多市场优势：材料更轻、更强的抗冻能力、更节能、更节约砌筑砂浆用量及劳动力、提高工作率、原料取材更环保并有助于黄河治理。

国家鼓励发展节能、节地、利废的新型墙体材料以替代量大面广的实心黏土砖，为此还出台了一系列政策，如应用新型墙体建造的北方节能住宅，固定资产投资方向调节税税率为零等。黄河淤泥砖的生产是因地制宜，变废为宝，因此有广阔的发展前景。

在我国建造的住宅大多数为多层墙体承重结构体系，黄河淤泥多孔砖在多层住宅建设中的设计、施工与黏土砖相比无需做大的改动创新，易于推广。我国有步骤的“限时禁止使用实心黏土砖”，承重结构用新型墙体材料缺口较大。一些实心黏土砖厂转产黏土多孔砖，但生产能力远远满足不了建筑市场的需要，而且未能彻底摆脱使用黏土的状况，仍存在着毁田烧砖、破坏土地的现象。对于黄河淤泥多孔承重砖，有很大的市场需求。

目前国内有关专家已对黄河淤泥多孔砖进行了材料的物理性能的试验研究，而且通过试验对其整体性能，特别是整体变形性能开展了深入研究。

由试验结果可知，黄河淤泥节能承重多孔砖达到 MU10 强度等级要求，各项指标均符合《烧结多孔砖》（GB 13544—2000）标准，代替实心黏土砖用于承重墙是可行的。黄河淤泥承重多孔砖的重量轻，其表观密度为 1100 ~ 1200kg/m^3。与实心黏土砖相比可减小自重，节约运输费用。多孔砖的块体厚，砌筑时水平灰缝少，可节约砌筑砂浆用量，节省劳动力，提高工作效率。表 5 - 1 和表 5 - 2 所示为黄河淤泥多孔承重砖的物理和力学性能。

黄河淤泥多孔承重砖的物理性能　　表 5 - 1

表观密度（kg/m^3）	孔洞率（%）	单砖重（kg）
1149	22	2.785

黄河淤泥多孔承重砖的力学性能　　表 5 - 2

强度等级		规范标准值（δ≤0.21）	检测值	单项结论
抗压强度/MP_a	平均值	≥10	11.0	MU10 级
	最小值	≥6.5	9.0	合　格

专家曾对黄河淤泥承重烧结多孔砖砌体进行了弹性模量试验。从试验过程看，黄河淤泥承重烧结多孔砖砌体的变形过程与普通砖砌体基本相同，均经历了出现裂缝、裂缝急剧扩展增多和试件破坏三个阶段。试验表明黄河淤泥承重烧结多孔砖抵御变形的能力是稳定的。黄河淤泥多孔砖砌体的弹性模量均大于《砌体结构设计规范》（GB 50003—2001）规定的砖砌体弹性模量，说明其砌体具有较

好的抵抗变形的能力，可用来替代黏土砖。试验数据还表明，多孔砖砌体弹性模量随砂浆强度等级的提高而提高，这和砖砌体的竖向变形主要取决于砂浆的强度等级相符。

5.2 外墙保温技术

5.2.1 外墙保温技术概述

一般来说，建筑物的外墙大约占全部建筑围护结构面积的60%，通过外墙的耗热量约占建筑物耗热量的40%以上，因此提高外墙的保温性能对建筑节能具有重要意义。

使用保温性能好的建筑材料和建筑保温材料是实现建筑节能的最基本的条件，各国在建筑中采用了大量的新型建材和保温材料。

在建筑物的围护结构中，不论是商业建筑还是民用建筑，大部分采用轻质高效的玻璃棉、岩棉、泡沫塑料等保温材料。墙体的保温基本上有三种形式：外保温、内保温和夹心保温。

（1）外保温技术

所谓外墙外保温，是指在垂直外墙的外表面上建造保温层，该外墙用砖石或混凝土建造。此种外保温，可用于新建墙体，也可以用于既有建筑外墙的改造。该保温层对于外墙的保温效能增加明显，其热阻值要超过1 $m^2 \cdot K/W$。

外墙采用外保温具有很多的优点。其一，它能有效地切断外墙上的混凝土圈梁、构造柱等形成的热桥，提高外墙保温的整体性和有效性，防止外墙表面在冬季出现结露；其二，外保温做法是把密度较大的结构材料层设置在室内一侧，重质材料的热容量大、蓄热性能好，从而提高房间的热稳定性；其三，外墙采用外保温，能对外墙主体的结构层起到良好的保护作用，而不承受室外周期性变化的空气温度和太阳辐射；其四，外墙采用外保温，即把保温材料设置在密实结构材料层的外侧，符合围护结构防潮设计原则，外墙内部不会存在冷凝水而影响保温材料的性能。

当然，由于采用外墙外保温技术，保温层要固定在外墙的整个高度上，较内保温那样分楼层固定在外墙主体上会更难，而且外饰面要经受风吹、雨淋、寒暑冻融和日光曝晒的考验。因此外墙外保温在施工技术上要求更严，在材料选用上要求更高，造价也较贵。

（2）内保温技术

建筑内保温就是在外墙内表面上加设保温材料，再在其上做内表粉刷涂料，达到建筑保温的目的。

外墙采用内保温，对材料性能、配套技术要求不太高，易于维修而且造价也比较低。但在湿度大的地区或潮湿房间的条件下，内保温的保温层易受潮而降低保温性能，在门、窗过梁，圈梁、钢筋混凝土柱、构造柱、支撑在墙上的楼板等部位的墙上的热桥难于进行良好的保温处理。在严寒而潮湿的地区的外墙，若采用内保温工艺，在钢筋混凝土梁、过梁、柱、构造柱等热桥部位的外墙内表面，在冬季往往出现结露。外墙内保温会造成外墙主体结构直接暴露在温差变化大、干湿变化大的大气环境中，所以更容易引起墙体或内保温层开裂。

内保温的主要优点在于，墙体内表面不用加防水层，构造处理简单，保温材料可以免受室外雨水影响；不用高空作业，不用设脚手架或高空吊篮，施工比较简单，可以一家一户进行，不损害建筑物原有的立面造型，造价也比较低。

（3）夹心保温技术

夹心保温技术是指将保温材料填塞在外墙的墙体中作为保温层的保温技术。具体做法是在砌筑现场将袋装的珍珠岩填塞在留有空隙的墙体之间，大多数中间保温是将保温材料作为预制墙板的芯材，以工厂化生产的形式制造保温墙板。

当保温层未对混凝土梁、柱进行保温时，这种保温构造是最不利的。因为这种保温构造，除了具有外墙内保温的所有缺点外，还有梁柱等热桥部位的结露更突出，保温工程的施工难度更大。而且中间保温工程都属隐蔽工程，难于检查保温工程的质量。

在我国许多城市和农村，很多房屋建筑的外墙，就是外墙的两侧为砖砌体或石头砌体，中间填充黏土、草筋黏土、炉灰渣、稻壳、锯末、珍珠岩、膨胀蛭石、岩棉板等的夹心保温外墙，填充材料易受潮而影响保温效果。近年来又出现了新型的发泡填充的夹心外保温复合外墙，发泡填充材料有泡沫聚氨酯、氮尿素（加入适量的树脂和发泡乳液）等。

5.2.2 外墙外保温技术

由于系从外侧保温，其构造必须能满足水密性、抗风压以及温湿度变化的要求，不致产生裂缝，并能抵抗外界可能产生的碰撞作用，还能与相邻部位（如门窗洞口、穿墙管道等）之间以及在边角处、面层装饰等方面，均得到适当的处理。然而，必须注意，外保温层的功能，仅限于增加外墙保温效能以及由此带来的相关要求，而不应指望这层保温构造对主体墙的稳定性起到作用。其主体墙，即外保温层的基底，必须满足建筑物的力学稳定性的要求，能承受垂直荷载、风荷载，并能经受撞击而保证安全使用，还应能使被覆的保温层和装修层得以牢牢固定。

外保温可以避免产生热桥。在寒冷的冬天，热桥不仅会造成额外的热损失，还可能使外墙内表面潮湿、结露，甚至发霉和淌水，而外保温则可以不存在这种问题。由于外保温避免了热桥，在采用同样厚度的保温材料条件下（例如在北京用50mm膨胀聚苯乙烯板保温），外保温要比内保温的热损失减少约1/5，从而节约了热能。外保温措施合理，基本消除“热桥”影响。

在进行外保温后，由于内部的实体墙热容，室内能蓄存更多的热量，使诸如太阳辐射或间歇采暖造成的室内温度变化减缓，室温较为稳定，生活较为舒适；也使太阳辐射得热、人体散热、家用电器及炊事散热等因素产生的“自由热”得到较好的利用，有利于节能。而在夏季，外保温层能减少太阳辐射热的进入和室外高气温的综合影响，使外墙内表面温度和室内空气温度得以降低。可见，外墙外保温有利于使建筑冬暖夏凉。可以对大量旧房进行改造等。

由于采用外保温的结果，内部的砖墙或混凝土墙受到保护。室外气候不断变化引起墙体内部较大的温度变化发生在外保温层内，使内部的主体墙冬季温度提高，湿度降低，温度变化较为平缓，热应力减少，因而主体墙产生裂缝、变形、破损的危险大为减轻，寿命得以大大延长。

外保温的综合经济效益高。虽然外保温工程每平方米造价比内保温相对要高一些，但只要技术选择适当，单位面积造价高得并不多。特别是由于外保温比内保温增加了使用面积近2%，实际上是使单位使用面积造价得到降低。

由于外墙外保温技术能显著降低K值、消除热桥、防止内墙结露、保持室内气候平稳、保护建筑物外墙，延长建筑物使用寿命，所以成为外墙保温的主流技术。

（1）外墙外保温一般采用“贴”、“挂”、“砌”三种方式

“贴”即外墙外贴保温板材，最典型的保温板材为EPS板。EPS即膨胀聚苯乙烯泡沫塑料，EPS外保温体系是由特种聚合物胶泥、EPS板、玻璃纤维网格布和面涂聚合物胶泥组成的集墙体保温和装饰功能于一体的新型构造体系。它适合于新建建筑和旧有房屋节能改造的各种外墙的外保温，也可用于防火要求不高的外墙内保温、屋面的内外保温和阳台的内外保温。EPS板可以任意切割，用于外保温时还可做成各种线脚，具有较好的装饰性。EPS板以粘贴固定的方式，用粘接材料将EPS板粘接在外墙基层上。需要时，如高层建筑外墙，可采用以锚栓为辅助的粘接固定方式。

“挂”是指在建筑外墙面后挂单面钢丝网架聚苯乙烯夹心板或硬质岩棉夹心板，在现浇混凝土外墙外表面自挂单面钢丝网架聚苯乙烯夹心板。后挂保温板的工序主要有安装、抹灰，涂装，其中安装过程无论采用预埋件法、膨胀螺栓法和紧固件法都费时费力，且不经济。除钢丝网架保温夹心板以外，还可以采用彩板保温夹心板作为外挂板，它由内外两层彩色钢板作面层芯材采用玻璃棉板、ESP板或XPS板，外形美观、轻质高强、施工高速快捷，是国际推行的新型轻质保温板材。

“砌”即外墙砌筑保温砖。过去用的保温砖和保温砖块是轻质普通水泥制品，如加气混凝土砌块、水泥珍珠岩砌块。现在引进国外技术，应用聚苯乙烯泡沫塑料作为夹心保温材料的轻集料混凝土保温砌块。外墙砌筑保温砖的规格，是根据承重空心砖和承重混凝土空心砌块的规格来选用的。外墙砌筑保温砖在砌筑施工时许采用保温胶砂浆砌筑。其砌筑方法与砌筑红砖外墙是一样的，除砌筑砂浆不同外，还应注意需采用拉结件，通过拉结件把保温砖与承重外墙连结为一体。外墙砌筑保温砖主要用于承重多孔砖和承重混凝土空心砌块的建筑符合外墙的外保温，也可用于不采暖楼梯间隔墙的保温。

（2）外墙外保温需解决的关键问题

1）保温效能。保温效能是外墙外保温质量的一个关键性的指标。为此，应按所用材料的实际热工性能，经过热工计算得出足够的厚度，以满足节能设计标准对当地建筑的要求。与此同时，还应采取适当的建筑构造措施，避免某些局部产生热桥问题。一般来说，永久性的机械锚固、临时性的固定以至于穿墙管道，或者外墙上的附着物的固定，往往会造成局部热桥。在设计和施工中，应力求使此种热桥对外墙的保温性能不会产生明显的影响，也不致引起此后产生影响墙面外观的痕迹（如锈斑）。在采用钢丝网架与聚苯乙烯或岩棉板组合的保温板材时，其热工性能参数，应根据实际测试结果，以便根据计算，确定其必要的厚度。

2）稳定性。与基层墙体牢固结合，是保证外保温层稳定性的基本环节。对于新建墙体，其表面处理工作一般较易做好，但对于既有建筑，必须对其面层状况进行认真的考察检查。如果面层存在疏松、空鼓情况，必须认真清理，以确保保温层与墙体紧密结合。

外保温体系应能抵抗下列因素综合作用的影响，即在当地最不利的温度与湿度条件下，承受风力、自重以及正常碰撞等各种内外力相结合的负载，在如此严酷的条件下，保温层仍不致与基底分离、脱落。保温板用胶粘剂或机械锚固件固定时，必须满足所在地区、所处高度及方位的最大风力，以及在潮湿状态下保持稳定性。胶粘剂必须是耐水的，机械锚固件应不致被腐蚀。

3）防火处理。尽管保温层处于外墙外侧，防火处理仍不容忽视。在采用聚苯乙烯板作外保温材料时，必须采用有阻燃性能的板材；其表面及门窗口等侧面，必须全部用防火材料严密包覆，不得有敞露部位；在建筑物超过一定高度时，需有专门的防火构造处理，例如每隔一层设一防火隔离带；在每个防火隔断处或门窗口，网布及覆面层砂浆应折转至砖石或混凝土墙体处并予固定，以保护聚苯乙烯板，避免在着火时蔓延；采用厚型抹灰面层有利于提高保温层的耐火性能。

4）湿热性能。外保温墙体的表面，其中包括面层、接缝处、孔洞周边、门窗洞口周围等处，应采取严密的措施，使其具有良好的防水性能，避免雨水进入内部造成危险。国外许多工程的实践证明，多孔的面层或者面层中存在缝隙，在雨水渗入和严寒受冻的情况下，容易遭受冻坏。在新建墙体干燥过程中，或者在冬季条件下，室内温度较高的水蒸气向室外迁移时墙内可能结露。在室内湿度较低，以及室内墙面隔湿状况良好时，可以避免由于墙内水蒸气湿迁移所产生的结露。通过结露计算，可以得出在一定气候条件下（室内外空气温度及湿度）某种构造的墙体在不同层次处的水蒸气渗透状况。当外保温体系用于长期保持高湿度房间的外墙时，特别要做好墙体的构造设计，避免墙内结露的形成。

5）耐撞击性能。外墙外保温体系应能耐受正常的交通往来的人体及搬运物品产生的碰撞。在经受一般性的属于偶然或者故意的碰撞时，不致对外保温体系造成损害。在其上加安空调器时或用常规方法放置维修设施时，面层不致开裂或者穿孔。

6）受主体结构变形的影响。当所附着的主体结构产生正常变形，诸如发生收缩、徐变、膨胀等情况时，外保温体系应不致产生任何裂缝或者脱开。

7）耐久性。外墙外保温构造的平均寿命，在正常使用与维修的条件下，应达到 25 年以上，这就要求：外墙外保温体系的各种组成材料，应该具有化学的与物理的稳定性。其中包括保温材料、胶粘剂、固定件、加强材料、面层材料、水蒸气隔离材料、密封膏等。总之，所有的材料所具有的性能，或通过防护处理，应做到在结构的寿命期内。在正常使用条件下，由于干燥、潮湿或电化腐蚀，以及由于昆虫、真菌或藻类生长，或者由于啮齿动物的破坏等种种侵袭，都不致造成损害。同时，所有的材料相互间应该是彼此相容的。并且所用的材料与面层抹灰质量，均应符合有关国家标准的质量要求。

5.2.3　生态学生公寓外墙外保温技术

（1）生态学生公寓外墙节能设计

在设计之初，我们就要求山东建筑大学生态学生公寓设计采暖能耗在当地 1980～1981 年住宅通用设计的基础上节能 70%，高于建设部发布第二个节能 50% 的标准，也高于北京市计划实施的节能 65% 的标准。要达到这个目标，需要做好围护结构特别是外墙的保温节能设计，并采用先进的保温构造和材料。

基于“外墙外保温做法”的若干明显优点，生态学生公寓的外墙保温构造拟采用外墙外保温，370mm 厚黄河淤泥空心砖墙作主体墙。根据计算热阻值，查《外保温做法及热工计算表》，在表 5－3 中，我们看到，如采用 50mm 厚的挤塑板可以更好的实现保温效果，因此，我们采用 50mm 厚的挤塑板作为外墙外保温的材料，满足了我们的设计要求。

外保温及热工计算 **表 5－3**

外墙构造简图	工程做法	外墙总厚度（mm）	分层厚度（mm）	密度 (kg/m^3)	导热系数 λ [W/(m·K)]	a	热阻 R $(m^2 \cdot K/W)$	围护结构传热阻 R_0 $(m^2 \cdot K/W)$	传热系数 K [W/$(m^2 \cdot K)$]
外 内 6543 2 1	1. 水泥砂浆		20	1800	0.93	1.0	0.022		
	2. 烧结空心砖		370	1900	0.81	1.0	0.457		
	3. 水泥砂浆		20	1800	0.93	1.0	0.022		
	4. 聚合物砂浆		3	1800	0.93	1.0	0.003		
	5. 挤塑板	441	25	28	0.03	1.1	0.757	1.415	0.707
		446	30				0.909	1.566	0.638
		456	40				1.212	1.869	0.535
		466	50				1.515	2.172	0.460
	6. 聚合物砂浆		3	1800	0.93	1.0	0.003		

注：1. a 为 λ 修正系数。
2. 热工计算时未计饰面层。

（2）生态学生公寓外墙外保温系统

为达到以上节能设计，生态学生公寓外墙采用了保温性能更优越、更薄的 XPS 挤塑保温板外保温系统。

1）挤塑板简介。挤塑板是一种用阻燃材型聚苯乙烯挤压成型的硬质泡沫材料，该材料具有致密的表层及闭孔结构内层，均匀的蜂窝状结构，这些蜂窝状结构的互联壁有一致的厚度，完全不会出现空隙（如图 5－3），因而有优越的保温隔热性能，良好的抗水性能和高抗压性能。

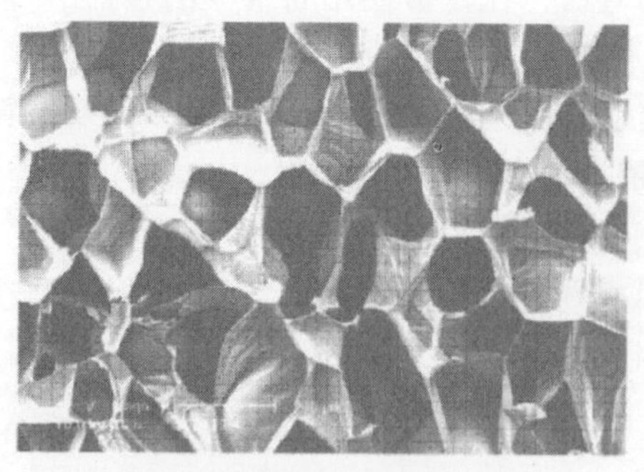

Cell Morphology of FM
福满乐® 板闭孔式蜂窝结构

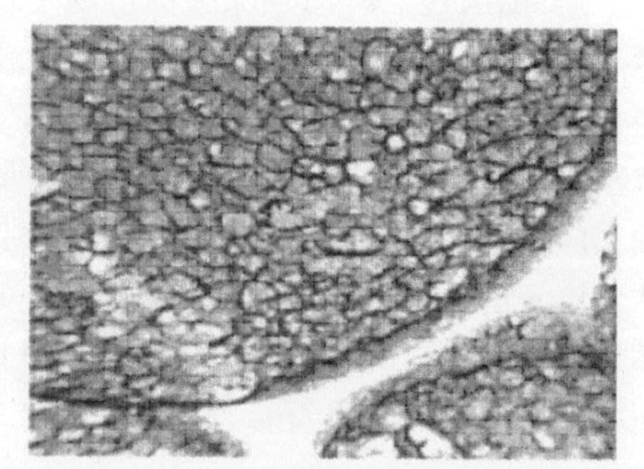

EPS 发泡聚苯乙烯结构

图 5－3 挤塑板与 EPS 板结构对比

挤塑聚苯板比其他保温材料具有出色的保温隔热性能，导热系数仅为 0.0284W/(m·K)。

由于挤塑板具有紧密的闭孔式蜂窝结构，聚苯乙烯本身的分子结构亦不吸水，因此令其有极佳的抗水、防潮和防渗性能。板的体积吸水率低于1%，比其他硬质保温隔热板如聚氨酯、EPS等的吸水率小得多。

挤塑板是一种轻质高强板材，在密度不超过40kg/m^{3}的情况下抗压强度可以达到350kPa以上，在建筑物的使用中可以获得良好的抗冲击性能。

2）生态学生公寓外保温系统的组成。生态学生公寓外保温系统（图5－4）分为粘接层、保温层、防护面层、饰面层。

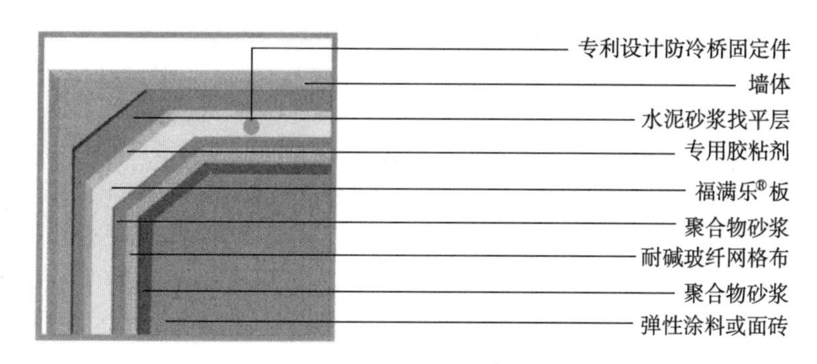

图5－4　外保温构造示意图

粘接层由聚合物砂浆找平，再刷一层挤塑板专用胶粘剂，聚合物砂浆采用干混砂浆加水搅拌而成。固定粘结只使用胶粘剂是不够的，还要采用固定件。固定件为工程塑料膨胀钉和自攻螺钉，大约每平方米采用四个固定件。

在生态学生公寓的外墙保温设计中采用了50mm厚的挤塑板作为保温层。

防护面层由聚合物砂浆和涂塑玻纤网格布组成。在挤塑板上刷界面剂一道，再刷聚合物砂浆，总厚度约为2.5～3mm，底层建筑外墙约为3.5～4mm，中间加压入网格布增强，涂塑网格布具有耐碱性能。墙身阴阳角处、门窗洞口处的网格布需要搭接增强。

饰面层可采用涂料或面砖。涂料应选用水溶性高弹涂料，面砖及结合层的材料总重量应小于0.35kN/m^2。面砖粘结材料及勾缝用料应采用专用瓷砖胶粘剂。

3）生态学生公寓外保温体系的施工。施工对于外墙外保温体系的质量也至关重要。保温板粘贴不平整、板缝没有用专用材料填充或留有粘结胶浆、细部节点处理不当、玻纤网格布埋设位置不当或拼接处没有搭接、水泥基抹面胶浆涂抹过厚或过薄等，都会引起体系的开裂和破坏。

需要提到的是变形缝、界格缝处的施工。墙身变形缝的金属盖缝板应在挤塑板粘贴前按设计定位并于基层墙体固定牢固。在金属盖缝板与挤塑板相接处及界格缝处填塞发泡聚乙烯实心圆棒，其直径为缝宽的130%，分两次嵌入密封膏，深度为缝宽的50%～70%。

固定件在挤塑板粘结8h后开始安装，并在其后24h内完成。按设计的要求，冲击钻钻孔，孔径10mm，钻入基层墙体的深度约为60mm，固定件锚入基层墙体的深度约为50mm，以确保牢固可靠。

4）各构造节点示意图。为了方便清楚的了解外墙外保温系统的节点构造，图5－6～图5－18为各节点构造的示意图和现场施工照片。

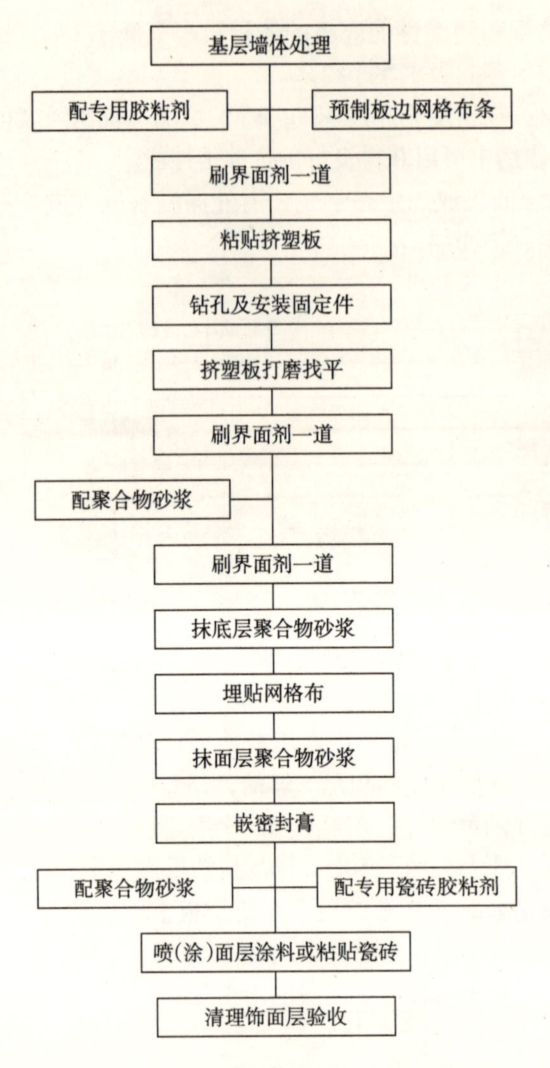

图 5－5 生态学生公寓外保温施工流程

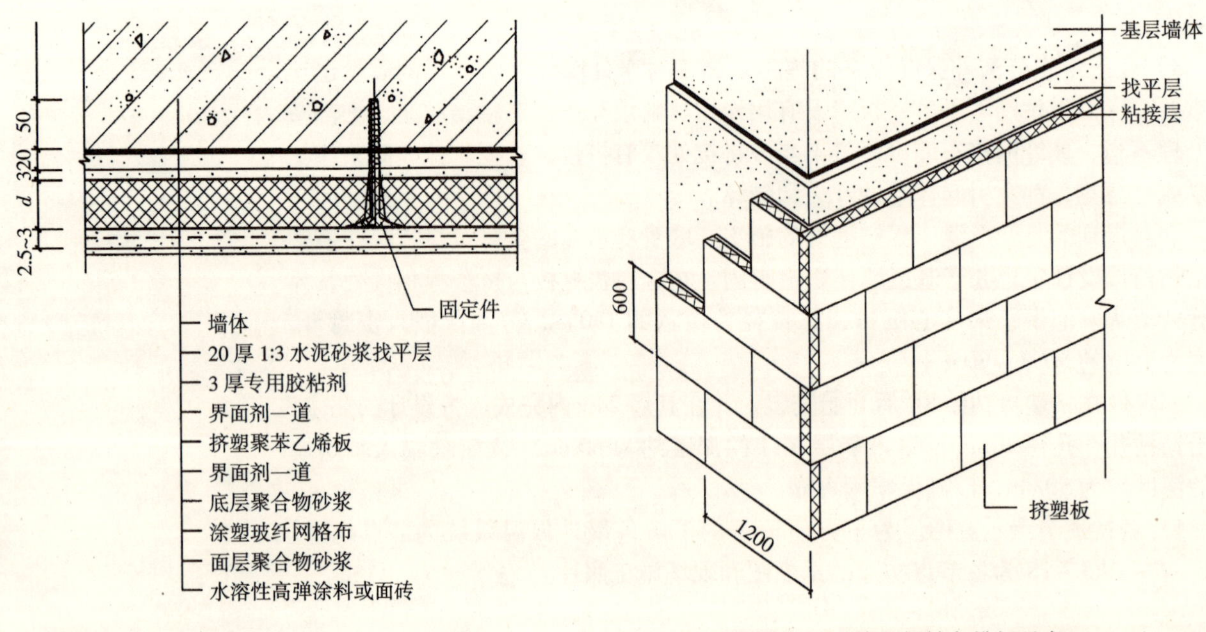

图 5－6 外墙挤塑板外保温体系构造做法

图 5－7 挤塑板转角排板示意

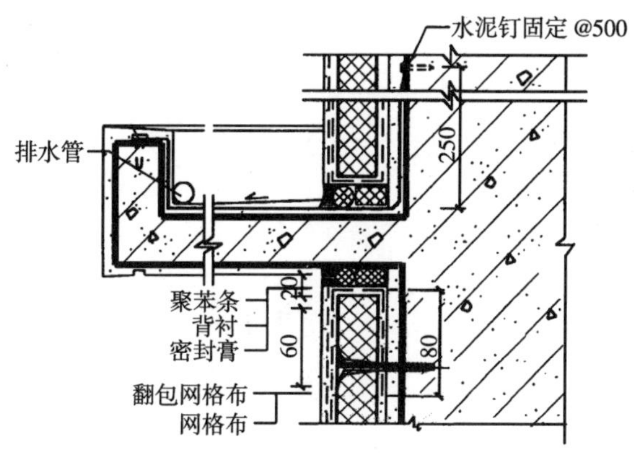

图5－8　雨篷处构造做法

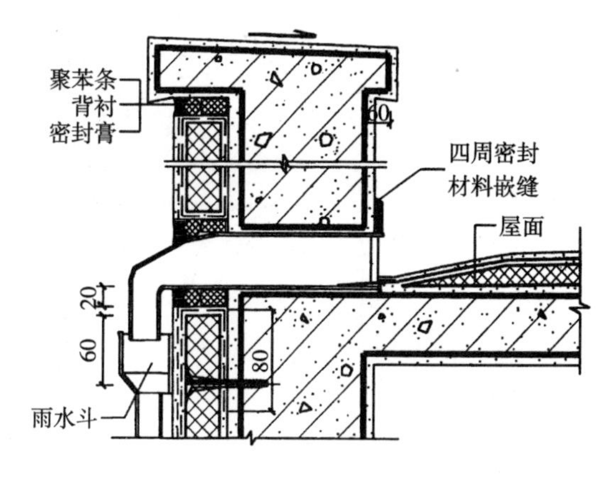

图5－9　女儿墙做法

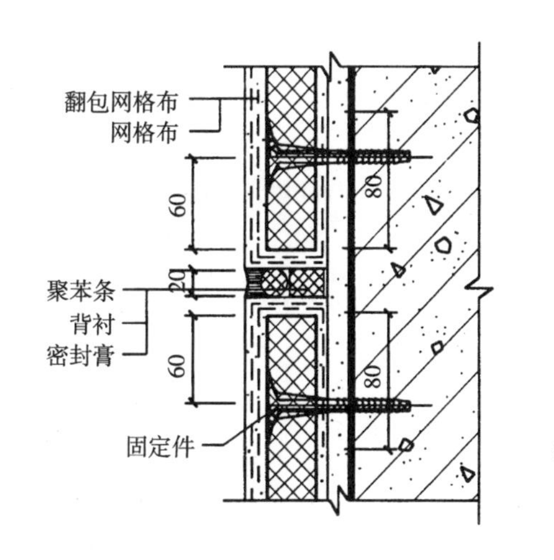

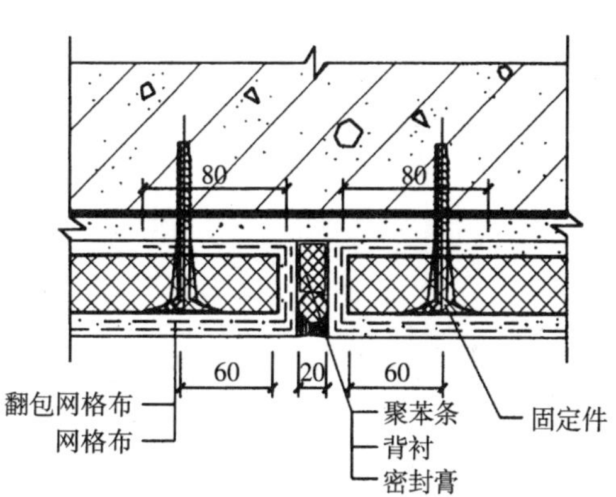

图5－10　水平、垂直界格缝构造做法

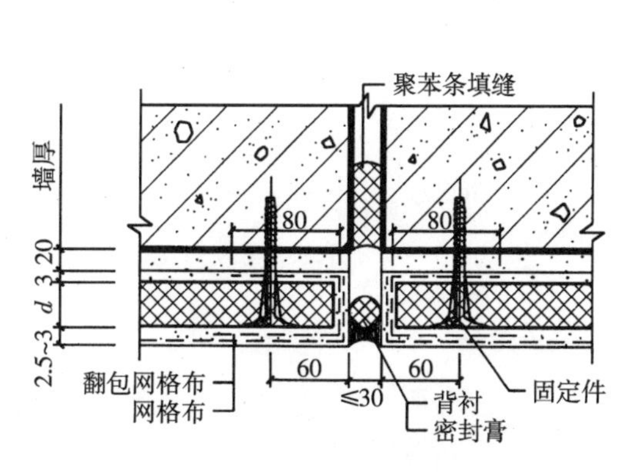

图5－11　伸缩缝构造做法

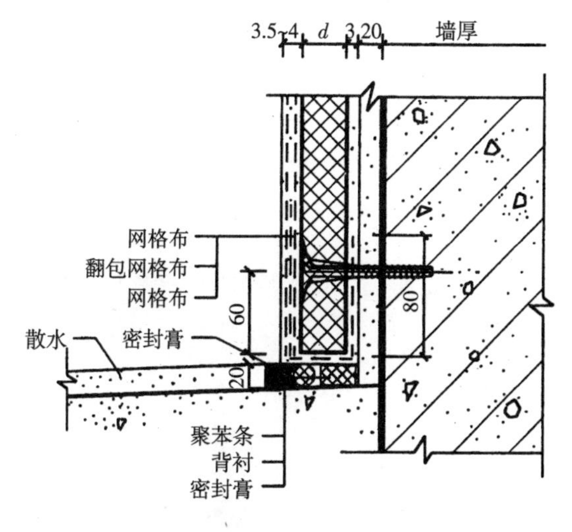

图5－12　勒脚构造做法

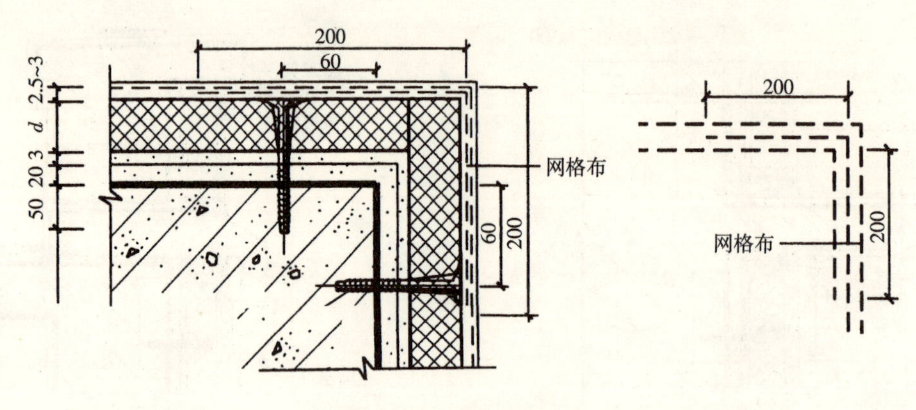

图5－13 阳角构造做法

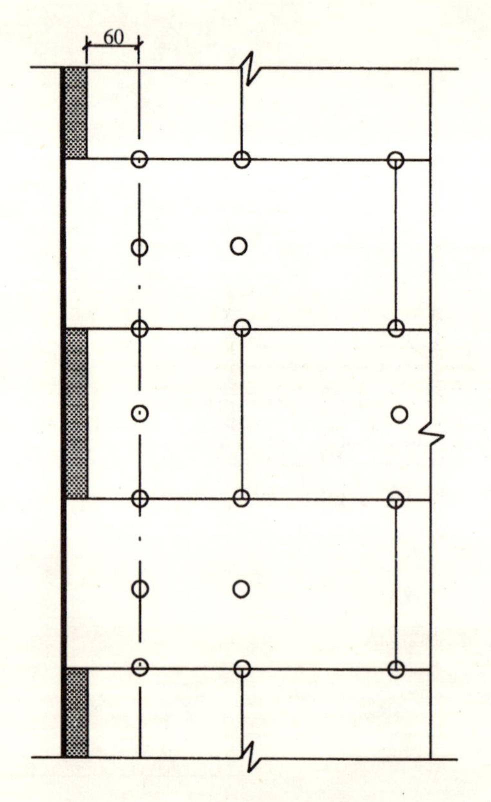

图5－14 固定件布置

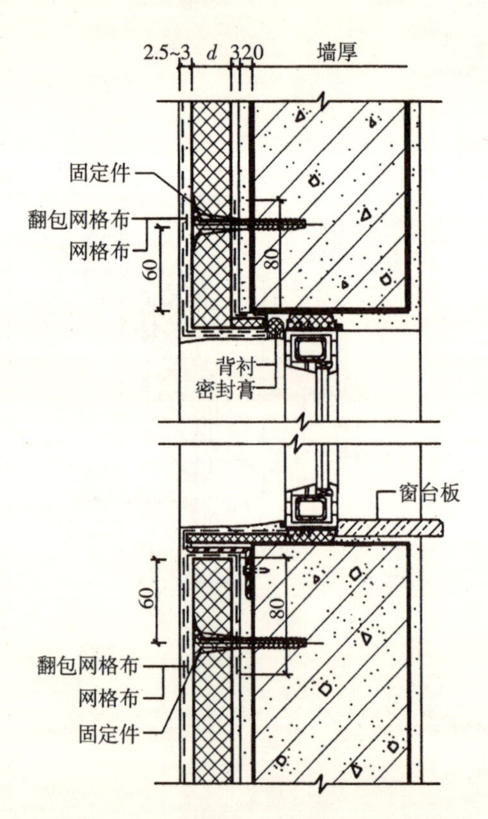

图5－15 窗上、下口的构造做法

图5－16 西外墙外贴挤塑板

图5－17 用靠尺检查挤塑板的平整

图5－18　西墙保温层外贴面砖

5.3　屋面保温技术

5.3.1　屋面保温综述

屋面和外墙一样都是建筑的外围护结构的一部分，应该具有良好的保温性能和蓄热性能，使房间内的空气热量在冬天不会迅速流失，在夏天，屋面又应有较好隔热性能，维护室内的舒适以减少空调耗能；屋面又是建筑防水的重要构件。由此可见，屋面的保温技术要兼顾屋面的隔热和防水，是一项复杂而又重要的构造技术，是现代建筑施工中非常重要的环节。

墙体在稳定传热条件下防止室内热损耗的主要措施是提高墙体的热阻，这一原理同样适用于屋面的保温，而提高屋顶热阻的最有效的办法就是在屋面设置理想的保温层。据调查统计，我国住宅屋面耗能是发达国家的2.5～5倍，我国现行的建筑规范规定：寒冷地区或装有空调设备的建筑，其屋顶应设计成保温屋面。

屋面节能设计有以下要点：

1）保证内表面不结露，即内表面温度不得低于室内空气的露点温度。

2）对于住宅建筑，不仅要保证内表面不结露，还需要满足一定的热舒适条件，限制内表面温度，以免产生过强的冷辐射效应。

3）不仅使热损失尽可能小，还应具有一定热稳定性。

4）屋面保温层不宜选用容重较大、导热系数较高的保温材料，以防止屋面重量、厚度过大。

5）屋面不宜选用吸水率较大的保温材料，以防止屋面湿作业时，保温层大量吸水，降低保温效果。如果选用了吸水率较高的保温材料，屋面上应设置排气孔以排除保温层内不易排出的水分，用加气混凝土块作保温层的屋面，每100m^2左右应设置排气孔一个（图5－19）。

5.3.2　几种节能屋面

（1）高效保温材料屋面

现有的松散保温隔热层、整体式保温隔热层、板状保温隔热层存在表观密度

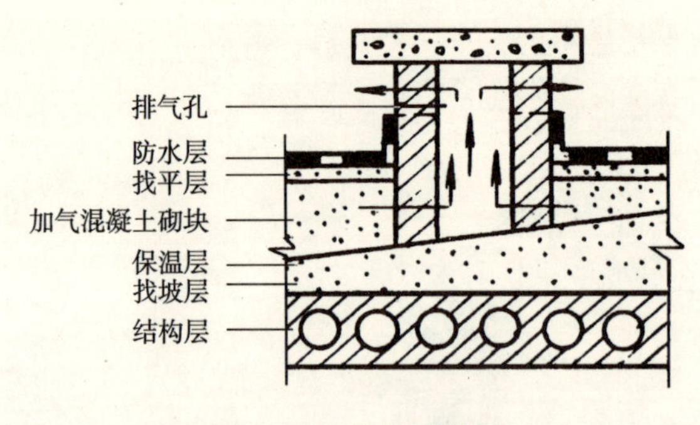

图5-19　排气孔设置

大、导热系数较大等保温性能不理想。目前，随着材料科学的发展，出现了更多高效的保温材料替代品已经步入研究、开发的阶段。

1）CPS（水泥聚苯）隔热保温板是环保节能、经济实用的一种新开发的屋面墙体隔热保温材料，其主要原料是水泥、聚苯乙烯颗粒、化学添加剂等原料，经过调配混合、聚压、凝集而成，再经过一定周期的养护，达到密度小、自重轻、具有很好的隔热保温性能，是珍珠岩板及架空隔热板的更新替代材料。CPS板是一种轻质的水泥微孔复合材料，淋水后会影响隔热保温层和防水层的质量，另外CPS板碎末易被大风吹起，既影响环境，又影响施工安全、所以，雨雪天气及5级风以上的天气不宜施工。图5-20为CPS保温板屋面做法。

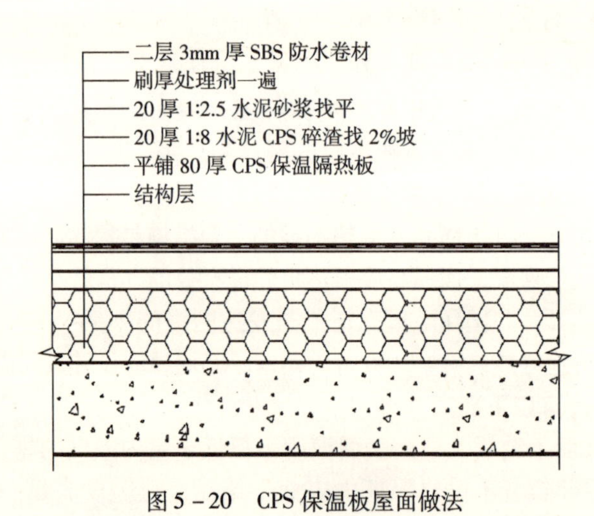

图5-20　CPS保温板屋面做法

2）现浇聚苯复合材料屋面保温技术是将保温隔热层、找坡层和找平层等三层合而为一。用“电蒸汽聚苯发泡机”完成可发性聚苯乙烯原料的发泡作业，再将镁水泥、粉煤灰、耐水剂、发泡剂以及亲和剂等按所需配合比顺序投料，制成镁水泥无机发泡剂。最后，对所制成有机发泡体和无机发泡体经混合、搅拌后，利用常规垂直与水平运输工具如龙门架、吊车和塔吊等运输至屋面指定地点，浇筑成型。

3）使用挤塑板作为屋面的保温材料。挤塑板的高抗压性能使它能适应各种建筑物楼地面的长期荷载要求。挤塑板的高抗水性使它能适应混凝土浇筑等潮湿施工环境的要求，并长久地保持良好的保温隔热性能。挤塑板能够隔绝水汽，减少潮湿地气对楼地面的侵蚀。挤塑板高强轻质，不易受损且可在现场切割。

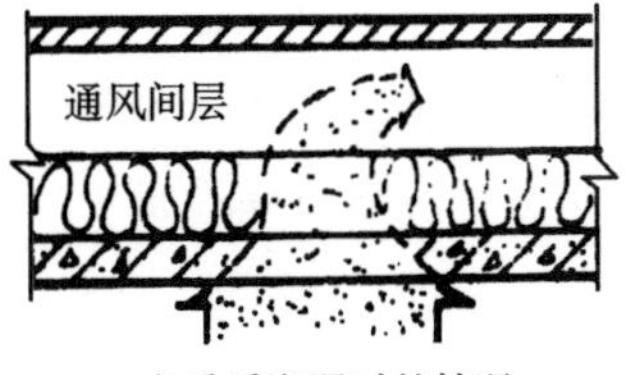

冬季受潮湿时的情况

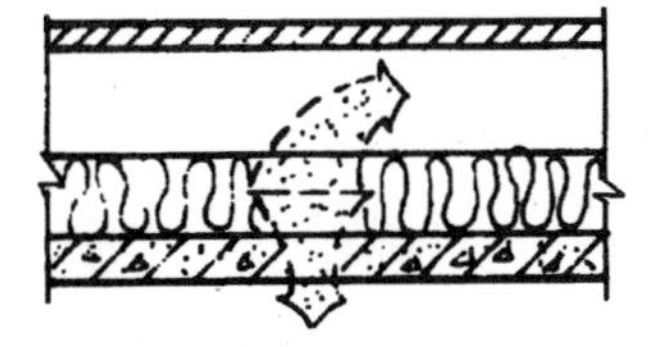
暖季蒸发干燥的情况

图5-21 有通风间层的屋面

（2）保温、找坡结合型屋面

保温、找坡结合型屋面（图5-22）将保温层和找坡层合二为一，保温材料同时作为找坡材料使用。这部分用的材料量较大，注意不要使用吸水率大的材料。生态学生公寓采用水泥膨胀珍珠岩作为找坡层，同时也是保温层的一部分。

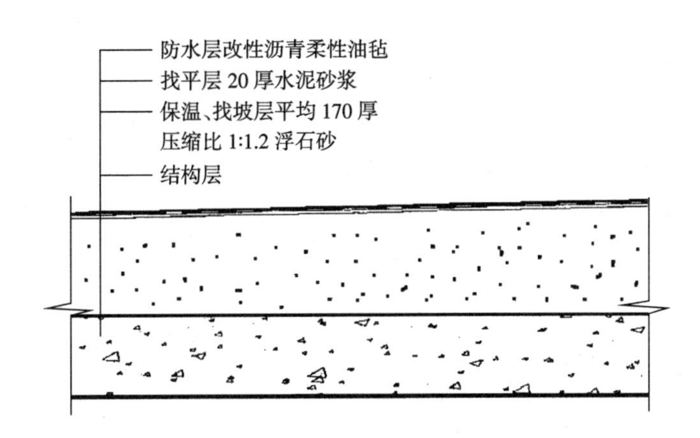

图5-22 保温找坡结合型保温屋面

（3）架空型保温屋面

架空型屋面有利于因热压与风压的作用形成通风，因此容易排除保温层内的水分，保持干燥。图5-23表示的是岩棉板为保温层的架空型屋面，具体构造是500mm×500mm×35mm钢筋混凝土板以1∶0.5∶10水泥白灰砂浆卧砌于砖墩上，板勾缝1∶3水泥砂浆；1∶0.5∶10水泥白灰砂浆卧砌115mm×115mm×120mm砖墩，500mm纵横中距45mm岩棉板，其上为75mm空气间层。其中岩棉板可以被聚苯板、玻璃棉板取代，构造做法相同。

（4）倒置式屋面

倒置式保温屋面20世纪60年代开始在德国和美国被采用，而我国建筑工程界对倒置式保温屋面的材料及其构造缺乏充分的研究和实践。

按传统的屋面做法是在保温层上面作防水层。这样做的原因是工程中常用的保温材料如膨胀珍珠岩等大部分都是非憎水性的，这类保温材料如果吸湿后，其导热系数将大大增加，保温性能无法得到保证，所以才出现了普通保温屋面中需在保温层上做防水层，在保温层下做隔汽层的做法。但是这种防水层的蒸汽渗透阻很大，使屋面容易产生内部结露。而且因为防水层直接暴露在大气中，受日晒、交替冻融，易产生老化和破坏。国外最早想到了倒铺屋面的做法，即将防水层放在保温层底下，这种方法在国外叫“Upside Down”，构造方法，简称“USD”法。

倒铺法较好的消除了内部结露的可能性，又使防水层得到了保护，提高了其耐久性。但是，这种方法对保温材料的要求更高了，强调了保温材料的“憎水性”，且需要在保温层上设置覆盖层以压重和保护（图5-23）。

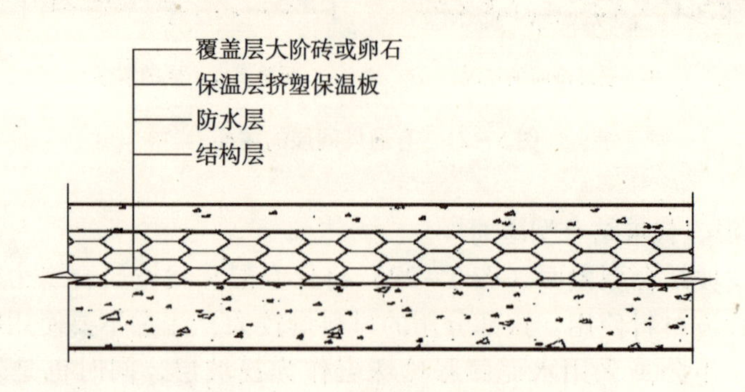

图5-23　倒置型保温屋面

5.3.3　生态学生公寓保温屋面

（1）生态学生公寓屋面设计

山东建筑大学生态学生公寓屋面为上人平屋面。为最大程度的利用太阳能资源，屋面还要附设太阳能集热板，太阳墙通风管道等设备，将来还要考虑到参观的人群在屋面的活动，所以决定屋面的做法一定要满足承受长期荷载的要求，同时作为生态公寓，保温节能是屋面最为重要的功能之一。

考虑到以上特殊之处，我们在选择屋面材料和做法的时候，不仅要满足屋面的排水、防水、耐候性的要求，还要重点考虑它的节能保温效果、长期荷载、便于施工操作和日后维护清理等方面。为此，我们选择聚苯乙烯板和水泥膨胀珍珠岩作为屋面的保温材料，因为它们具有较好的保温效果。聚苯乙烯板的高抗水性而使它能适应混凝土浇筑等潮湿施工环境的要求，并长久地保持良好的保温隔热性能。同时它还具有优良的抗渗性能和耐腐性能。采用聚苯乙烯板，在同等保温效果下，还可以减轻屋面自重。

（2）生态学生公寓屋面保温做法

生态学生公寓保温屋面的做法是，在80mm厚的现浇混凝土板上，其上铺设55mm厚防水珍珠岩作找坡层（最薄处20mm，坡度3%），粘贴50mm厚的聚苯板作保温层，兼有保温功能，其上为30mm厚1∶2.5水泥砂浆找平层，刷基层处理剂一道，4mm厚合成高分子卷材，25mm厚粗砂垫层，面撒素水泥一道，其上为8mm厚陶瓷地砖，1∶1水泥砂浆填缝。此上人屋面做法，满足了防水和保温设计的要求。图5-24为生态学生公寓屋面做法。

生态学生公寓采用水泥膨胀珍珠岩，作为找坡材料，同时兼有保温功能，与聚苯板一起作为该屋面的保温层，使屋顶 K 值降至0.655 W/(m^2·K)，有效减少了屋顶传热损失。膨胀珍珠岩，是一种新型的工业材料。它是用优质酸性火山玻璃岩石，经破碎、烘干、投入高温焙烧炉，瞬时膨胀而成的，该品可用于建筑物、热力设备等作松填绝热保温材料。以水泥、水玻璃、沥青、树脂等作胶结料，可以制成各种形状的绝热制品板管等。以水泥、石灰膏、石膏作胶结料拌制成各种灰浆，用于内墙、平顶粉刷，现场浇捣珍珠岩混凝土，作为屋面绝热材料或制作轻质复合墙板，空心隔墙板等建筑材料。

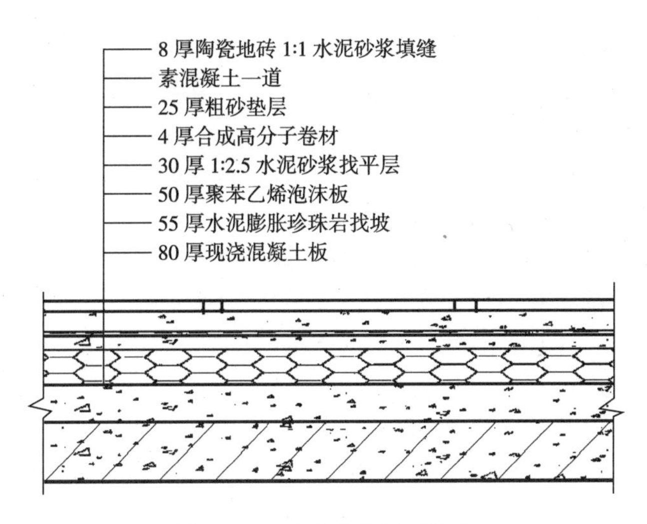

图5－24　生态公寓屋面做法

5.4　节能门窗技术

门窗作为建筑外围护结构的重要组成部分，必须具有采光、通风、观赏等基本功能，随着建筑节能工作的开展，它更应该具有良好的保温、隔热、隔声性能；窗户应由足够的气密性、水密性和抗风压性能；窗户要为防火、防盗、遮阳、屏蔽外界视线等创造条件。本节主要论述的是窗户的节能问题。

5.4.1　推广节能门窗的必要性及使用现状

5.4.1.1　推广节能门窗的必要性

外门窗是建筑围护结构中保温隔热最薄弱的环节，门窗成为了建筑节能发展的重要部分，从古式门窗到今天先进的高科技玻璃门窗、或能够根据时间调节的遮阳板式新科技节能门窗。人们不断增强门窗的功能要求和节能效用，目的是减少通过外门窗流失的热量，据美国统计，建筑物通过门窗散失的能量约占建筑物消耗能量的30%；在瑞典占的比例更大，约70%；我国统计资料表明约占50%。国内外实践证明，提高建筑物围护结构的保温隔热性能，特别是提高门窗的保温隔热性能是防止建筑物热量散失最经济、最有效的方法。因此，从建筑本身或建筑节能来说，节能门窗的发展对建筑发展以及能源的有效利用有着举足轻重的作用。

推广使用节能门窗，不仅可以让居住者享受更舒适、更方便、更健康的生活条件，而且有利于保护生态环境、节约能源。因此，提高门窗性能，在新建建筑和既有建筑上推广使用节能门窗是一件意义重大、成效明显、利国利民的好事情。

使用节能门窗也是落实建筑节能工作的重要方面。因为，门窗的开口部位是冬季房屋热量散失和夏季空调冷气流失的主要部位。而节能门窗与普通门窗相比，具有密封性好、保温、隔热、隔声等诸多优点。目前，市场上的节能门窗在开启形式上，主要有平开式、平开倾转式、提拉式、倾转式等；在节能门窗使用材料上，主要有塑钢节能门窗、铝合金隔热断桥门窗、玻璃钢门窗等；在玻璃的使用上，有双层玻璃、中空玻璃、镀膜玻璃等。另外，在价格上，节能型门窗要明显高于普通门窗。根据相关资料：新建节能建筑的造价（包括使用节能门窗）是原来造价基础上再增加5~7个百分点。不过，增加的部分可以在5~8年时间内通过能源节省收回。

需要指出的是，国外发达国家通过开展建筑节能，在不降低生活舒适度的前提下，可将原来的高能耗锐减2/3以上。相比之下，我国的建筑节能还处于起步阶段，尤其是我国既有的高耗能建筑数量巨大，而对这些建筑逐步进行节能改造，主要方法就是通过更换使用节能型门窗来实现。因此，推广使用节能门窗不仅是一项长期的任务，而且对建筑节能工作全局是起着至关重要作用的。

5.4.1.2　节能门窗的使用现状

目前，我国门窗用料已从单纯的木材、钢材向复合材发展，从单一功能向多功能发展，从过去简单功能要求到目前的高科技节能发展。一些业内人士通过对国外门窗行业的考察和对我国门窗行业现状的分析，对我国住宅门窗未来发展提出了建设性建议。业内有关专家认为，窗的性质和功能将主要向密闭、保温、隔热的节能型发展。这就要求窗产品应具备相当的强度，不变形翘曲。在窗扇的缝隙处理上，北方地区的北向窗应有双玻璃设施。按我国节能规划要求，“十一五”期间节能将达到65%。可以预测，节能门窗将会受到更大的关注。现在，外保温技术和保温门窗已经成为经济发达的大中城市建筑节能的主要产品，中空玻璃等节能门窗产品在住宅建筑中已经得到广泛应用，而具有防潮、防腐、保温、隔声等特性的塑钢门窗，在生产能耗和使用功能方面比其他材质门窗节能效果更显著，市场空间将进一步扩大。此外，像低辐射Low-E玻璃，热反射镀膜玻璃、双层Low-E玻璃等高新技术产品，由于其优良的节能环保特性，市场前景一片光明。

5.4.2　节能门窗的种类及特点

5.4.2.1　窗框材料

我国门窗框材的发展是从木门窗、钢门窗到铝合金门窗、塑料门窗进而发展到玻璃钢门窗。目前的趋势是：钢门窗逐渐销声匿迹，木门窗在某些领域依然不可替代（如农村、文物修复、仿古建筑等），铝合金门窗走出误区重新攀升，塑钢门窗不断发展，玻璃钢门窗渐露头角。窗框的传热性能一方面与窗框的材料有关，同时还取决于窗框的截面，即室内外连接的截面积。常见窗框材料的导热系数（表5-4）。本节对几种主要门窗进行介绍。

常见窗框材料的导热系数［W/(m·K)］　**表5-4**

木窗	钢材	铝合金	玻璃	玻璃钢	聚氯乙烯（PVC）塑料	聚氨酯硬泡沫	聚酰胺塑料（PA）
0.17	58.2	203	0.76	0.52	0.16	0.04	0.23

（1）木门窗

由于木材的导热系数低，所以木材门窗框具有十分优异的隔热保温性能。同时木材的装饰性好，在我国的建筑发展中，木材有着特殊的地位，早期在建筑中使用的都是木窗（包括窗框和镶嵌材料都使用木材），所以在我国木门窗也得到了很大的发展。现在所说的木门窗主要指框是由木材制造，木门窗框是我国目前主要的品种之一。但由于其耗用木材较多，易变形、气密性不良，同时易引起火患，所以现在很少作为节能门窗的材料。

（2）铝合金窗

我国的铝合金门窗是在20世纪70年代末开始引进的，到80年代中期，已引进日本、德国、美国、意大利、瑞士等十几个国家的设备和窗型。1989年，国家计委下文解除了对铝合金门窗生产使用的限制，很快在国内形成铝门窗热，铝门窗得到快速发展，截止1999年底生产铝型材挤拉机超过2000台，导致铝门窗严重供大于求。当时厂家为了竞争互相压价，采用薄壁铝型材，致使铝门窗强度不够，削弱了消费者对铝门窗的信任度，同时低价竞争也使铝门窗厂家没有资金和精力开发新产品，铝合金门窗让出大部分市场给塑料门窗。随着人们对塑料门窗的认识加深，高期望值带来的失望从2002年初开始。目前，人们正在不断开发铝合金新品种，来推动铝合金门窗的发展，其中最有前景的是铝合金和工程塑料复合的隔热型铝合金窗。其一是采用带增强玻璃纤维的聚酰胺塑料（PA）尼龙隔热条，辊压合成的隔热铝型材，可有内外两种不同颜色。其二是采用在铝型材空腔中灌注高分子材料固化成隔热体，再铣削切断铝合金热桥的灌注法制成的断热铝型材（图5－25），其产品的抗风压及性能均超过Ⅰ级，水密性能为Ⅰ~Ⅲ级，隔声性能达30~40dB，而传热系数K值达3.0W/（m^2·K）以下，是良好的节能型门窗框。常见铝合金门窗的传热系数（表5－5）。

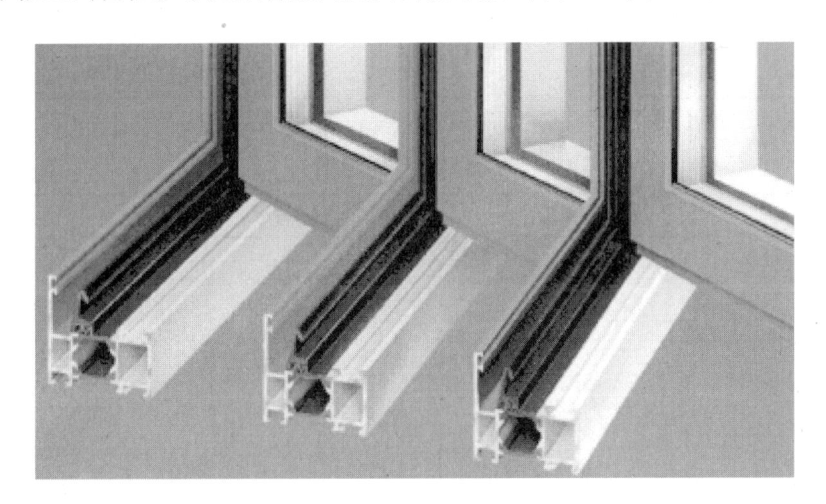

图5－25　铝合金窗断面

铝合金门窗传热系数　　　　**表5－5**

窗框材料	窗户类型	空气层厚度（mm）	窗框窗洞面积比（%）	传热系数K［W/(m^2·K)］
普通铝合金	单框双玻璃	6~12	20~30	3.9~4.5
		16~20		3.6~3.8
	双层作	100~140		2.9~3.0
	单框中空玻璃窗	6		3.6~3.7
		9~12		3.4~3.5
	单框单玻、单框双玻窗	100~140		2.4~2.6
中空断热	单框双玻窗	6~12		3.1~3.3
		16~20		2.7~3.1
	单框中空玻璃窗	6		2.7~2.9
		9~12		2.5~2.6

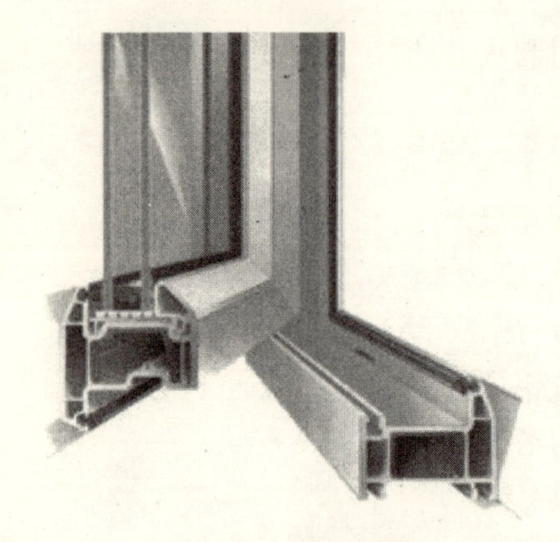
图 5-26　塑料门窗

(3) 塑料窗

塑料框材的传热性能差，所以塑料门窗的隔热保温性能十分优良，节能效果突出，同时气密性、装饰性也好（图 5－26）。传热系数（表 5－6、表 5－7）。塑料（PVC）窗框由于自身的强度不高且刚性差，与金属材料窗比较，其抗风压性能较差，因此，以前很少使用单纯的塑料窗框。随着科技发展，现在也出现很多很好的塑料窗。塑料门窗优点突出，缺点也明显。一是塑料门窗材质物理性能比如弹性模量为铝合金的 1/36，拉伸强度为铝合金的 1/12，抗弯强度为铝合金的 1/28。二是塑料门窗容易老化，变色、龟裂，影响使用寿命。三是塑料门窗尤其是劣质门窗易燃、有毒，一旦发生火灾塑料门窗便会成为助燃剂和毒气弹。四是塑料窗不宜用于高层建筑，尤其防雷击方面明显不如铝合金门窗。目前，有关方面正在努力对塑料门窗进行改进，使其保持持续发展。

塑料门传热系数　　**表 5－6**

门框材料	类型	玻璃比例（%）	传热系数 K［W/(m^2·K)］
塑（木）类	单层板门	—	3.5
	夹板门、夹芯门	—	2.5
	双层玻璃门	不限制	2.5
	单层玻璃门	<30	4.5
	单层玻璃门	30～60	5.0

各种塑料窗传热系数　　**表 5－7**

窗户类型		空气层厚度（mm）	窗框窗洞面比（%）	传热系数 K［W/(m^2·K)］
单框单玻璃		—	30～40	4.7
单框双玻璃		6～12		2.7～3.1
		16～20		2.6～2.9
双层窗		100～140		2.2～2.4
单框中空玻璃窗	双层	6		2.5～2.6
		9～12		2.3～2.5
	三层	9+9，12+12		1.8～2.0
单框单玻、单框双玻		100～140		1.9～2.1
单框低辐射中空玻璃窗		12		1.7～2.0

(4) 玻璃钢窗

玻璃钢门窗是以玻璃纤维及其制品为增强材料，以不饱和聚酯树脂为基体材料，通过拉挤工艺生产出空腹异型材，然后通过切割等工艺制成门窗框，再装配上毛条、橡胶条及五金件制成成品门窗。玻璃钢门窗是继木、钢、铝、塑后又一新型门窗，玻璃钢门窗综合了其他类门窗的优点，既有钢、铝门窗的坚固性，又有塑钢窗的防腐、保温、节能性能，更具有自身的独特性能，在阳光直接照射下无膨胀，在寒冷的气候下无收缩，轻质高强无需金属加固，耐老化使用寿命长，其综合性能优于其他类门窗，由于它具有优良的特性和美丽的外观，被誉为 21 世纪建筑门窗的“绿色产品”。

门窗的质量直接关系到室内空气环境的质量。玻璃钢门窗之所以被称为“绿色产品”，是由它的特性决定的。它轻质高强。玻璃钢型材的密度在18左右，它比钢轻4~5倍，而强度却很大，其拉伸强度与普通碳钢接近，弯曲强度和弯曲弹性也非常好，因而不需用钢衬加固。玻璃钢门窗在组装过程中，角部处理采用胶粘加螺接工艺，同时全部缝隙均采用橡胶条和毛条密封，加之特殊的型材结构，因此密封性能好。经国家建筑工程质量监督检验中心、北京市建筑五金水暖产品质量监督检验站、北京市建设工程质量检测中心分别检测，其中气密性达到《建筑外窗空气渗透性能分级及其检测方法》（GB 7107—86）中Ⅰ~Ⅱ级水平，水密性达到《建筑外窗雨水渗漏性能分级及其检测方法》（GB 7108—86）中Ⅱ~Ⅲ级水平。节能保温。玻璃钢型材导热系数低，具有金属的1/100~1/1000，是优良的绝热材料。加之，玻璃钢型材为空腹结构，所有的缝隙均用胶条、毛条密封，因此隔热保温效果显著。经检测，玻璃钢平开窗传热系数属《建筑外窗保温性能分级及其检测方法》（GB 8484—87）中Ⅱ级水平。耐腐蚀。玻璃钢是优良的耐腐材料，对酸、碱、盐和大部分有机物、海水以及潮湿都有较好的抵抗能力，对微生物的作用也有抵抗性能。玻璃钢门窗不锈不朽，耐腐蚀性能优于其他类门窗。其具有的这种特性尤其适用多雨、潮湿和沿海地区，以及有腐蚀性的场所。尺寸稳定性好。玻璃钢型材的线膨胀系数低于钢和铝合金，是塑料的1/20。因而，玻璃钢门窗尺寸稳定性好。温度的变化不会影响门窗的正常开关功能。耐候性好。玻璃钢属热固性塑料，树脂交联后即形成三维网状分子结构，即使受热也不会熔化，玻璃钢型材热变形温度在200℃以上，耐高温性能好，而耐低温性能更佳。因为随着温度的下降，分子运动减速，分子间距离缩小并逐步固定在一定的位置上，分子间引力加强，可见玻璃钢门窗可长期使用于温度变化较大的环境中。色彩丰富。玻璃钢门窗节能效果显著，可适应未来发展趋势。

（5）塑钢窗

塑钢门窗（图5-27）是以聚氯乙烯（PVC）树脂为主要原料，加上一定比例的稳定剂、着色剂、填充剂、紫外线吸收剂等助剂经挤出成型材。然后通过切割、焊接的方式制成门窗框扇，配装上橡塑密封条、毛条、五金件等附件而制成门窗，为增强型材的刚性，超过一定长度的型材空腔内需要填加钢衬，称之为塑钢门窗。塑钢型材多腔式结构，具有良好的隔热性能，传热系数甚小，仅为钢材的1/357，铝材的1/1250。自身具有良好的隔热保温性能，在组装过程中两个型材相连的角部处理采用焊接工艺，再加上所有缝隙由胶条、毛条密封，因而隔热保温效果显著。

在日益嘈杂的城市环境中，使用塑钢门窗可使室内环境更为安静舒适。另外，塑钢门窗由于具有防腐节能、耐腐蚀性强、装饰性强、绝缘性优良等诸多优点。

5.4.2.2　镶嵌材料

不同玻璃品种和结构具有相差甚远的节能参数，评价某种玻璃是否节能以及适用于何种地区和何类建筑只具有相对的意义，除对比各种玻璃的遮阳系数 S_c 和传热系数 U 值外，还应考虑保温性和隔热性能在不同地区对建筑节能总量的贡献大小。表5-8列出了几种常用玻璃的遮阳系数 S_c 和传热系数 U 值以供参考。

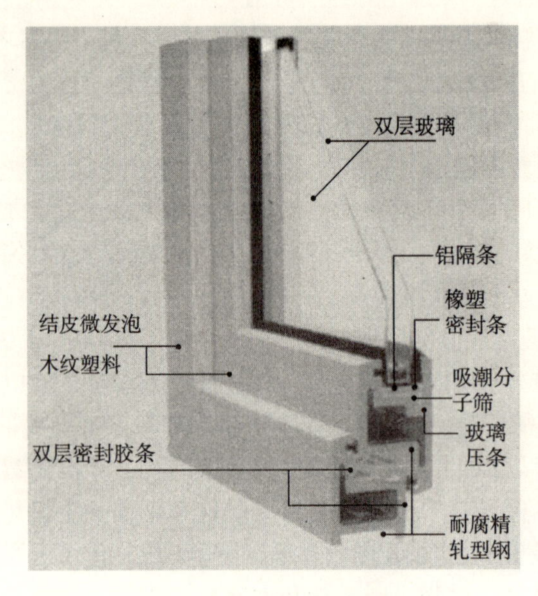

图 5－27　塑钢门窗示意图

玻璃光热参数　　**表 5－8**

玻璃名称	玻璃种类结构	透光率（%）	遮阳系数	传热系数
单片透明玻璃	6c	89	0.99	5.58
单片绿着色玻璃	6F－Green	73	0.65	5.57
单片灰着色玻璃	6Grey	43	0.69	5.58
彩釉玻璃（100%覆盖）	6mm 白色	—	0.32	5.76
透明中空玻璃	6c＋12A＋6c	81	0.87	2.72
绿着色中空玻璃	6F－Green＋12A＋6c	66	0.52	2.71
单片热反射镀膜	6CTS140	60	0.55	5.06
热反射镀膜中空玻璃	6CTS140＋12A＋6c	37	0.44	2.54
Low-E 中空玻璃	6CTS140＋12A＋6c	35	0.31	1.66

（1）单片透明玻璃

单片透明玻璃的遮阳系数 $S_c=0.99$，这意味它对阳光辐射阻挡能力很差，绝大部分的太阳辐射热能透过玻璃进入室内，夏季白天进入室内的太阳辐射热能大于玻璃向外辐射散发的热能，因此使室内温度升高。

其传热系数 $U=5.58\mathrm{W/(m^2 \cdot K)}$，若室内外温差为 25℃，则因此对流传导而透过每平方米玻璃的热能就达 140W。冬季夜间和阴雨天气，则由于没有阳光，玻璃吸收室内热辐射后向外散热成为主流，因此使室内温度降低。即使在冬季的阳光天气，虽然阳光辐射的透过率相对较高，但由于室内外温差较大，对流传导散热仍是主流，室内大量的热辐射会透过玻璃向外流失。

单片玻璃的保温、隔热性能确实很差，不宜直接用于设有暖通或空调系统的建筑物。

（2）单片着色玻璃

单片着色玻璃遮阳系数 S_c 低于透明玻璃，它通过吸收太阳能而减弱其进入室内，它的隔热性能优于透明玻璃而劣于大多数热反射镀膜玻璃。这种玻璃属于吸收玻璃，其吸收率偏高而在阳光照射下极易吸热然后升温，夏季用手触摸可感觉非常烫手。尽管它降低了玻璃的遮阳系数 S_c 并限制了阳光的直接透过，但它向室内的温差传热量也因此而升高，所以它是以部分损失温差传热特征为代价降低太阳能直接透过的。

着色玻璃的主要有绿色、灰色、蓝色、茶色等，其中绿色的占有率最高，就采光量隔热性而言，绿色玻璃的性能优于灰色玻璃。着色玻璃主要用于夏季空调耗能为主的南方地区，夏季它的隔热性能比单片透明玻璃提高了 30%，我国大部分地区的民宅都采用此种玻璃，在北方地区一般不采用单片着色玻璃，因为它不限制温差传热的损失。

（3）透明中空玻璃（白玻中空）

与单片玻璃相比，此种玻璃的传热系数 U 明显降低，通过温差传热而损失的热能至少降低了约 40%，明显改善了对冬季暖气的阻挡效果。由于这种玻璃的表面没有镀膜，它的遮阳系数 S_c 改善不大，即不限制太阳透射过的热能，这一点在节能方面是非常重要的，因此它的综合节能效果是有限的。

透明中空玻璃适用于以暖气能耗为主的北方寒冷地区民宅，不适用于中央暖通系统的公建中。在南方地区使用此种玻璃不是最好的选择，因为在这类地区全年能耗中，温差能耗只占 15% 的份额，另外 85% 的能耗来自太阳辐射传热，而透明中空玻璃不能限制这部分传热。

（4）着色中空玻璃

着色中空玻璃将着色玻璃的隔热性和中空玻璃保温性结合起来，它的隔热性能优于透明中空玻璃和单片玻璃，但保温性能与中空玻璃相差不大。这种玻璃节能性虽然不是最好的，但考虑到价格比较合适，所以还是比较适合民宅使用的。

（5）单片热反射镀膜玻璃

热反射镀膜玻璃的作用是限制太阳热辐射直接进入室内，它除有亮丽的外观装饰效果外，可明显降低冷气设备的运行费用。在夏季的白天和光照强的地区，热反射玻璃的隔热性能十分明显，可有效地限制进入室内的热能。尤其在建筑物西立面，它可极大地削弱西晒阳光的强度，使人在太阳光的照射下不会有明显热感。

单片热反射镀膜玻璃的保温性能与单片透明玻璃相差无几，因此它适用于夏热冬暖地区和夏热冬冷地区，北方极寒冷地区使用这种玻璃的惟一理由是其具有装饰性。热反射镀膜玻璃的隔热性和保温性均优于着色玻璃。

这种玻璃的缺点是限制阳光热辐射的同时，也限制了进入室内的可见光，这会影响到室内的自然采光。

（6）热反射中空玻璃

热反射镀膜中空玻璃集镀膜玻璃和中空玻璃的优点于一身，即不但对太阳辐射有所控制，同时也更有效的控制了温差传热损失。它的综合节能效果优于着色中空玻璃 15% 以上，应当说这种玻璃是一种较为合理的配置，几乎适用于我国大部分地区。但是这种玻璃在极寒冷地区利用的时候会限制一部分有利于室内采暖的阳光。它的综合节能效果和 Low-E 玻璃比较起来还是有一点差距的。

（7）Low-E 中空玻璃

Low-E 玻璃（图 5 – 28）的膜层首先是反射远红外热辐射、有效降低玻璃的传热系数 U 值，其次是反射太阳中的热辐射，有选择的降低遮阳系数。Low-E 中空玻璃则具有更低的传热系数 U 值，更大的遮阳系数 Sc，因此其功能已经覆盖了热反射镀膜玻璃。

图 5－28　Low-E 玻璃

与热反射镀膜玻璃相比，Low-E 玻璃能够阻挡同样数量的太阳热能而不过多限制可见光的进入，换句话说，太阳光经 Low-E 玻璃后就成了“冷光源”，对建筑物采光是非常有利的。

使用中应注意在不同地区应选择不同的 Low-E 玻璃品种以达到最佳效果。

1）传统型 Low-E 玻璃。具有较高的透过率（$T_t > 60\%$）和遮阳系数（$Sc > 0.5$），它更适合于以采暖为主的极北地区，冬季可使更多的阳光热能进入室内以有利于采暖。但夏季也必使更多的热能进入而增加冷负荷，考虑到极北地区制冷负荷占份额小，综合节能效果还是比较明显的。

2）遮阳型 Low-E 玻璃。具有较低的透过率（$T_t < 60\%$）和遮阳系数（$Sc < 0.5$），它适用于我国大部分地区，冬季可有效地阻止室内暖气外泄，夏季可阻挡太阳热能的进入。对于空调耗能占大部分的地区来说，选择遮阳型 Low-E 玻璃是比较合适的。

5.4.3　山东建筑大学生态学生公寓节能门窗的应用

整个工程全部采用节能窗，为了对比不同类型的窗对室内热环境和热舒适度的影响，不同楼层采用不同的窗（表 5－9、表 5－10）。一层、六层为普通双层中空玻璃塑料窗（5＋9＋5，$K=2.6$），二层、三层、五层为高级双层中空玻璃塑料窗（5＋9＋5，$K=2.4$），四层为 Low-E 镀膜中空玻璃塑料窗（5＋9＋5，$K=2.0$）。所有窗户都具有良好的绝热性能，尤其是四层的 Low-E 中空玻璃，在具备较低传热系数的同时可有效降低室内对室外的辐射热损失，具有表面热发射率低、对太阳光的选择透过性能好等优点，使窗户不再成为围护结构的薄弱环节。在开窗方式上采用平开式，比推拉式密闭效果好。

门窗传热系数　　表 5－9

窗户类型	传热系数 W/($m^2 \cdot K$)
普通中空塑钢门	<2.6
普通中空塑料窗	<2.6

续表

窗户类型	传热系数 W/(m^2·K)
高级中空塑料窗	<2.4
Low-E 中空镀膜玻璃窗	<2.0
高级中空塑料窗+通风孔	<2.0
厂家订做下悬窗	—

门窗表 **表5-10**

名称	编号	洞口尺寸		数量									详图编号	采用图集
		宽	高	地下	一层	二层	三层	四层	五层	六层	七层	合计		
塑钢门窗	MC1	1800	2700		6	6	6	6	6	6		38	CM-115	L99J805
	MC2	1800	2700		6	6	6	6	6	6		38	CM-116	L99J605
	X-M3				6	6	6	6	6	6		38		
	C4	600	900		12	12	12	12	12	12		72	TC-01	L99J605
	X-C1	2200	2100		6							6		
	X-C2	2200	2100			6	6					12		
	X-C3	2200	2100					6				6		
	X-C4	2200	2100						6			6		
	X-C5	2200	2400							6		6		
	X-C6	2100	2400			1	1	1	1	1		5		
木门	N3	900	2100		12	12	12	12	12	12		72	N2-59	L92J601
	N7	700	2000		12	12	12	12	12	12		72	N1-3	L92J601
	X-N1	1500	2100		2							2	N2-523	L92J601
	X-N2	1500	2100		1	1	1	1	1	1		8	HFN-1518-C3	L92J606

节能门窗的断面及外观（图5-29~图5-32）。

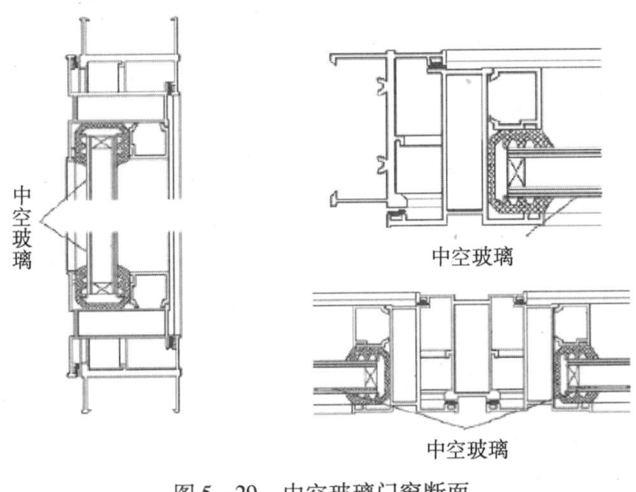

图5-29 中空玻璃门窗断面

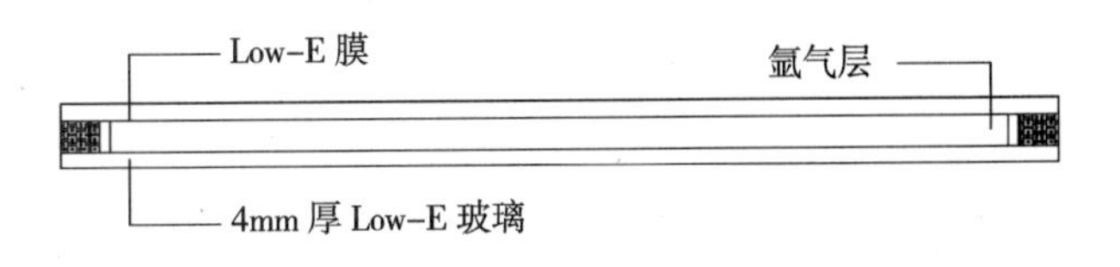

图5-30 Low-E玻璃构造

图 5－31　节能窗外观

图 5－32　窗上通风器

5.5　遮阳技术

5.5.1　遮阳技术的节能意义及使用现状

建筑遮阳节能技术是一种节能效果显著的可持续技术，长期以来深受国内外建筑技术科学领域的重视。建筑外围护结构的节能设计，由开窗、方位、遮阳到隔热材料等因素环环相扣，这些因素左右建筑物的耗能量。

国外同纬度地区的较发达国家都非常重视遮阳技术的开发研究，在建筑遮阳技术的应用方面都单独提出了相应的法规。日本 1978 年提出“住宅节能设计基准”在 1992 年修改成“住宅新节能基准与指针”，其中专门加入了有关遮阳的规定，亦即太阳辐射的得热系数 μ 值在日本本土以南的炎热地区的四个气候区不得超过各自的最高限值，从而在日本的住宅的全年热负荷指标（PAL）中把原来单一使用“隔热基准”控制完善为“隔热基准”和“遮阳基准”双重控制；新加坡 1979 年颁布了“新加坡建筑节约能源规范”，其中建筑围护结构的规范指标是仿效美国加州的 OTTV（外壳总传热指标）来制订的，在 OTTV 中对于透光部分的太阳辐射得热有所限定，即规定了该部分围护结构“遮阳能力”。香港新近颁布的建筑节能法规中，也使用了 OTTV 指标，同样对透光围护结构做了“遮阳能力”底限的限定。

我国的林其标教授在总结建筑自然降温方法的基础上，率先提出了“建筑防热”（thermal shading for buildings）的概念，后来在 1977 年出版《建筑防热设计》一书指出，建筑防热的方法主要有“建筑遮阳”、“建筑隔热”和“建筑通风”。此后在 1979 年至今各版建筑类本科教材《建筑物理》、1986 年颁布《民用建筑热工设计规程》、1986 年出版《中国大百科全书——建筑、园林、城市规划》、1993 年颁布《民用建筑热工设计规范》（GB 50176—93）、《建筑气候区划标准》（GB 501783—93）、1999 年出版《中国土木建筑百科词典——建筑》等均载有“建筑防热”和“建筑遮阳”的相关内容，传统建筑的“建筑遮阳”概念已经深入我国建筑技术科学领域，并早已作为“亚热带建筑热环境研究”的一个研究方向。我国学者研究“建筑遮阳”的主要成果突出表现在概念的完整性上，强调综合遮阳的理念，不但明确了窗口构造遮阳的基本形式，还指出了绿化遮阳、简易遮阳、透明材料的隔热遮阳等。

当今，以生态技术为手段的新一代建筑师们正在积极探索新的、更加高效的遮阳方式，柯布西耶用混凝土筑就的粗犷的遮阳格栅显然无法适应今天的要求。新建筑上的遮阳板已不再是我们印象中的那种简陋的混凝土板，而是充分体现了新材料、高技术的利用，充分挖掘多功能、可调控的遮阳构件。当今建筑遮阳发展的新趋势大致可分为如下几类：

1）新型建筑遮阳材料和工艺。可以用作遮阳构件的材料非常丰富，不同的材料制作成的遮阳构件都具有不同的物理特性。传统的木材和混凝土今日仍然在使用，只是加工工艺更为精细和现代化。织物由于其柔性特征，可以加工成小巧而造型别致的遮阳构件，慕尼黑赫尔佐戈和德穆龙设计的建筑利用导轨来对布帘遮阳进行控制和定型，另外也可以采用柔性张拉膜。今天最为流行的遮阳构件材料当属金属，钢格网遮阳同时具有很高的结构强度，可以满足人员走动和上下通风的需要，广泛应用在可通风的双层玻璃幕墙中。轻质的铝材可以加工成室外遮阳格栅，遮阳卷帘以及室内百叶窗。

2）多功能的遮阳构件。与太阳能光电和光热转换板结合的遮阳板也是一种多功能的遮阳构件。它不仅避免了遮阳构件自身可能存在的吸热导致升温和热传递问题，而且巧妙的将吸收的热量转换成对建筑有用的资源加以利用，这也是建筑遮阳构件符合多功能发展的方向。

5.5.2 遮阳的形式及特点

5.5.2.1 窗户遮阳

在夏季，阳光透过玻璃射入室内，是造成室内过热的主要原因。遮阳技术是建筑物节约能源最有潜力的工具。在建筑设计中要求，当建筑具备下列条件时就要采用遮阳措施：

1）室内气温大于29℃；

2）太阳辐射强度大于100.416×10^4J/(m^2·h)；

3）阳光照射室内深度大于0.5m；

4）阳光照射室内时间超过1h；

窗户遮阳的种类主要有：

（1）内遮阳系统

内遮阳能防止直射光，避免眩光，防止紫外线直接照射，一次性投资低，但对于室内温度控制效果不太理想，它主要是利用遮阳装置把照射到上面的太阳光通过玻璃反射到室外，节能效果一般。适合于不太炎热地区和对建筑使用要求不太高的项目中。内置百叶有铝质百叶、木质百叶、塑料百叶等。铝质百叶有较高的质量，根据室内设计要求可选择不同颜色；木质百叶充分给人以自然的感觉；塑料百叶价格便宜，但效果不如前两者。百叶根据位置也可分为水平百叶和垂直百叶。内遮阳的安装一般是直接挂在内墙面上（图5－33、图5－34）。因为它在室内，所以其最主要的优点就是易于维护，不易损坏。

（2）外遮阳系统

外遮阳系统可分为固定式遮阳和活动式遮阳。固定式遮阳作为建筑物的一部分可丰富建筑物立面效果。而活动式遮阳具有较好的遮阳效果，其遮阳效果可根

图 5－33　木板遮阳实例

图 5－34　铝板遮阳实例

据住户的要求灵活掌握，惟一的缺点是构造复杂一些，清洗和维修稍微麻烦一些。这种设置方法可以有效减少太阳辐射热，能使幕墙外有良好的空气对流。比较适合于气候炎热地区，特别是屋顶有大面积的采光天窗时，采用此类型可大大减少太阳的直接辐射热，当然，在冬季的夜晚，它也会阻挡室外的冷辐射进入室内，同时，也能阻挡室内的热辐射向室外散失。这种遮阳系统分为固定安装系统和机动安装系统。固定安装系统的百叶的叶片安装角度，根据当地的太阳高度角和方位角可从 0°～180°任意角度安装，并且与室内窗帘一起使用效果会更好，因为固定的遮阳百叶遮蔽不了早晚太阳高度角比较低的阳光，这时可以用遮阳窗帘，而当太阳高度角达到一定高度时，就可以利用固定的室外遮阳百叶来调节。

遮阳的基本形式可分为水平式、垂直式、综合式和挡板式四种。

水平式遮阳能够有效地遮挡高度角较大的、从上方透射下来的阳光。所以它适用于接近南向的部位，低纬度地区的北向附近的部位（图 5－35 和图 5－39）。对于寒冷地区，夏季要遮挡炙热的阳光，而在多数季节中要充分吸收太阳热，因而最简单的办法就是利用冬季、夏季太阳高度角的差异来确定合适的挑出距离，使得在遮挡住夏季灼热阳光的同时不会阻挡冬季温暖的阳光。水平遮阳可以结合阳台统一处理，上层的阳台就是下层的遮阳。

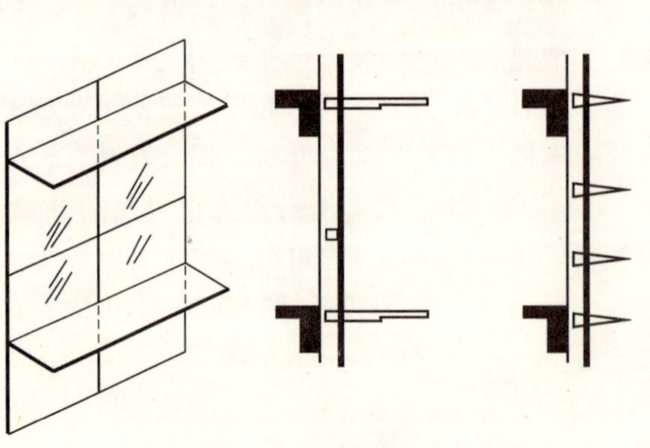

图 5－35　水平遮阳示意图

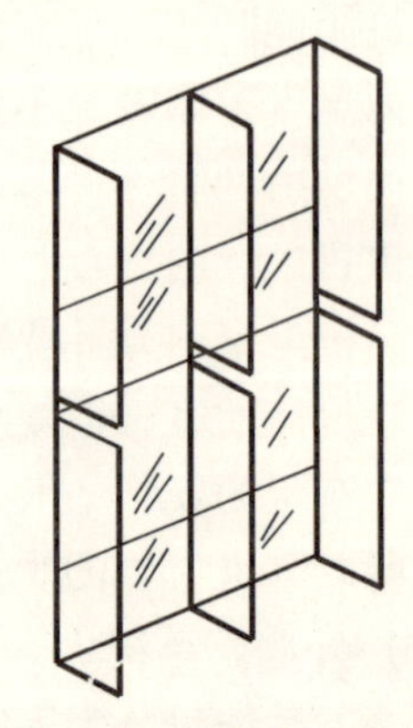

图 5－36　垂直遮阳示意图

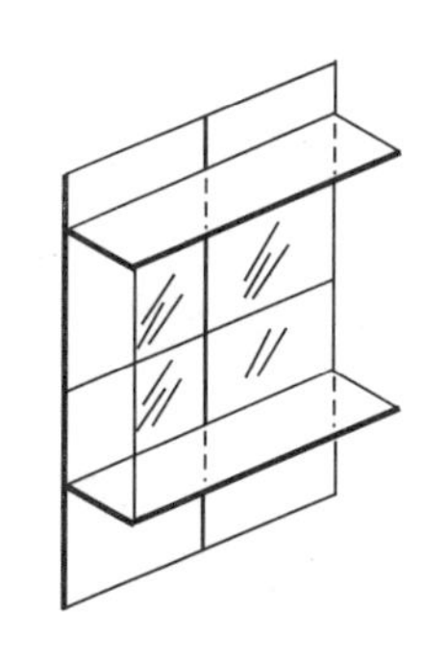

图5－37　综合遮阳示意图

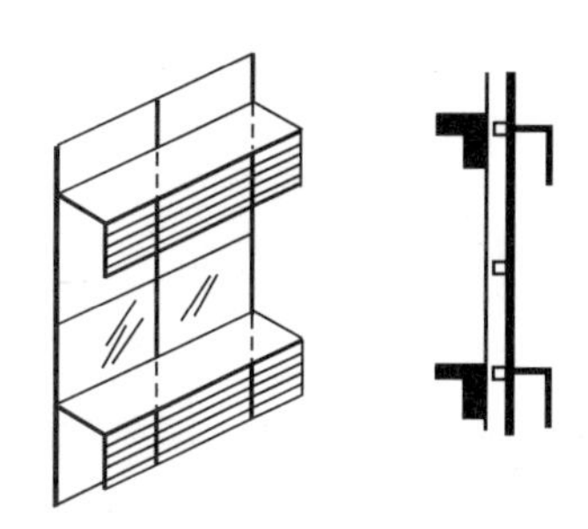

图5－38　挡板遮阳示意图

对于水平活动式遮阳系统，只要根据当天的太阳高度角的变化来灵活控制遮阳板的角度即可。

垂直式遮阳能够有效地遮挡高度角较小的、从窗侧斜射过来的阳光，但对于高度角较大的、从窗口上方透射下来的阳光，或接近日出、日落时平射窗口的阳光，它不起遮挡作用，所以垂直式遮阳主要适用于东西和北向附近的部位（图5－36）。

值得注意的是，垂直遮阳往往对室内的视角有一定影响。

综合式遮阳能够有效地遮挡高度角中等的、从窗前斜射下来的阳光，遮阳效果比较均匀。所以它主要适用于东南或西南向附近的部位。任意朝向窗口的综合式遮阳的挑出长度，可先计算出垂直板和水平板两者的挑出长度，然后根据两者的计算数值按构造的要求来确定综合式遮阳板的挑出长度（图5－37、图5－40）。

图5－39　水平遮阳

图5－40　综合遮阳

挡板式遮阳能有效地遮挡高度角较小的，正射窗口的阳光，使空气流通顺畅（图5－38）。故它主要用于东西向的窗户，但是它使室内视线受到很大限制。挡板的类型很多，有实心板、栅型板、百叶板等，挡板可以固定于窗框，也可以是活动推拉（图5－41）。

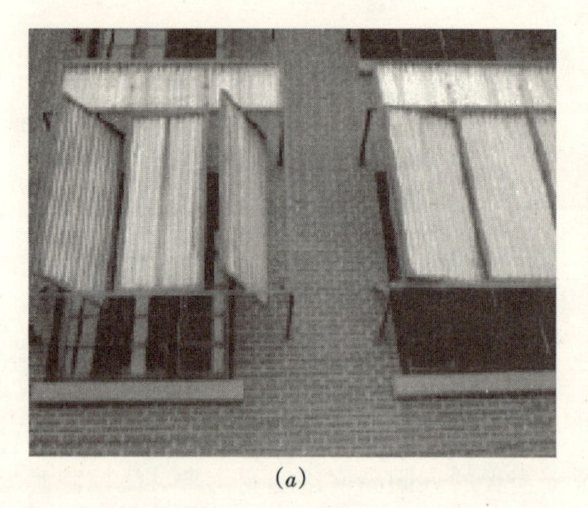
(a)

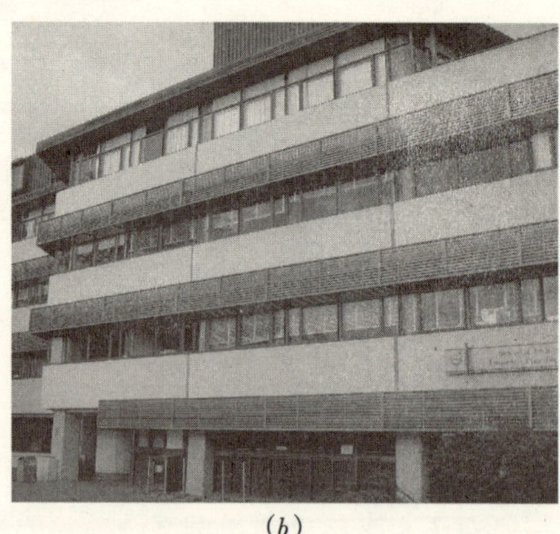
(b)

图 5－41
遮阳挡板
(a) 活动式；(b) 固定式

通过上述分析，我们再依据普通建筑遮阳适宜朝向所提供的数据就可以对玻璃建筑进行综合的遮阳考虑。另外，笔者需要指出的就是所有外遮阳都有一个共同的问题，就是在建筑外侧的遮阳设施没有保护，要独立承受外部风力，恶劣气候条件，如雨雪的侵蚀，因此其材料制作上要求很高，要有足够的强度，刚度，也要有足够的耐腐蚀性，尤其是活动外遮阳，对于控制构件要有安全的保护，以防损害。

5.5.2.2 墙面遮阳

(1) 防晒墙遮阳

防晒墙在夏季与过渡季节可以完全遮挡西晒的直射阳光，同时适当调节防晒墙与主体建筑之间的距离，有利于室内空气的流通，拔风作用可保证主体建筑室内的均匀日光照明。在冬季，防晒墙能有效遮挡西北风，在建筑外侧形成一个热保护层，从而有效缓解外部气温对建筑内部的影响。如清华设计楼防晒墙（图 5－42）。

图 5－42 清华大学设计楼防晒墙

(2) 玻璃幕墙遮阳技术

玻璃幕墙遮阳技术是合理解决节能和有效利用太阳能的理想途径。遮阳系统为玻璃幕墙提供遮挡，在需要阳光的时候收起遮阳装置，使室内的人能充分享受阳光，而遮阳系统对于缓解夏季太阳热负荷十分有效。控制系统与可调节遮阳系统的关系不言而喻。高效的控制系统是获得遮阳系统最佳运行表现的核心所在。遮阳控制系统可以分为两类：专用控制系统和整合于楼宇管理系统中的控制系统。一些控制系统可以实现全面多种控制，以满足所属建筑物的特殊需求。例如，可以基于室内光线及温度的变化进行设置；可以对真实情境按照预置做出反馈，如用外部光线传感器来监控阳光等级，当超过临界值遮阳系统会进行相应的动作；延时技术的引入可以是整个控制系统更加灵活，比如卷帘不用随光线的变化而频繁升降，避免不必要的干扰；遮阳系统的开闭控制整合进楼宇管理系统后可以结合消防系统来设计，一旦出现火灾，遮阳帘可以自动收起，让烟雾排出。目前国际上流行的智能遮阳系统可以分为以下几类：

1）遮阳卷帘系统。该系统通过管状电机驱动遮阳帘运转，系统安装在它的顶端盒子可隐蔽安装。遮阳面料可选择国际流行的玻璃纤维或聚酯纤维面料。面料经特殊处理，即使卷帘放下，室内的人仍然可以观看室外景色，视线不受遮挡。但是室外的人却不能看到室内，有效的确保了私密性的要求（图5－43）。遮阳帘可以安装在室内，也可安装在室外。考虑到环境及清洁维护的原因，目前在中国一般装在室内。但是在欧洲，设计师更加倾向于安装在室外，外遮阳系统在欧洲已作为一种流动的立面元素被建筑师用于丰富建筑的动感形象。目前国际上的遮阳研究机构正尝试开发新型面料，使其具有自洁效果。

图5－43
遮阳卷帘系统

2）FTS遮阳帘系统。FTS（Fabric Tension System）又叫面料张力系统，专为水平或倾斜的遮阳系统而设计，适用于普通电动卷帘无法安装的场合（图5－44）。对于垂直、弯曲、倾斜或者水平的玻璃窗，FTS系统都是理想的解决方案。该系统采用双电机，分别装在面料和拉绳的两端。面料一直经受张力，达到理想的绷紧状态。该系统可安装在户外或户内，最大遮阳面积50m^2。

图5－44
FTS遮阳帘系统

3）百叶帘遮阳系统。由于遮阳帘既可以升降，又可以调节角度，在遮阳与采光、通风之间达到了平衡。因而在办公楼宇及民用住宅得到了普遍的应用。根据材料的不同可以分为铝百叶帘、木百叶帘和塑料百叶帘。一般来说，铝百叶帘更多的应用于商业楼宇，木百叶多用于住宅。百叶帘可以安装在室内室外甚至于双层玻璃的间层里。双层通透玻璃幕墙百叶帘遮阳已在世界各地得到越来越多的应用，通过智能控制系统，它可获得自然光线并可根据光线强弱程度调节角度，有效的控制光线和热量的吸收（图5－45）。

图5－45
百叶帘遮阳系统

4）百叶板遮阳系统。该遮阳系统通过安装在玻璃幕墙或天棚外的遮阳百叶板，通过角度翻转来改变采光和遮阳效果（图5－46），同时可调控通风效果。该系统与百叶帘遮阳的区别在于百叶板一般只是安装在室外且只能翻转角度，不能上下升降，百叶板的宽度一般较百叶帘的宽度要宽。由于铝金属的结构特性及耐气候性，使得铝成为该遮阳系统的常见材料。采用高性能的隔热和热反射玻璃制成的遮阳板由于其材质的视觉通透性，满足了开阔视野与遮阳结合的要求。高品质的木板和光电转换遮阳板也在欧洲应用。

图5－46
百叶板系统

（3）绿化遮阳

大自然给我们提供了一些天然的遮阳手段，树木或攀援植物可以用来遮挡阳光，形成阴影，降低墙体表面的温度，由此可见，植物遮阳对于太阳辐射、影响室内热环境有着举足轻重的作用。绿化遮阳不同于建筑构件遮阳之外还在于它的能量流向，植物通过光合作用将太阳能转化为生物能，植被叶片本身的温度并未显著增加，而遮阳构件在吸收太阳能后温度会显著升高，其中一部分热量还会通过各种方式向室内传递。运用植物对建筑物进行遮阳，尤其在窗户部分，能够显著减少不需要的强光和得热。当然最为理想的遮阳植被是落叶乔木，茂盛的树叶可以阻挡夏季灼热的阳光，而冬季温暖的阳光又会透过稀疏枝条射入室内，另外，我们也建议在高温潮湿和一些高温干燥的气候环境种植常青植物，在其他的气候条件下把每年落叶的蔓藤植物或树木用在房子北面，落叶性的植物或常青树木用在东面和西面。此外，需要注意的就是树木绿化的位置要选择适当，要保证既能遮挡阳光又要引导足够的自然风进入室内。

总之，通过绿化遮阳，我们就可以在不消耗不可再生能源的基础上为人们创造出相对舒适的室内外环境，达到自然与人的和谐共存。

5.5.3 遮阳的基本计算

遮阳计算以前应该充分了解建筑物所处的遮阳时区，应根据气温范围进行设计计算，一般在室内气温大于29℃时要考虑设遮阳。为了遮挡进入室温大于29℃时的日照，可采取多种形式。现在介绍几种常见的遮阳形式的计算。

5.5.3.1 水平遮阳

经验公式（5－1）、公式（5－2）：

$$L = H \cdot \coth \cdot \cos\gamma \tag{5-1}$$

$$L' = H \cdot \coth \cdot \sin\gamma \tag{5-2}$$

式中 L——水平遮阳板挑出长度（m）；

L'——水平遮阳板两侧挑出长度（m）；

H——水平板下沿至窗台的垂直高度（m）；

h——太阳高度角（°）；

γ——太阳入射角与墙面法线的夹角（°）。

确定水平遮阳板出挑长度时，应当取出冬至日和夏至日两个典型的节气的太阳日照情况为计算根据，出挑长度最小要能遮挡夏至日正午的太阳光线，而出挑长度最大不要影响冬至日正午的太阳光线进入室内。水平计算可按式（5－3）计算：

$$H \cdot \coth \cdot \cos\gamma \leqslant L \leqslant H' \cdot \coth' \cdot \cos\gamma' \tag{5-3}$$

式中 h，γ——夏至日太阳高度角及太阳入射线与墙面法线的夹角；

h'，γ'——冬至日太阳高度角及太阳入射线与墙面法线的夹角。

根据式（5－1）、式（5－2）计算出挑长度时，一般先计算 $L = H \cdot \coth \cdot \cos\gamma$，即先计算夏至日情况得出的遮阳长度，然后计算 $H' = L \cdot \tanh' \cdot \sin\gamma'$ 以减少影响冬季日照。从计算得出以下设计方法（图5－47）：

1）水平遮阳板的深度最大不要超过冬季日照线。

2）水平遮阳板的深度最小要遮挡夏季日照线。

3）遮阳板的高度不应与窗顶高度相同，而应高出窗顶 H'。

4）水平遮阳板为不阻挡室外墙面热空气上升涡流进入室内，应将遮阳板与

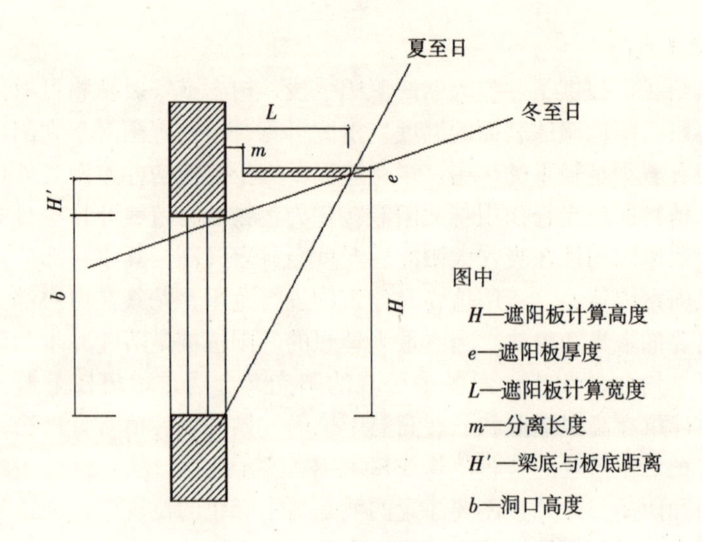

图 5-47　水平遮阳示意图

墙面离开距离 m，$m=(H'+e)\ \coth\cdot\cos\gamma$。当然也可以把遮阳帘上面设成百叶的形式。

5.5.3.2　垂直遮阳计算

如图 5-48，计算经验公式（5-4）：

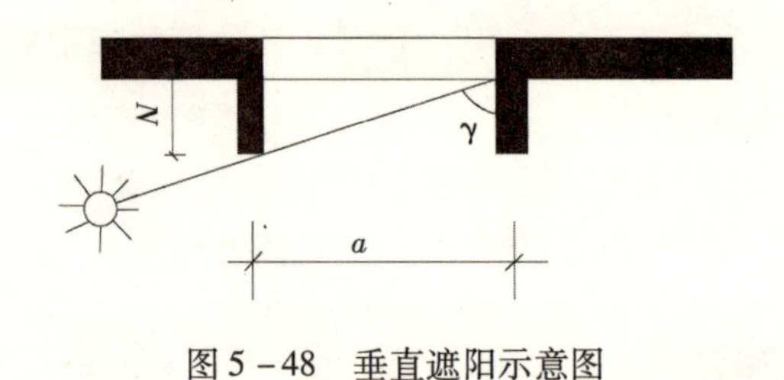

图 5-48　垂直遮阳示意图

$$N=a\cot\gamma \qquad (5-4)$$

式中　a——表示窗洞宽度（m）；

N——垂直遮阳板出挑深度（包括墙体厚度）（m）；

γ——太阳入射线与墙面法线的夹角。

垂直遮阳在传统观念上应设在东立面和西立面，但从公式中看出，垂直遮阳一般是遮挡与建筑墙面夹角较小的场合（γ 较大时）的情况。通过墙面与太阳方位关系得知当墙面与正南相垂直时，γ 要取较大值，则方位角要求越小越有利，可通过如式（5-5）表达：

$$\uparrow\gamma=\alpha-A\downarrow \qquad (5-5)$$

同一节气和时刻条件下，地理纬度越高，则其方位角越小，故东、西向遮阳对高纬度地区有利，对与上海等低纬度地区意义不大，不过在南方地区使用垂直板时可起到一定的导风作用。

5.5.4　生态学生公寓遮阳技术的应用

济南地区处于北纬 36°左右，按气候特点需要遮挡夏至日中午左右的阳光。考虑到为学生公寓楼，故选用水平遮阳形式。

5.5.4.1 遮阳计算

(1) 太阳高度角和方位角的确定

已知 $\phi=+36°$，$\delta=+23°27'$，$h_s=90°-(36°-23°27')=77°27'$，

方位角此时为0°。

(2) 水平板挑出长度

$$L=2.4\times ctg77°27'=0.534m$$

因为楼层关系，H'取了200mm，所以可得到冬季无遮挡时的长度 $H'\cdot coth'\cdot cos\gamma'=0.507m$，由公式 $H\cdot coth\cdot cos\gamma\leqslant L\leqslant H'\cdot coth'\cdot cos\gamma'$

得出 L 必须大于0.534且小于0.507。

5.5.4.2 遮阳分析

因为小满与大暑的赤纬角大体相同，小雪与大寒的赤纬角大体相同，所以在图中用小满与夏至日正午日照线形成的夹角表示5月底到7月底这段炎热季节的日照（大暑正午时的日照线包含在此夹角中），用小雪与冬至日正午日照线形成的夹角表示11月底到1月底这段寒冷季节的日照（大寒正午时的日照线包含在此夹角中），这两个夹角也包括了学校夏冬两季开课的所有时间。由图可以看出，立夏可以作为一个临界点，在这之前阳光能够直射入室内，在这之后的炎热季节日照几乎全部被遮挡在窗外，直到立秋（立夏与立秋的赤纬角大体相同）阳光才能再直射入室内；而过渡季节和寒冷季节，室内光照都很充足。

由图5-49可知窗户上沿有一小部分被遮阳板全年遮挡。针对这一情况，将遮阳板改为遮阳格栅。与平板式遮阳板相比，遮阳格栅不会承担更大的风雪荷载，也不会将沿墙面上升的热空气导入室内，可以提高室内自然通风质量，改善室内采光条件，性能更佳（图5-50、图5-51）。

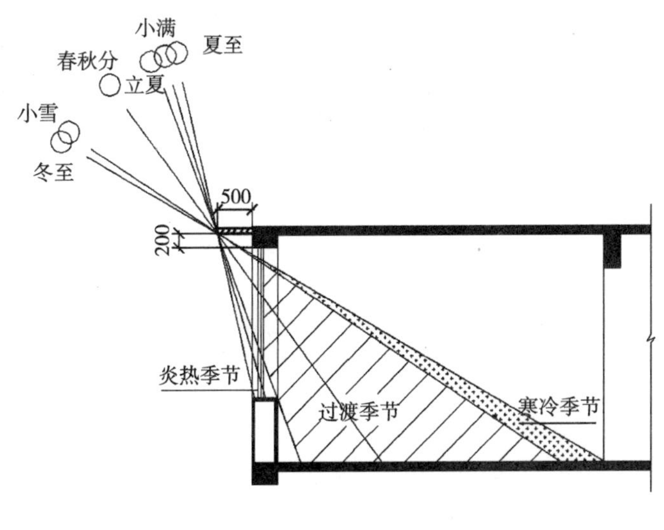

图5-49 遮阳设计日照分析

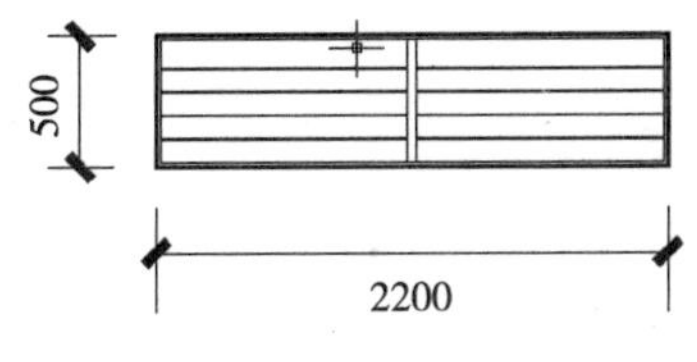

图5-50 遮阳格栅平面

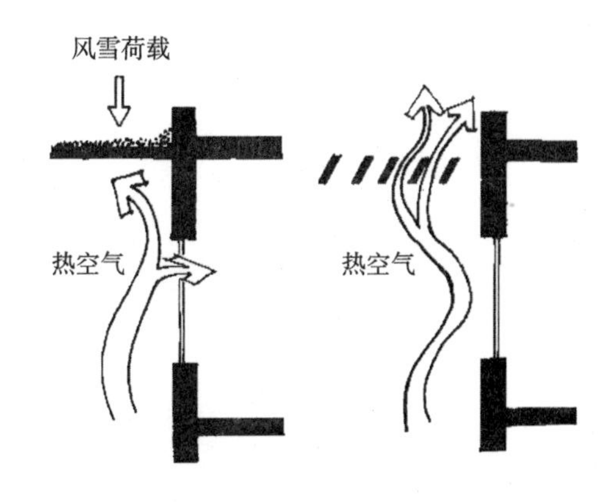

图5-51 平板式遮阳与遮阳格栅的区别

通过以上分析，确定了遮阳板方案：1～5层南窗上方200mm出挑宽500mm的遮阳板，6层上方400mm处有太阳墙集热部分出挑1050mm，能够起到遮阳作用，不用另外设置遮阳板。遮阳板采用铝合金格栅，叶片可以微调角度，既能防止夏季正午强烈的阳光直射入室内，又不会影响冬季太阳能的引入。在建筑形象上，遮阳板打破了建筑立面上太阳墙过分强调的单一竖线条，形成有韵律的音符。遮阳效果（图5－52、图5－53）。从图中可看出夏季夏至日部分阳光进入室内冬至日阳光能够完全进入，满足太阳房的要求。

图5－52　夏季遮阳效果

图5－53　冬季遮阳效果

第6章
智能控制及中水回用技术

6.1 智能控制技术

6.1.1 智能控制技术综述

随着计算机技术、信息通信技术、自动控制技术与人工智能技术的发展，作为新兴交叉学科的智能控制技术应运而生，并获得了迅速的发展和广泛的应用。智能控制系统具有学习功能，适应功能和组织功能等特殊功能，特别适合于模型不确定或具有严重非线性的系统，以及控制任务复杂或控制要求很高的系统，解决这些系统中用传统方法难以解决的控制问题。例如，智能机器人系统、计算机集成制造系统（CIMS）、复杂的工业过程控制系统、社会经济管理系统、航空航天控制系统等。

另一方面，随着社会、经济的发展，人们对建筑的功能、环境、管理水平的要求不断提高，建筑自控系统的规模不断扩大，控制要求也不断提高。由于控制系统与控制任务的复杂性，控制目标的多样性，控制对象的非线性与不确定性，传统控制技术已无法满足要求。近年来，智能控制技术已逐步渗入建筑的自控系统中，大大提高了建筑的功能、环境和管理水平，并降低了能源的消耗。

智能控制技术在建筑中的应用包括多个方面，其中应用智能控制技术对暖通、空调、电力、照明、给水排水、消防、电梯、停车场、废物处理等大量机电设备进行综合协调科学管理及维护保养的自控系统被称为建筑设备自动化系统（BAS），也称楼宇自控系统。这个系统为所有机电设备提供安全、可靠、节能、长寿命的运行的保证，主要完成以下三个功能：

1）对所有机电设备完成运行状态监视、报表编制、启停控制、维护保养及事故诊断分析；

2）对人身及财产的防灾、防盗、防火等的安全保卫；

3）节约能源，降低费用。

6.1.2 生态学生公寓智能控制技术

山东建筑大学生态学生公寓综合考虑功能需求与经济成本，应用了部分智能控制技术，对太阳墙系统、室内换气系统与太阳能热水系统中的相应设备进行了自动控制，本部分将从这三个方面进行详细介绍。

6.1.2.1 太阳墙系统自动控制技术

生态学生公寓中应用的太阳墙系统由集热系统和输配系统两部分组成，集热系统包括集热板、支撑框架以及相关的密封、防水部件等，气流输送系统包括风机和管道。

太阳墙系统的主要功能是在冬季及过渡季节向北向房间供暖，其工作原理是：天气晴好时，覆于南墙外侧200mm处开有小孔的太阳墙板在太阳辐射作用下升到较高的温度，同时太阳墙板与南墙之间的空气间层在位于屋顶的风机的作用下形成负压，室外冷空气在负压作用下通过太阳墙板上的孔洞进入空气间层，进入的同时被加热，并在上升过程中被太阳墙板进一步加热，到达太阳墙顶部时已具有较高的温度，该热空气再在风机的作用下经由管道被送至北向房间；天气情况不理想时，室外冷空气以同样的路径到达太阳墙顶部，但达不到较高的温度，此时需关闭风机，以避免冷空气被送入室内。可见，供暖功能要求风机根据到达太阳墙顶部的空气温度高低来适时启停。

太阳墙系统不仅可用于冬季供暖，而且利用该系统还可以实现夏季降温。夏季夜间，当室外空气较凉爽时，启动风机，可将凉爽的空气引入北向房间，起到一定的降温作用。为避免热空气进入室内，也要求风机根据到达太阳墙顶部的空气温度高低来适时启停。

综上所述，冬季及过渡季节的供暖功能与夏季的降温功能都要求对气流输送系统中风机的启停进行控制，以实现控温送风，从而达到供暖与降温的目的。

生态学生公寓对风机启停的控制是通过自动控制技术来实现的。风机的启停由一台西门子 RWD68 型温度控制器自动控制（图6－1），其传感器位于太阳墙顶部居中的出风口（图6－2）。自动控制的原理是：在温度控制器中设定风机启动的温度范围，温度传感器实时监测出风口的空气温度，同时将监测到的温度送入温度控制器，温度控制器将接收到的温度与设定温度范围进行比较，当接收到的温度落在设定的温度范围时，温度控制器自动启动风机，向室内送风，反之则自动停止风机，其工作原理如图6－3。

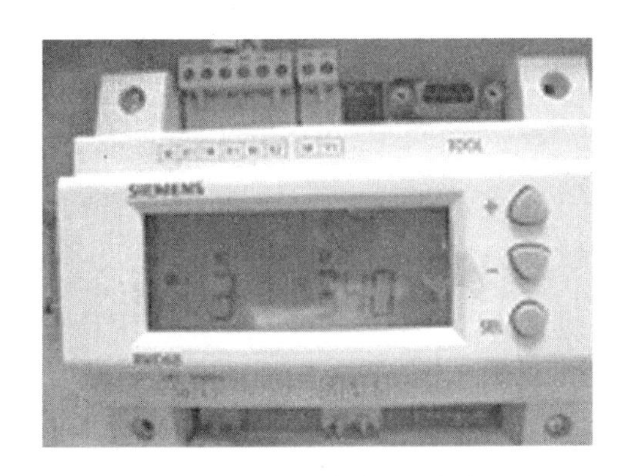

图6－1　温度传感器控制仪

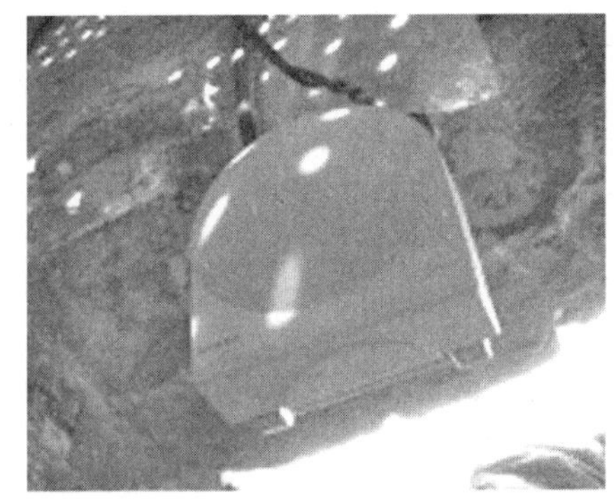

图6－2　太阳墙出风口温度传感器

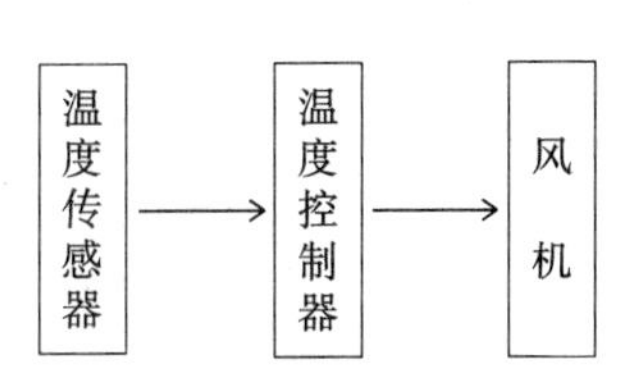

图6－3　太阳墙系统冬季自动控制原理示意图

冬季及过渡季节工况：在温度控制器中设定送风温度范围为28～50℃，当太阳墙加热的空气到达出风口时的温度落在该范围时风机启动，否则风机停止，保证了送入室内的始终是暖风。夏季工况：在温度控制器中设定送风温度范围为18～24℃，对风机的控制原理与冬季相同，保证了送入室内的始终是凉风。

6.1.2.2　室内换气系统自动控制技术

生态学生公寓中应用的室内换气系统由送风和排风两部分组成。南向宿舍的送风是利用窗上通风器，采用的送风方式为自然送风，通过手动控制来实现；北向宿舍的送风是利用太阳墙，采用的送风方式为机械送风，通过自动控制来实现，这在前文中已论述过；南北向宿舍的排风全部是利用卫生间，即每间宿舍作为一个整体的排风单元，每个整体单元的排风均由局部的浴厕来完成（浴厕的排风量除了满足浴厕自身的换气次数之外，还承担了整间宿舍的通风换气量），采用的排风方式为机械排风，分南北两组进行，在屋顶南北两侧各设一风机，每个卫生间各设一风口与风门，再辅以横向、竖向风管，在风机的作用下，南北两侧各宿舍室内的污浊空气经由卫生间的风口，通过风管被排向室外。

学生使用宿舍的情况有两种：一种是只使用居住空间（绝大部分时间属于这种情况），因宿舍空间不大但人数较多，CO_2 等污染物的排放量较大，且宿舍内设有卫生间，即使未被使用也难免散发一定的异味，为保持宿舍内有好的空气质量，需要对宿舍进行持续的小风量排风，另一种是卫生间也同时被使用，此时因卫生间内产生的异味较大，需要对宿舍进行短时间内的大风量排风。

综上所述，要保持宿舍内有好的空气质量，需要根据学生使用宿舍的不同情况来对排风量进行实时控制，以实现按需排风。

生态学生公寓对排风量的控制是通过自动控制技术来实现的。选用了高低2级变速风机配合加拿大 Power Grille 电动格栅式风门来控制排风量。自动控制的原理是：平常风机低速运转，卫生间风口外侧的电动格栅为半开状态（图6－4），为宿舍提供背景通风。当学生使用卫生间时，按下自复位式按钮，启动延时控制器，延时控制器将风机切换到高速运转，同时将电动格栅切换到全开状态（图6－5），一定时间后（范围1～99min，一般设定10min左右），延时控制器又将风机切换到低速运转，同时将电动格栅切换到半开状态，并自动使自复位式按钮弹起，其工作原理如图6－6。

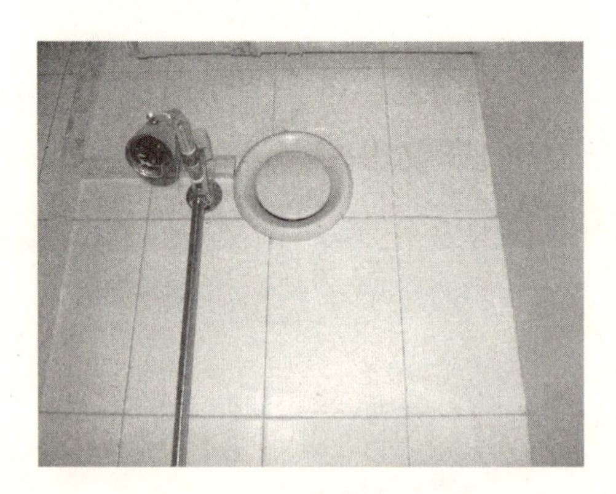

图6－4　电动格栅处于小开度

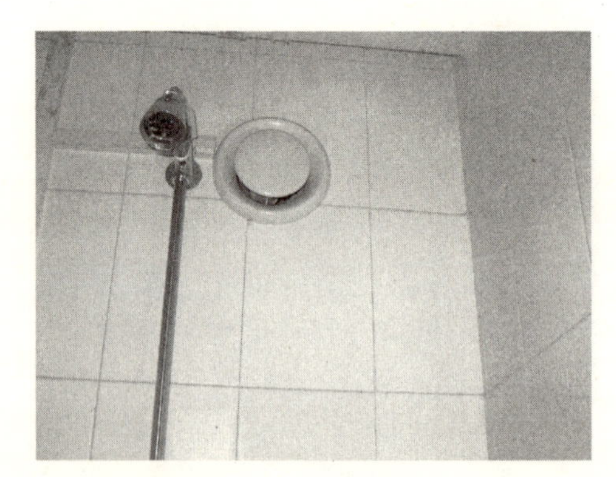

图6－5　电动格栅处于大开度

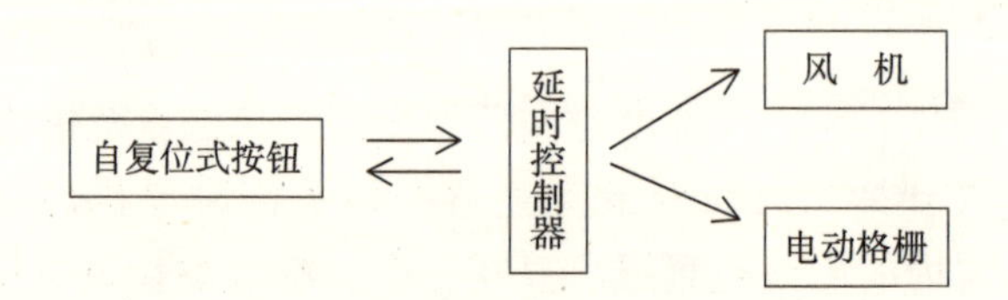

图6－6　室内换气系统自动控制原理示意图

6.1.2.3　太阳能热水系统智能控制技术

生态学生公寓利用太阳能热水为学生提供洗浴用水，并对太阳能热水的生产和使用过程进行了智能化的控制与管理。

（1）太阳能热水生产过程的智能化控制

生态学生公寓应用的太阳能热水系统为全玻璃真空管温差强制集热循环太阳能热水系统，它由集热系统、储热系统、循环系统（包括集热循环、防冻循环和供水循环系统）、电辅助加热系统、控制系统（图6－7）等组成，根据学生使用热水集中的特点该系统被设计为定时恒温出水。

对太阳能热水生产过程的智能化控制原理如图6－8，具体内容包括以下几方面：

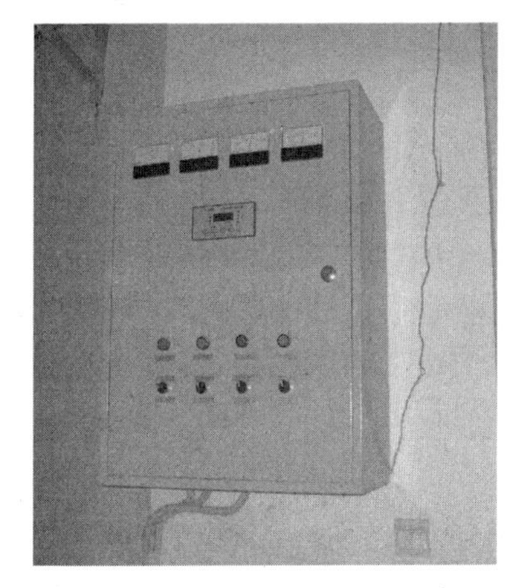

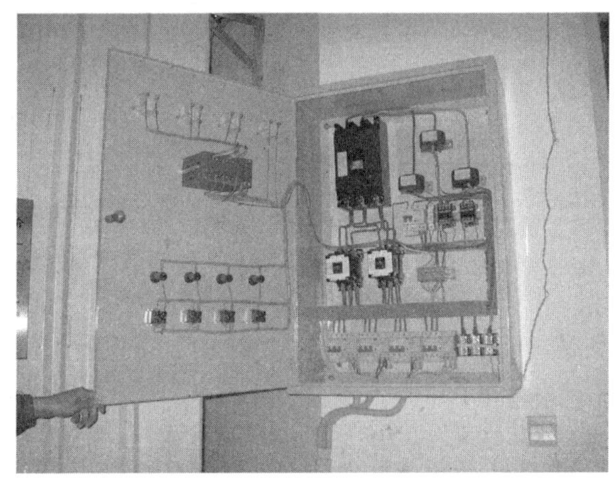

图6-7 智能控制柜内部与外部

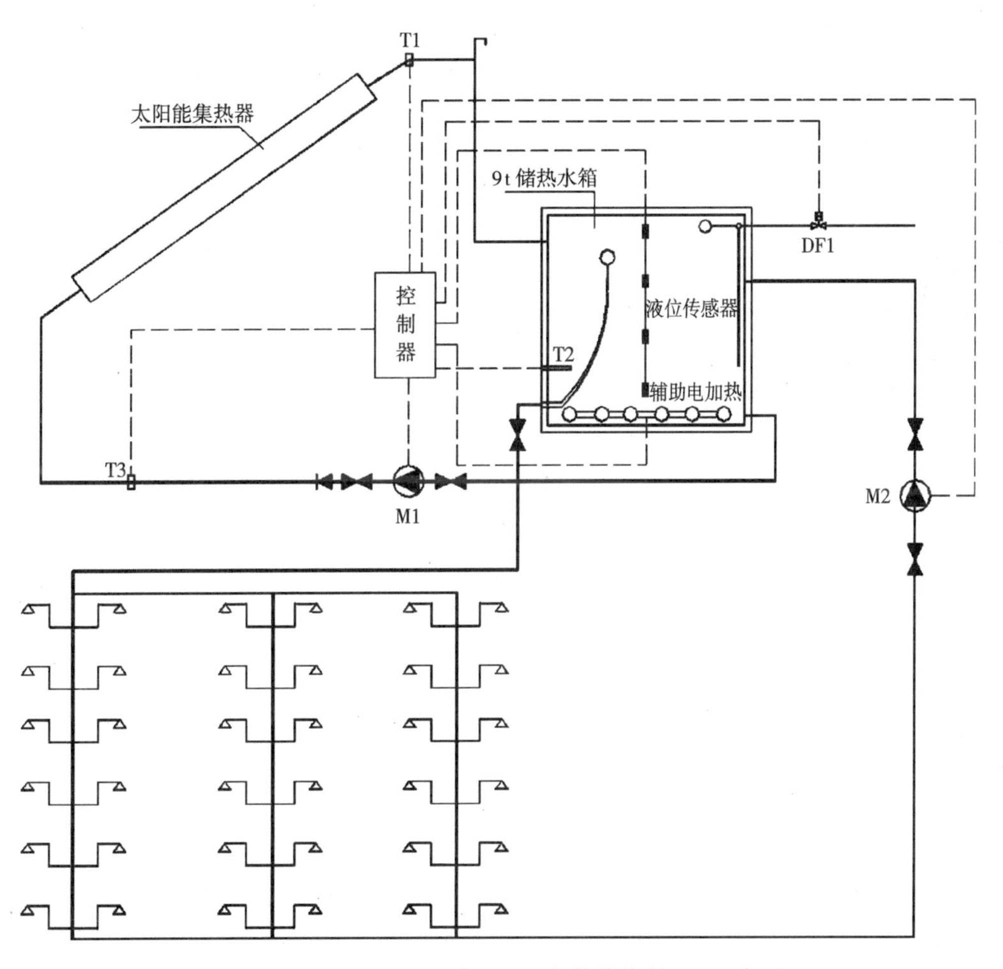

图6-8 太阳能热水生产过程的智能化控制原理示意图

1）对太阳能集热循环系统的控制。智能控制技术对太阳能集热循环系统进行温差强制集热循环控制。

在集热系统出口设感温探头 T1，储热水箱设感温探头 T2 来实时监测集热系统的出水温度与储热水箱的温度，同时将信号送到温度控制器。当感温探头 T1 监测到的温度高于 T2 监测到的温度 8℃以上时温度控制器启动集热循环泵 M1，将储热水箱底部的低温水抽出并送入集热系统，同时将集热系统中的高温水顶入储热水箱内；当感温探头T1监测到的温度高于T2监测到的温度4℃以下时温度控制器自动控制集热循环泵M1停止。在温度控制器中设定温差集热循环间隔时间及温差集热循环时间，控制每隔多长时间自动检测是否启动泵M1及泵M1一经启动后运行的时间长短，如此往复循环将储热水箱中的水加热。温差范围可在温度控制器中设定。

在储热水箱中设液位传感器实时监测水箱水位，同时将信号及时送到温度控制器，当水位低于1/4水位时温度控制器自动控制集热循环泵M1处于停止状态，防止M1空转。

2）对供水循环系统的控制。智能控制技术对供水循环系统进行定时供水控制。

在温度控制器中设定供水时间及供水时长，在设定时间范围内温度控制器自动控制回水循环泵M2启动将管道中的冷水抽出送入储热水箱。泵M2的启动把管道中原有冷水更换成了热水，确保了浴室即开即用热水。一天内可设置四次定时供水时间。

在温度控制器中可手动关闭定时供水功能。

3）对防冻循环系统的控制。在上水管设感温探头T3，实时监测上水管水温，同时将信号送到温度控制器。当感温探头T3监测到的温度低于4℃时温度控制器启动泵M1将储热水箱的热水抽出并送入集热系统，同时将集热系统及管道中的冷水顶出，从而达到防止集热器及管道受冻破裂的目的。当感温探头T3监测到的温度高于9℃时温度控制器自动控制泵M1停止。在温度控制器中设定防冻循环间隔时间及防冻循环时间，控制每隔多长时间自动检测是否启动泵M1及泵M1一经启动后运行的时间长短，如此往复循环达到防冻目的。控制泵M1启停的温度可在温度控制器中设定。

液位传感器监测到水箱水位低于1/4水位时温度控制器自动控制M1处于停止状态，防止M1空转。

4）对补水系统的控制：

● 定温补水

感温探头T2监测到的温度高于设定值55℃时，温度控制器自动控制补水电磁阀DF1打开，将冷水注入储热水箱；当监测到的温度低于设定值45℃时，温度控制器自动控制补水电磁阀DF1关闭，停止补水。温度范围可在温度控制器中设定。

● 定时补水

在温度控制器中设定补水开始时间及补水时长，每天到补水开始时间若感温探头T2监测到储热水箱的温度高于设定值55℃，温度控制器自动控制补水电磁阀DF1打开，将冷水注入储热水箱，当补水时间结束或感温探头T2监测到储热水箱的温度低于设定值45℃时温度控制器控制补水电磁阀DF1关闭，停止补水。一天内可设置两次定时补水时间。在温度控制器中可关闭定时补水功能。

● 定位补水

在温度控制器中设定上限水位，其值可为2/4、3/4和满水三档。在任何情况下液位传感器监测到水箱的水位未达到上限水位时温度控制器自动控制补水电磁阀DF1打开补水直到上限水位。

● 低水位补水

液位传感器监测到水箱的水位低于1/4时，温度控制器自动控制补水电磁阀DF1打开将冷水注入热水箱，达到1/4水位时关闭补水电磁阀DF1，实现下限液位保护。

在温度控制器中设定补水关闭延迟时间t，任意一次温度控制器控制补水电磁阀DF1关闭时补水电磁阀DF1都在延迟时间t后关闭。

在温度控制器中设定手动补水总时长，当手动补水时温度控制器控制补水电磁阀DF1在补水时间结束后或液位传感器监测到水箱达到上限水位时自动关闭。

5）对电辅助加热系统的控制：

● 定温加热

感温探头T2监测到储热水箱的温度低于设定值35℃时，温度控制器自动控制电辅助加热启动。在加热过程中当感温探头T2监测到的温度高于设定值45℃时温度控制器自动控制电辅助加热停止。

● 定时加热

在温度控制器中设定加热开始时间及加热时长，到设定时间若T2监测到储热水箱的温度低于设定值35℃，温度控制器自动控制电辅助加热启动。加热时间结束或在加热过程中感温探头T2监测到的温度高于设定值45℃时温度控制器自动停止电辅助加热。一天内可设置两次定时加热时间。

在温度控制器中可同时或单独关闭定温和定时加热功能。

在温度控制器中设定手动加热总时长，当手动加热时温度控制器控制电辅助加热在加热时间结束后或感温探头T2监测到的温度高于设定值45℃时自动关闭。

在任何情况下液位传感器监测到水箱的水位低于1/4时电辅助加热不会被启动，避免干烧。

此外，对用电安全进行了控制。如到每天规定洗浴时间时，电辅助加热不管原来状态如何，一律自动断电；在系统总电源处加装漏电保护器。

（2）太阳能热水使用过程的智能化管理

生态学生公寓的每间宿舍内都设有太阳能热水浴室，并对太阳能热水的使用过程进行了智能化管理，其控制原理如图6-9，具体内容包括以下两方面：

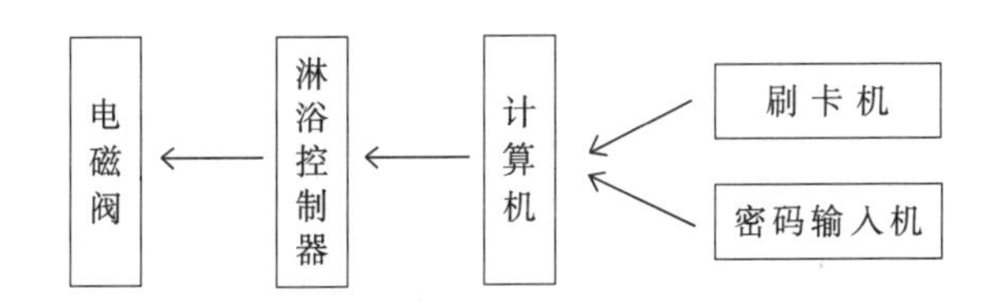

图6-9　太阳能热水使用过程智能化管理原理示意图

1）对付费过程的控制。首先学生到公寓管理中心（设有计算机、刷卡机、密码输入器，见图6-10）申请开户，取得密码后凭密码使用。密码为学生公寓号+房间号+×××（本人自定），给定的密码只能在指定的宿舍使用，密码可挂失也可更改，保证了密码的安全性。然后学生可通过现金或刷餐卡两种方式进行充值，在使用过程中也可随用随充。设立账户最低保证金，低于保证金时不能消费。公寓管理中心的工作人员通过计算机对各个账户及其中金额进行全面的了解及掌控。

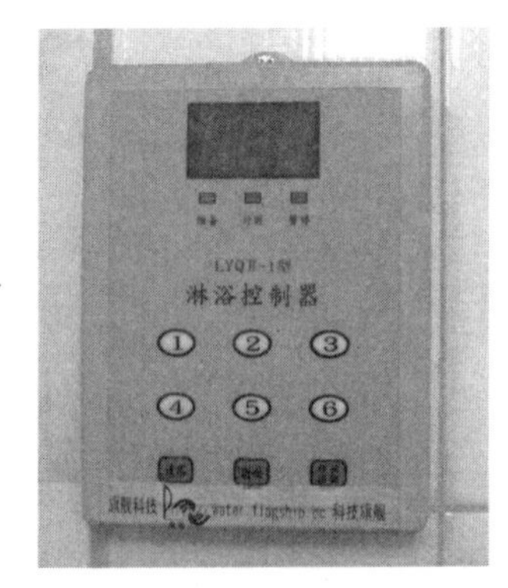

图6-10　密码输入器

2）对使用过程的控制：使用太阳能热水浴室时，学生首先按下淋浴控制器上的“密码按钮”，然后输入密码，再次按下“密码按钮”确认，淋浴控制器上的液晶显示屏显示该学生账户现有余额，同时，淋浴控制器自动控制电磁阀打开，淋浴喷头出水，学生开始洗浴。洗浴过程中可通过“转换按钮”控制电磁阀的开闭，按“转换按钮”停水不消费，再按“转换按钮”出水消费，如此反复。洗浴完毕按“清算按钮”，自动清算并显示剩余金额，收费标准可通过计算机内安装的软件进行调整。

6.1.2.4 综合布线系统

（1）综合布线系统综述

综合布线是一种模块化的、灵活性极高的建筑物内或建筑群之间的信息传输通道。它既能使语音、数据、图像设备和信息交换设备与其他信息管理系统彼此相连，也能使这些设备与外部通信网络相连接。它还包括建筑物外部配线网络或电信线路与应用系统设备之间的所有缆线及相关的连接部件。综合布线由不同种类和规格的部件组成，其中包括：传输介质、相关连接硬件（如配线架、连接器、插座、插头、适配器）以及电气保护设备等。这些部件可用来构建各种配线子系统，它们都有各自的具体用途，不仅易于实施安装，而且能随需求的变化而平稳升级。

综合布线系统由六个子系统组成，即工作区子系统、水平子系统、垂直干线子系统、设备间子系统、管理子系统、建筑群子系统。大型布线系统需要用铜介质和光纤介质部件将六个子系统集成在一起。综合布线六个子系统的构成示意图如图6－11所示：

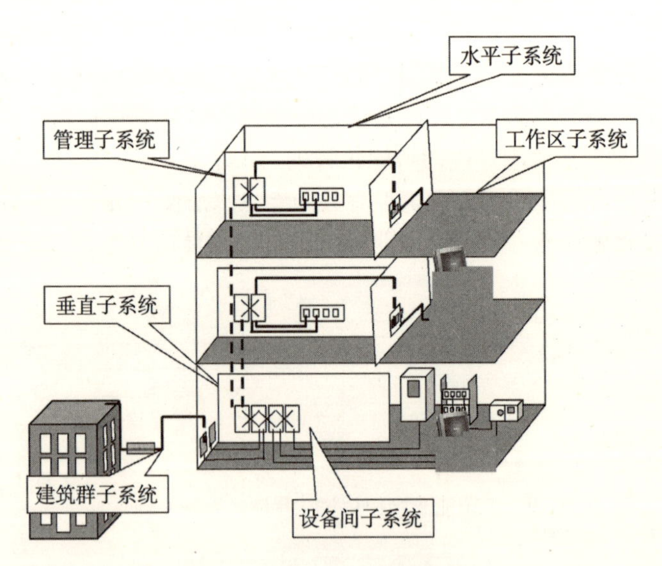

图6－11　综合布线系统示意图

（2）生态学生公寓综合布线系统

山东建筑大学本着以学生为出发点，将综合布线技术引入到学生公寓当中，以提高学生的居住条件，生态学生公寓的综合布线系统设计具体详述如下：

生态学生公寓宿舍的标准间平面示意图（图6－12），整体设计按照主干系统，传输带宽速率为1000M，信息点传输带宽速率为独享100M。

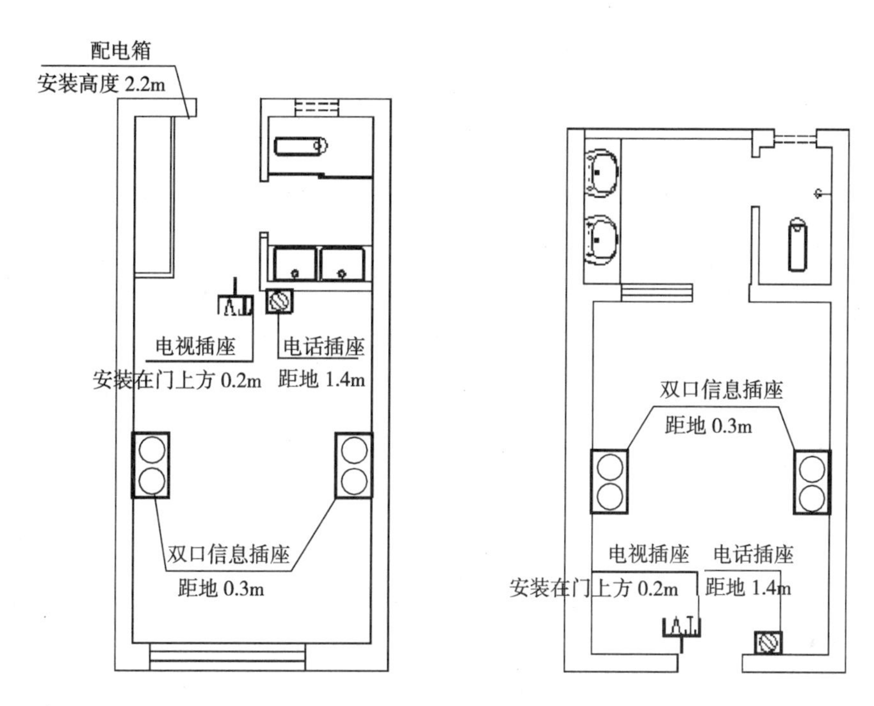

图 6－12 生态学生公寓及普通学生公寓标准间平面图

1）工作区子系统。生态学生公寓楼与普通学生公寓工作区信息点位置基本相同，采用暗装方式。宿舍区内包括网络、电话、有线电视三种信息插座。网络和电话信息插座采用通用设计模式，接电话或接网络由用户根据需要自由选择（图 6－13）。在信息插座的安装时注意的事项有：

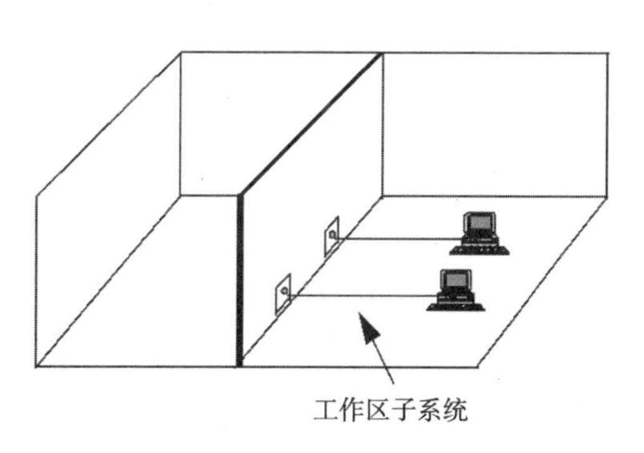

图 6－13 工作区子系统

铜缆超五类信息插座均为墙面暗装，网络和电话底边距地 30cm，电视距顶 20cm。为使用方便，要求每组信息插座附近配备 220V 电源插座，以便为数据设备供电，根据标准建议安装位置距信息座不小于 10cm。RJ45 埋入式信息插座与其旁边电源插座应保持 20cm 的距离（图 6－14）。

2）水平子系统。由信息出口至配线间的线缆部分称之为水平子系统。在水平子系统中，我们全部采用了增强超五类线缆，满足百兆、千兆以太网、ATM 网及多媒体传输业务的需求。

本设计中水平线缆直接延伸到用户工作区，由配线间向各工作区连线，数据点、语音点均采用增强五类 UTP 线缆（图 6－15）。

3）垂直子系统。竖井中立有金属线槽，且每隔 2m 焊一根粗钢筋，以安装

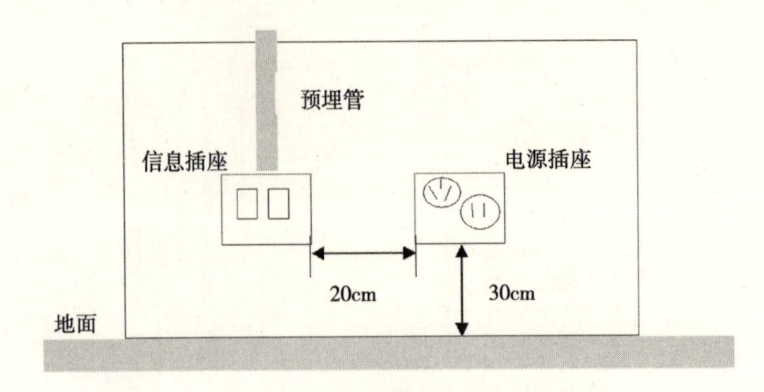

图6－14　信息插座安装示意图

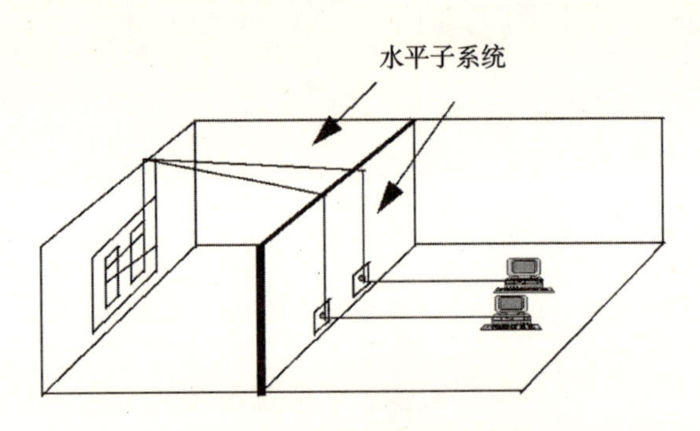

图6－15　水平子系统示意图

和固定垂直子系统的电缆。竖井中的线槽和各层配线室之间有金属线槽连通（图6－16）。

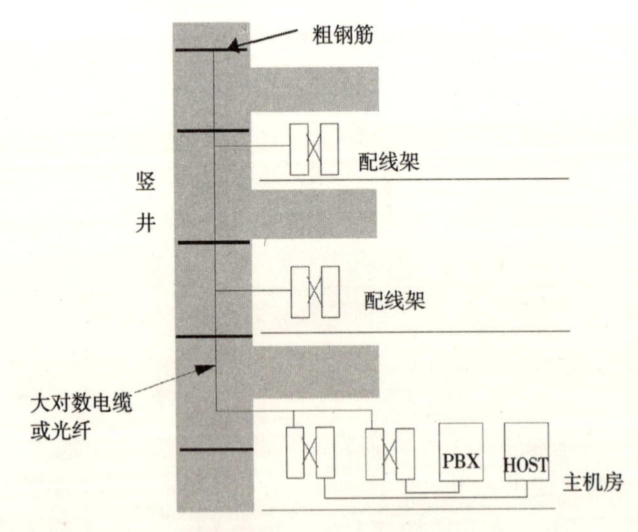

图6－16　垂直子系统

本工程布线数据主干主要选用六芯多模62.5/125室内光缆，对应在楼层配线间中使用12/24口架装光纤配线架端接，在主配线间也使用12/24口架装光纤配线架，光纤连接选用ST耦合器和ST连接器。以上配置支持千兆应用。对于低速的语音信号，可采用三类25对大对数。

4）管理子系统。每个配线间管理相应的区域，以确保每个信息点的水平线缆长度不超过90m。管理子系统由配线架、跳线、光纤配线盒组成。

根据各个楼宇的面积及功能来设置本楼的配线间和主配线间，管理该楼所有的数据和语音信息点，同时管理该楼与外界数据和语音的信息交流。在各个楼宇垂直贯通上下各层的弱电竖井，所以主干数据光纤和三类大对数电缆可从主配线间经此到达各相应楼层配线间。设置楼层配线间，管理本层和相邻上下层的数据和语音信息点。

配线间就是一管理子系统，它把水平子系统和垂直干线子系统连在一起或把垂直主干和设备子系统连在一起。通过它可以改变布线系统各子系统之间的连接关系，从而管理网络通信线路。

在配线间内，配线架器件安装在落地式的机柜中，机柜置于高架地板上。到主配线架来的电缆从吊顶上通过线槽下到在地板下，再上到机柜里。

5）设备间子系统。设备间子系统由设备间（配线间）中的跳线电缆（双绞线跳线和光纤跳线）、适配器和相关支撑硬件组成，它把配线架与各种不同设备互连起来，如PBX、网络设备和监控设备等与配线架之间的连接。通常该子系统设计与网络具体应用有关，相对独立于通用的结构布线系统。

机柜：全部采用标准式机柜。

光纤配线架：标准的19in机架式结构。

电缆及跳线管理单元：采用19in标准机柜用1U宽度塑胶理线器组件（黑色）。

为了便于网络设备的跳接管理及维护，本布线工程设计设备间与配线间设置在同一处。

6）建筑群子系统。建筑群子系统设计是连接各建筑物之间的传输介质和各种相关支持设备（硬件）所组成。在校园式建筑群环境中，若要把两个或更多的建筑物通信链路互连起来，通常在楼与楼之间敷设光缆，此布线系统采用地下管道内光缆。本工程已经为整个学生宿舍区的光缆连接留有接口，并考虑留有冗余。扩展到整个学生宿舍区，各楼光缆连接至学生宿舍区管理中心，组成学生宿舍区光缆网，并可与网络中心校园光缆网进行连接。使居住在学生宿舍区内的所有人充分利用学校的网络资源。

6.2　中水回用技术

在水的社会循环中，污水的再生与回用是关键的环节。将大部分的废水经过再生处理后回用，一方面可以缓解水资源短缺的压力，高效地利用有限的淡水资源，同时又减少了排放至自然水体的污染物总量，具有多方面的功效。因此，水的再生与回用是环境保护、水污染防治的主要途径，是社会和经济可持续发展战略的重要环节，已经成为世界各国解决水问题的必选策略。

6.2.1　中水回用技术简介

我国对城市污水处理与利用的研究，早在1958年就已列入国家科研课题。20世纪60年代关于污水灌溉的研究已达到一定的水平。70年代中期进行了城市污水以回用为目的的污水深度处理小试。80年代初，我国青岛、大连、北京、太原、天津、西安等缺水的大城市相继开展了污水回用于工业和民用的试验研究，其中有些城市已修建了回用试点工程并取得了积极的成果，不少公共建筑亦建设了中水回用装置。北京市环保所于1984年底在所内建成的$120m^3/d$规模的中水试点工程，对我国此项技术的发展起到积极的推动作用。

目前，中水回用的处理技术按其机理可分为物理化学法、生物化学法和物化生化组合法等。通常回用技术需多种污水处理技术的合理组合，即各种水处理方法结合起来深度处理污水，这是因为单一的某种水处理方法一般很难达到回用水水质的要求。因而，对于中水处理流程选择的一般原则是：当以洗漱、沐浴或地面冲洗等优质杂排水（CODcr 150～200mg/L，BOD_5 50～100mg/L）为中水水源时，一般采用物理化学法为主的处理工艺流程即可满足回用要求；当主要以厨房、厕所冲洗水等生活污水（CODcr 300～350mg/L，BOD_5 150～200mg/L）为中水水源时，一般采用生化法为主或生化、物化结合的处理工艺。物化法一般流程为混凝、沉淀、过滤。

中水回用系统按其供应的范围大小和规模，一般有下面四大类：

1）排水设施完善地区的单位建筑中水回用系统。该系统中水水源取自本系统内杂用水和优质杂排水。该排水经集中处理后供建筑内冲洗便器、清洗车、绿化等。其处理设施根据条件可设于本建筑内部或临近外部。如北京新万寿宾馆中水处理设备设于地下室中。

2）排水设施不完善地区的单位建筑中水回用系统。城市排水体系不健全的地区，其水处理设施达不到二级处理标准，通过中水回用可以减轻污水对当地河流再污染。该系统中水水源取自该建筑物的排水净化池（如沉淀池、化粪池、除油池等），该池内的水为总的生活污水。该系统处理设施根据条件可设于室内或室外。

3）小区域建筑群中水回用系统。该系统的中水水源取自建筑小区内各建筑物所产生的杂排水。这种系统可用于建筑住宅小区、学校以及机关团体大院。其处理设施放置小区内。

4）区域性建筑群中水回用系统。这个系统的特点是小区域具有二级污水处理设施，区域中水水源可取城市污水处理厂处理后的水或利用工业废水，将这些水运至区域中水处理站，经进一步深度处理后供建筑内冲洗便器、绿化等用。

6.2.2 生态学生公寓中水回用技术

山东建筑大学新校区的中水工程主要收集校区的杂排水，主要包括学生宿舍盥洗排水、浴室排水，进行集中处理。要求经处理后达到生活杂用水水质标准（GB/T 18920—2002），主要用于校园绿化、学生公寓冲厕、清洗道路、喷洒操场、人工湖补水等。中水工程运行后，解决了学校的污水排放问题，取得了良好的经济和社会效益。

6.2.2.1 水量及水质设计

按照学校的用水构成和用水量标准（按80L/人·d，包括学生宿舍盥洗排水、浴室排水），新校区的杂排水的设计水量为$2800m^3/d$。

（1）设计进水（污水）水质：

CODcr：600mg/L；BOD_5：400 mg/L；SS：250 mg/L；

NH_3-N：68 mg/L；总P：6.44 mg/L。

（2）设计出水水质：

处理后水全部回用，需符合国家《城市污水再生利用　城市杂用水水质》（GB/T 18920—2002）中城市绿化、冲厕要求，即：CODcr≤50 mg/L；BOD_5≤10 mg/L；SS≤5 mg/L；pH：6.5~9.0；色度：30倍；嗅：无不快感觉，总磷≤0.5 mg/L。

6.2.2.2 工艺流程设计

（1）工艺流程设计所遵循的原则：

1）采用低投资、低能耗、低费用、占地少、技术成熟的先进的水处理工艺，最大限度地减少对周围环境的影响。

2）与校区整个规划协调一致，中水处理站位置应尽可能位于校区下风向，地势最低点，以减少对环境的影响、降低运行成本。

3）处理设备布置合理，力求紧凑，设备的运行寿命长，运行费用低，方便运行管理，减少运行人员。

4）便于进行科学研究和学生实习。

（2）具体工艺流程

考虑建筑投资、运行管理、出水效果、运行成本及科研需要，中水处理采用以生物接触氧化法为主的处理流程，此工艺运行稳定，处理效果好，管理简单方便。为提高氧化处理效果和可靠性，在氧生化处理前增设水解酸化工艺，降低污水中的SS，改善污水的可生物降解性能，提高全流程的去除效果。生化出水进入沉淀池前加药混凝，经沉淀固液分离达到除磷的效果。沉淀出水再进入曝气生物滤池（BAF），进一步去除COD、氨氮等有机污染物，保证出水有机污染物的达标。然后，BAF出水再进行过滤、消毒等深度处理，使水质达到城市杂用水水质要求。污水处理系统中产生的污泥由静水压力法排入污泥池，浓缩后污泥由污泥泵送至带式浓缩压滤机，泥饼池上清液返回调节池重新处理。图6－17为中水回用工艺流程图。

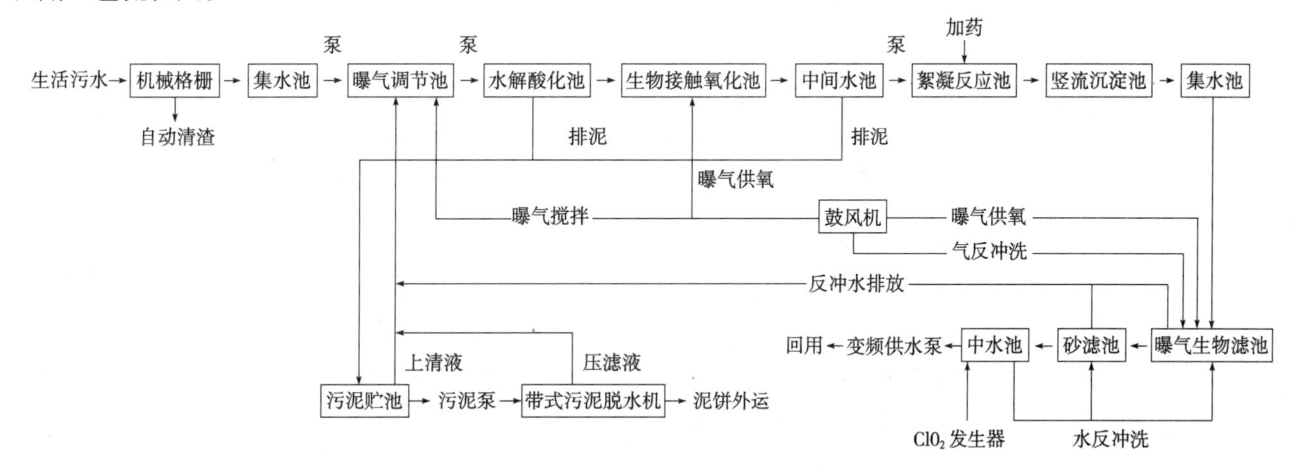

图6－17 中水回用工艺流程图

（3）工艺流程设计特点：

1）该工艺耐冲击负荷能力强，有机负荷高，处理效果稳定；

2）污泥产量低，不产生污泥膨胀，运行安全可靠；

3）有机物去除率高，出水水质好；

4）运行可靠，管理方便，运转费用低；

5）产生的臭味少。

6.2.2.3 生态学生公寓中水回用结果检验

中水处理站经济南市给排水监测站现场取样检测，处理后的中水符合国家《城市污水再生利用 城市杂用水水质》（GB/T 18920—2002）中城市绿化冲厕要求，具体的检验指标及结果见表6-1。

检测报告 表6-1

序号	项目 / 指标	冲厕	道路清扫消防	城市绿化	车辆冲洗	建筑施工	检验结果
1	pH	6.0~9.0					7.64
2	色（度）≤	30					18
3	嗅	无不快感					无不快感
4	浊度（NTU）≤	5	10	10	5	20	1.4
5	溶解性总固体全球三（mg/L）≤	1500	1500	1000	1000	—	622
6	BOD_5（mg/L）≤	10	15	20	10	15	7.49
7	氨氮（mg/L）≤	10	10	20	10	20	5.92
8	阴离子表面活性剂（mg/L）≤	1.0	1.0	1.0	0.5	1.0	<0.1
9	铁（mg/L）≤	0.3	—	—	0.3	—	<0.008
10	锰（mg/L）≤	0.1	—	—	0.1	—	0.011
11	溶解氧（mg/L）≥	1.0					8.88
12	总余氯（mg/L）	接触30min后，大于1.0mg/L 管网末端水不小于0.2mg/L					0.20
13	总大肠菌群（个/L）≤	3个/L					1.3
其他检验项目							
1	化学需氧量（CODcr）（mg/L）	/	/	/	/	/	/
2	悬浮物（mg/L）	/	/	/	/	/	/
3	/	/	/	/	/	/	/
备注：							

工程中使用的设备为先进、节能设备，既重视处理技术的先进性，又重视系统运行的稳定可靠性；既降低了工程造价，又保证了污水处理效果，真正做到经济效益、环境效益和社会效益的统一。

（1）环境效益分析

中水工程投入使用后，每年可减少向周围环境排放污水量：$2400m^3/d \times 300d = 720000m^3$（一年按300d计算，运行后年前测量平均每天处理污水$2400m^3$）。

（2）经济效益分析

中水成本经测算约为1.2元/m^3，自来水现行价格2.95元/m^3，污水处理后完全达到城市杂用水水质标准，用于学校绿化、冲厕等，每年可节约自来水$720000m^3$，每年可为学校节约自来水费126万元［$720000m^3 \times (2.95-1.2)$ 元/m^3 = 1260000元］，考虑设备维修费用等，五年即可收回投资。

（3）社会效益

中水系统建成后，可减少生活污水对周围环境的影响，保护了周围的生态环境，保障了人民的身体健康。该中水工程建成后，经济南市环保局直属分局验收，受到了好评，为配合建设节约型社会的要求，环保局要求我们对周围环境进一步改善，要将该工程作为示范性工程在济南市进行推广。同时我校作为建筑类院校，中水工程可作为市政与环境工程学院科研及学生实习基地。

第7章
节能计算及技术经济分析

7.1 生态学生公寓节能设计分析

7.1.1 节能设计计算依据

7.1.1.1 室内计算温度的取值

根据室内热舒适要求及我国国情，《民用建筑热工设计规范》（GB 50176—93）规定，对于冬季室内计算温度：一般居住建筑，可取18℃。

根据对我国现有建筑的热工质量分析，冬季室内空气的温度均上下波动：砖混结构的波动幅度为±2℃；其他结构的波动幅度为±(2.5～3.5)℃。

室内计算温度，是每天24h的小时温度平均值。因此，进行建筑保温设计时，应该考虑室内气温的波动程度。

建筑保温设计时，室内计算温度的取值高低，关系到室内热舒适水平。显然如果室内计算温度定值高了，围护结构的热阻必然增大，建筑投资亦将增大。如果定值低了，围护结构的热阻减小，建筑投资也可减小，但采暖能耗将增加，室内热舒适水平很难满足要求。

我国采取室内计算温度为18℃既符合国情，又能满足室内热舒适要求。在通过分析和计算了人体冬季在室内的热舒适状况，结论为取 t_i = 18℃是适宜的。

7.1.1.2 室外计算温度取值

根据《民用建筑节能设计标准（采暖居住建筑部分）》（JGJ26—95）中的规定，济南地区采暖期室外平均温度 t_e 取0.6℃。在建筑物耗热量指标的计算中，生态学生公寓作为整座学生公寓的一部分，相交接的东墙分为以下情况：一层外侧是不采暖门厅，t_e 取5℃；公寓走廊不采暖，但因为被采暖房间环绕，且走廊门平时关闭，该部分相对封闭，散热面小，所以走廊的两道内墙以及开在走廊上的户门、通风窗、卫生间排气窗在计算能耗时，都按经验 t_e 取10℃；一层的走廊防火门开向门厅，t_e 取5℃；二至六层走廊防火门开向内廊，t_e 取10℃。

7.1.2 生态学生公寓节能设计计算

节能设计计算是为建筑节能效果进行预测评估，评价建筑通过各项技术措施所节约的能量，如果能达到或高于国家标准，说明节能效果明显、措施得当，反之则说明采用技术不利，需要对设计进行优化，采用节能建材。

生态公寓占地390m^2，长22m，进深18m，建筑高度21m，层高3.3m，共6层，砖混结构；南北向，四种节能塑钢窗，双层玻璃，楼梯间不采暖；济南地区采暖期为：$Z=101$d，采暖期室外平均温度 $t_e=0.6$℃；建筑面积：$A_0=2300\text{m}^2$，建筑体积：$V_0=4878.76\text{m}^3$，外表面积：$F_0=1024.54\text{m}^2$，体形系数：$S=0.21$，换气体积：$V=0.6V_0=2927.26\text{m}^3$。

根据生态公寓建筑材料的热工参数，可计算得出围护结构各部分的传热系数，其修正系数按《民用建筑节能设计标准（采暖居住建筑部分）》（JGJ26—95）中的规定取值（表7－1）。

围护结构构造做法和热工性能 **表7-1**

名称	构造做法							传热系数 [W/(m²·K)]
	构造示意图	层次	名称	厚度 (mm)	导热系数 [W/(m·K)]	热阻值 (m²·K/W)	总热阻 (m²·K/W)	
平屋顶	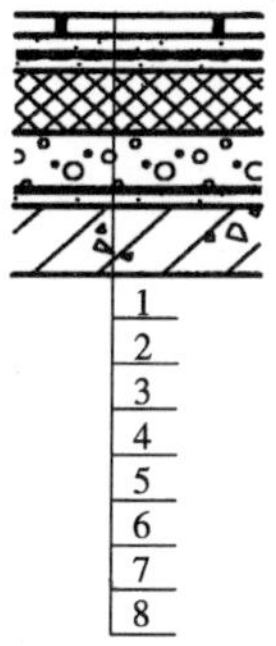	1	铺块材	20	0.89	0.022	1.527	0.655
		2	粗砂垫层	25	0.32	0.078		
		3	防水层	4	0.17	0.023		
		4	水泥砂浆找平层	30	0.93	0.032		
		5	聚苯乙烯泡沫板	50	0.044	0.947		
		6	水泥膨胀珍珠岩找坡层	55	0.18	0.306		
		7	现浇钢—混凝土板	80	1.74	0.046		
		8	混合砂浆抹灰	20	0.87	0.023		
外墙	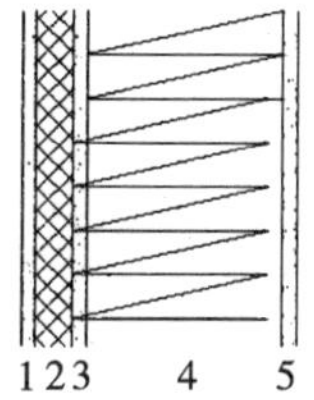	1	水泥砂浆	20	0.93	0.022	1.97/2.42	0.508/0.413
		2	挤塑板	25(南)/50(北)	0.028	0.893/1.786		
		3	水泥砂浆找平层	20	0.93	0.022		
		4	黄河淤泥砖	370	0.52	0.712		
		5	水泥石灰砂浆	20	0.81	0.025		
南窗下墙	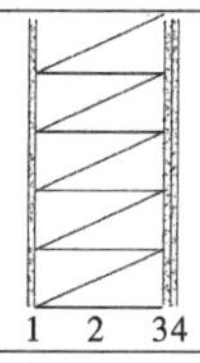	1	水泥砂浆	20	0.93	0.022	1.002	0.868
		2	黄河淤泥砖	370	0.52	0.712		
		3	水泥珍珠岩保温砂浆	20	0.078	0.257		
		4	水泥石灰砂浆	10	0.93	0.011		
楼梯间墙	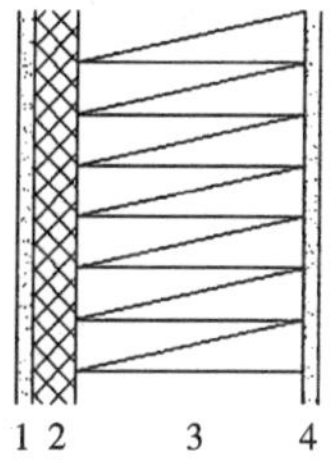	1	水泥砂浆	20	0.93	0.022	1.097	0.802
		2	憎水树脂膨胀珍珠岩	40	0.068	0.588		
		3	黄河淤泥砖	240	0.52	0.462		
		4	水泥石灰砂浆	20	0.81	0.025		

注：根据山东省建设厅2004年1月实施的《居住建筑节能设计标准》(DBJ01—602—2004)：当外墙采用外保温时，主体墙的传热系数可视为外墙平均传热系数。故在进行外墙平均传热系数计算时，按主体墙计算。

根据围护结构保温设计值对生态学生公寓进行节能量设计计算（表7-2、表7-3）：

各部分围护结构的传热系数和传热面积 **表7-2**

名称		传热系数 [W/(m²·K)]	传热系数的修正系数	传热面积 (m²)
屋顶		0.655	0.94	381.72
外墙	南墙（挤塑板保温）	0.508	0.79	104.83
	南墙（珍珠岩保温）	0.868	0.79	168
	北墙	0.413	0.91	260
	西墙	0.413	0.88	326
外窗	南窗	2.6	0.28	55.44
		2.4	0.28	83.16
		2.0	0.28	27.72
	北窗	2.6	0.73	179.24
	西窗	2.6	0.60	25.2

续表

名称			传热系数 [W/(m^2·K)]	传热系数的修正系数	传热面积 (m^2)
楼梯隔墙户门内窗	隔墙	走廊南北内墙	1.35	0.60	699.651
		一楼大厅	1.35	0.60	28.23
		楼梯间	0.802	0.60	150.75
	户门	一楼大厅走廊门	2.71	0.60	3.15
		房间门和二至六层走廊门	2.71	0.60	151.83
	内窗	南向房间卫生间排气窗	2.6	0.60	12.96
		南北房间通风窗	6.4	0.60	19.44

建筑物耗热量指标和采暖耗煤量指标计算 **表7-3**

项目		计算式及计算结果 耗热量(W),耗热量指标(W/m^2),耗煤量指标(kg/m^2)	占总耗热量的百分比(%)
传热耗热量		$Q_{H\cdot T}=(t_i-t_e)[\sum\varepsilon_i\cdot K_i\cdot F_i]$,$t_i=16$,$t_e$分别为0.6(室外)10(走廊)5(楼梯间)	
屋顶传热耗热量		$Q_R=15.4\times0.94\times0.655\times381.72=3619.395$	10.04
外墙传热耗热量		$Q_{W\cdot S\cdot X}=15.4\times0.79\times0.868\times168=1774.095$	15.96
		$Q_{W\cdot S\cdot J}=15.4\times0.79\times0.508\times104.832=647.896$	
		$Q_{W\cdot W}=15.4\times0.88\times0.413\times326=1824.61$	
		$Q_{W\cdot N}=15.4\times0.91\times0.412\times260=1504.82$	
外窗传热耗热量		$Q_{G\cdot S}=15.4\times0.28\times(2.6\times55.44+2.4\times83.16+2.0\times27.72)=1721.21$	21.00
		$Q_{G\cdot N}=15.4\times0.73\times2.6\times(19.44+159.84)=5240.21$	
		$Q_{G\cdot W}=15.4\times0.60\times2.6\times25.2=605.4$	
隔墙传热耗热量	走廊	$Q_{W\cdot 1}=6\times0.6\times1.35\times(343.641+356.01)=3400.30$	12.35
	大厅与楼梯间	$Q_{W\cdot 1}=11\times0.6\times[0.802\times7.5\times20.1+1.35\times(9.6\times3.3-1.5\times2.1)]=1052.152$	
户门传热耗热量	大厅	$Q_{d\cdot t}=11\times0.6\times2.71\times3.15=56.34$	4.26
	房间	$Q_{d\cdot o}=6\times0.6\times2.71\times(136.08+15.75)=1481.25$	
内窗传热耗热量	厕所	$Q_{G\cdot c}=6\times0.6\times2.6\times12.96=12.13$	0.16
	通风窗	$Q_{G\cdot d}=6\times0.6\times6.4\times19.44=44.79$	
围护结构传热耗热量		$Q_{H\cdot T}=Q_R+\sum Q_W+\sum Q_G+\sum Q_d=22984.59$	63.77
空气渗透耗热量		$Q_{INT}=(t_i-t_e)C_\rho\cdot\rho\cdot N\cdot V=15.4\times0.28\times1.29\times0.51\times0.6\times7672.56=13059.61$	36.23
传热耗热量指标		$q_{H\cdot T}=Q_{H\cdot T}/A_0=22984.59/2300=9.99\ W/m^2$	
空气渗透耗热量指标		$q_{INT}=Q_{INT}/A_0=13059.61/2300=5.68\ W/m^2$	
内部得热指标		$q_{IH}=3.8\ W/m^2$	
建筑物耗热量指标		$q_H=q_{H\cdot T}+q_{INT}-q_{IH}=11.87\ W/m^2<20.2\ W/m^2$	
采暖耗煤量指标		$24\cdot Z\cdot q_H/H\cdot\eta_1\cdot\eta_2=0.487\times11.87=5.78kg/m^2<9.8\ kg/m^2$	

济南地区建筑采暖耗煤量指标9.8 kg/m^2 相对于1980年标准采暖耗煤量指标19.6 kg/m^2 节能达50%。良好的围护结构使生态公寓耗煤量指标仅为1980年标

准的 29.5%，达到节能 70.5%。

7.2　围护结构节能测试分析

7.2.1　概述

围护结构节能测试主要针对围护结构的保温性能进行测试分析，以验证围护结构保温效果是否达到设计标准，或者说节能量是否达到标准。在节能建筑设计建设过程中，我们按照节能设计标准设计围护结构，在竣工验收时按所设计的指标对围护结构和采暖（空调）系统实施检测，即可验证建筑围护结构保温性能是否达标，为节能评价和分析提供依据。

7.2.2　测试部位及参数

为评价建筑节能效果，通常对建筑围护结构如下部位进行测试：外墙主体内外表面表面温度、热流；外墙热桥部位（圈梁、过梁、构造柱、芯柱）内外表面温度、热流；门窗内外表面温度、热流，门窗气密性指标；屋面内外表面及夹层表面处温度、热流；地面表面温度、吸热指数；建筑室内各房间温度，阳台温度；建筑室外各朝向大气温度；建筑单体供暖供回水流量、温度。测试应以 7 ~ 10d 为 1 个周期，测试宜采用连续观测、连续记录。

7.2.3　测试分析评价指标

通过对围护结构的热工测试，可以对以下指标进行分析评价：外墙平均传热系数，屋面、地面、门窗传热系数，是否小于节能标准规定的限值；门窗的气密性等级是否满足节能标准的限定要求；建筑的各朝向的窗墙比是否满足节能标准的要求；建筑体型系数是否满足节能标准的规定限制，建筑围护结构是否具有较好的热惰性要求；建筑耗热量指标是否满足节能标准限制的耗热量指标要求等。

在节能评价时，建筑耗热量指标是主要的评价技术指标，在建筑耗热量指标满足节能标准要求的情况下，其他分项评价指标可适当放宽，但至少应达到《民用建筑节能设计标准（采暖居住建筑部分）》（JGJ26—95）的要求。

7.2.4　测试方法及设备

目前使用的围护结构节能测试方法主要有防护热板法、热流计法和热箱法三种方法。由于围护结构耗热可归为稳态传热范畴，因此只要测出“一维稳态传热”条件下围护结构内、外表面温度即可由傅里叶公式推倒求得这两个值，使得测试条件大为简化，从而确保在实验室内就可以很容易地测试出试件的传热阻。防护热板法、热流计法和热箱法就是依据这一理论建立起来的。

$$R = \frac{T_n - T_W}{Q \times A} \tag{7-1}$$

式中　R——围护结构热阻；

T_n——室内温度；

T_w——室外温度；

Q——热流密度；

A——由热流计片自身特性决定的参数，是热流计片测得的数据所计算的热阻与实际热阻之间的一个换算关系，由厂家标定，为11.6。

根据式（7-1），只要测得围护结构两端的温度和通过围护结构的热流即可求出围护结构的热阻。

在现场测试条件下，受现场条件限制，通常无法形成稳定的人工稳态测试环境，因此主要使用热流计法。其原理是：利用自然天气条件下的温差，用热电偶测量温度，用热流计测量热流，然后计算出被测量结构的传热阻。其测试设备相对简单，便于携带、安装和连接，因而比较适于现场测试。

用热流计法进行现场热工测试主要使用以下几种设备和元件：

1）补偿导线：补偿导线由铜和康铜双股线拧成，作为热电偶对温度进行测量。布置测点时，补偿导线的测头一端接温度热流巡检仪的温度通道，另一端布置于测点处。将测点处的补偿导线头部拧成环形并焊接在一块铜片上以扩大接触面积，然后用胶布固定在测点，即完成对该点的温度测点布置。注意测点与补偿导线测头要紧密接触，不能有空隙以免产生误差，可以用硅胶或黄油填充测头与壁面之间的空隙。温度测点可以围绕测点中心均匀的多设几个，求平均值，以提高测试精度。这种方法也可以用于空气温度测量，但要注意防止辐射和气流干扰的影响，保证测试精度。

2）热流计片：热流密度主要由热流计片测量，将热流计片相对应的贴在外墙的内外两侧，用导线连接巡检仪的热流通道即可对通过墙体的热流密度进行测量。同样要注意通过涂抹黄油等措施避免接触热阻造成误差（图7-1）。

图7-1　热流计片

3）温度热流巡回检测仪：温度热流巡检仪可以显示测点的温度或热流值，并定时自动对数据进行存储。通常可存储7~10d的数据量，足够一次测试使用，数据可即时打印或通过串口与计算机连接上传数据进行进一步处理（图7-2、图7-3）。

7.2.5　测试情况及结果分析

在山东省建筑节能监督检验站的协助指导下，我们共对生态学生公寓的南外墙、北外墙、楼梯间墙和屋面4个位置进行了测量。每个位置均在热流计周围设置4个温度测点，以保证准确的测试结果（图7-4、图7-5）。

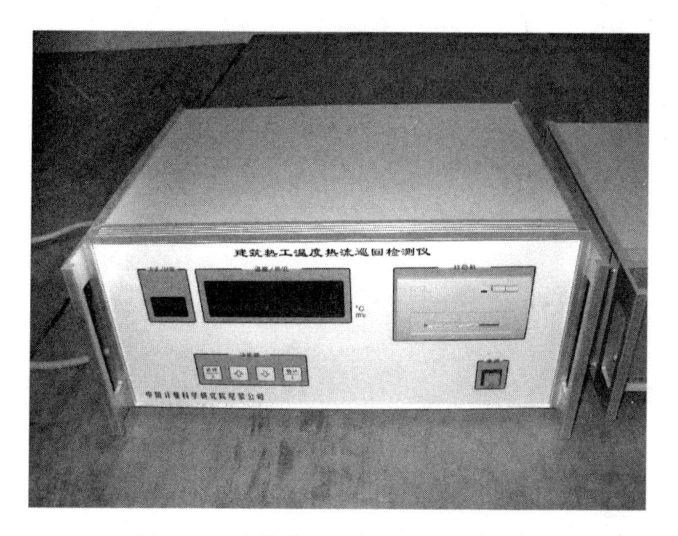

图7-2 建筑热工温度热流巡回检测仪

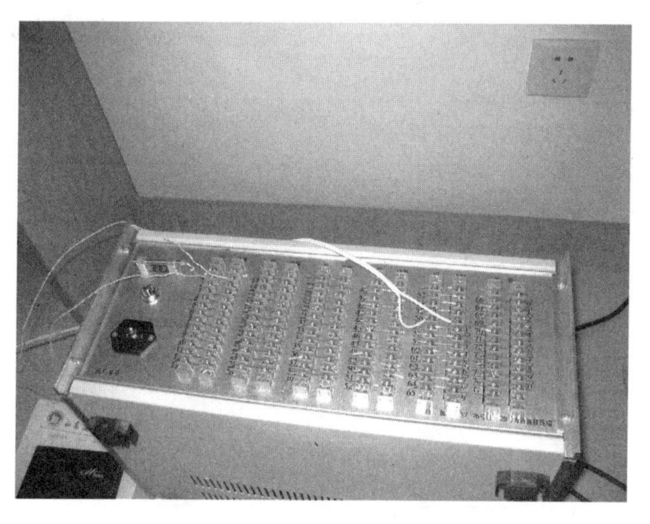

图7-3 76路温度热流巡检仪背板

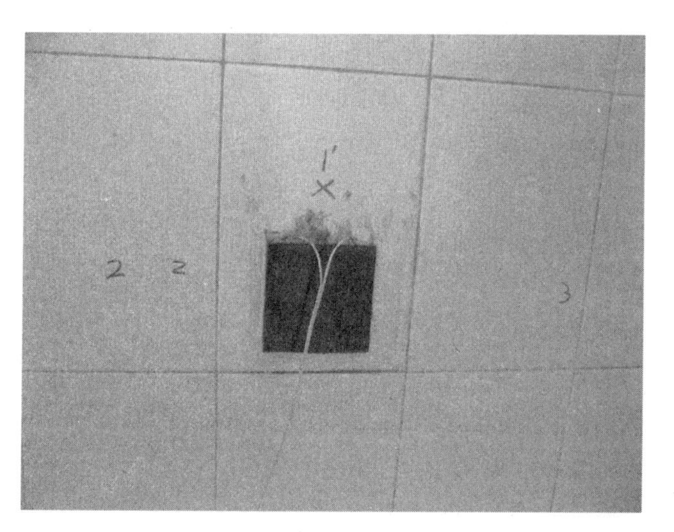

图7-4 布置测点

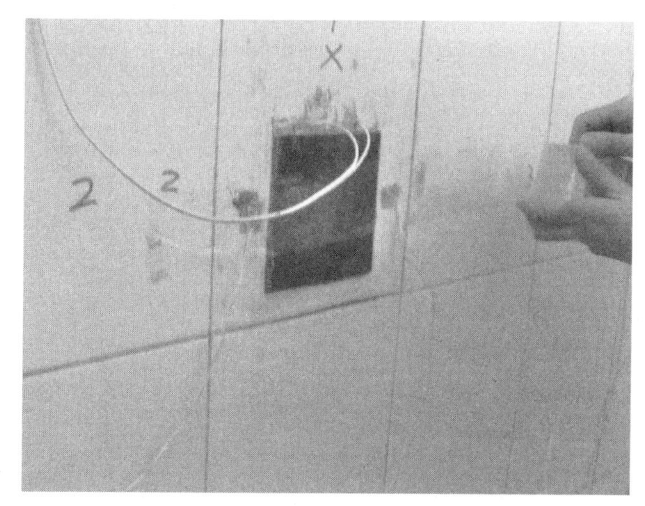

图7-5 布置测点

经测试北外墙热阻为2.18；南外墙热阻为1.05；楼梯间墙热阻为0.98；屋顶热阻为1.34，基本达到设计要求，有效的起到了应用的保温隔热作用（表7-4）。

生态学生公寓实际耗热量计算表 **表7-4**

	西/北外墙	南外墙	楼梯间墙	屋顶
热阻（$m^2 \cdot K/m$）	2.18	1.05	0.98	1.34
传热系数［$W/(m^2 \cdot K)$］	0.43	0.88	0.82	0.67

用实测传热系数即可计算生态学生公寓的实际耗热量（表7-5）：

生态学生公寓围护结构实际耗热量　　表 7－5

项　目		计算式及计算结果
传热耗热量		$Q_{H\cdot T}=(t_i-t_e)[\sum\varepsilon_i\cdot K_i\cdot F_i]$ $t_i=16$，t_e 分别为 0.6（室外）10（走廊）5（楼梯间）
屋顶		$Q_R=15.4\times0.94\times0.67\times381.72=3702.3$
外墙		$Q_{W\cdot S\cdot X}=15.4\times0.79\times0.82\times168=1676.0$
		$Q_{W\cdot S\cdot J}=15.4\times0.79\times0.51\times104.832=650.45$
		$Q_{W\cdot W}=15.4\times0.88\times0.43\times326=1899.7$
		$Q_{W\cdot N}=15.4\times0.91\times0.43\times260=1566.8$
外窗		$Q_{G\cdot S}=15.4\times0.28\times(2.6\times55.44+2.4\times83.16+2.0\times27.72)=1721.21$
		$Q_{G\cdot N}=15.4\times0.73\times2.6\times(19.44+159.84)=5240.21$
		$Q_{G\cdot W}=15.4\times0.60\times2.6\times25.2=605.4$
楼梯隔墙	走廊	$Q_{W\cdot l}=6\times0.6\times0.82\times(343.641+356.01)=2065.4$
	大厅	$Q_{W\cdot l}=11\times0.6\times(0.82\times7.5\times20.1+9.6\times3.3-1.5\times2.1)$ $=970.3$
户门	大厅	$Q_{d\cdot t}=11\times0.6\times2.71\times3.15=56.34$
	其他	$Q_{d\cdot o}=6\times0.6\times2.71\times(136.08+15.75)=1481.25$
内窗	厕所	$Q_{G\cdot c}=6\times0.6\times2.6\times12.96=12.13$
	门上	$Q_{G\cdot d}=6\times0.6\times6.4\times19.44=44.79$
传热耗热量		$Q_{H\cdot T}=Q_R+\sum Q_W+\sum Q_G+\sum Q_d=21692.28$
空气渗透耗热量		$Q_{INT}=(t_i-t_e)C_p\cdot\rho\cdot N\cdot V=15.4\times0.28\times1.29\times0.51\times0.6\times7672.56$ $=13059.61$
传热耗热量指标		$q_{H\cdot T}=Q_{H\cdot T}/A_0=21692.28/2300=9.43$
空气渗透耗热量指标		$q_{INT}=Q_{INT}/A_0=13059.61/2300=5.68$
内部得热指标		$q_{IH}=3.8$
建筑物耗热量指标		$q_H=q_{H\cdot T}+q_{INT}-q_{IH}=11.31<20.2$
建筑物耗煤量指标		$24\cdot Z\cdot q_H/H\cdot\eta_1\cdot\eta_2=0.487\times11.31=5.5<9.8$

经综合计算可知，生态学生公寓的围护结构实际节能率为72%，已超过节能65%的新节能标准。

7.3　对太阳墙系统的测试分析

7.3.1　对太阳墙系统的测试

生态学生公寓的一大特色就是使用了大量低成本的太阳能技术来负担建筑的部分采暖负荷。而其中最重要的就是使用太阳墙系统来提供北向房间白天大部分的采暖用能，为了评估太阳墙系统的实际效果，我们对太阳墙系统进行了测试。

测试内容主要包括太阳墙内部的空气温度、送风温度、送风时间、风速、太阳墙表面温度等。其中温度使用补偿导线接巡检仪测量，送风时间通过定时观察记录，太阳墙表面温度通过红外线测温仪测定。

7.3.2　太阳墙供热效果测试结果统计分析

下面是对冬至日后两周的测试结果的归纳分析（表7－6）：

太阳墙系统检测结果统计（1） 表7-6

日期	室外气温	天气状况	太阳墙送风口处最高空气温度	平均室温	送风温度大于26℃的小时数
12月23日	-7.6～-2.8℃	阴转晴	33.2℃	18.1℃	4
12月24日	-7.0～-0.7℃	多云转晴	34.6℃	17.2℃	4
12月25日	-5.8～-1.8℃	晴	41.2℃	18.2℃	4.5
12月26日	-5.6～-0.6℃	阴	15.2℃	17.6℃	0
12月27日	-6.9～-1.1℃	晴	40.6℃	18.1℃	4.5
12月28日	-7.5～-2.5℃	晴转多云	37.2℃	18.0℃	4.5
12月29日	-8.9～-3.1℃	阴	17.5℃	18.0℃	0

1月9日～16日的一周情况如表7-7所示：

太阳墙系统检测结果统计（2） 表7-7

日期	室外气温	天气状况	太阳墙送风口处最高空气温度	平均室温	送风温度大于26℃的小时数
1月9日	-6.2～-1.4℃	晴	40.4℃	18.4℃	5
1月10日	-8.4～-4.8℃	小雪	12.4℃	18.1℃	0
1月11日	-9.9～-1.1℃	晴	41.3℃	19.2℃	5
1月12日	-7.1～0.2℃	晴	42.7℃	20.6℃	6
1月13日	-5.9～1.3℃	多云转晴	28.6℃	18.1℃	2.5
1月14日	-6.8～-1.5℃	雨	15.5℃	17.5℃	0
1月15日	-8.7～-2.9℃	晴	38.2℃	18.0℃	4.5
1月16日	-12.4～-3.1℃	晴	34.5℃	17.8℃	4

根据测试结果可知，太阳墙集热效果与太阳辐射量有直接关系，1月9日～16日由于太阳辐射量增大，太阳墙供热效果明显好于上一周。

2004年1月12日一天内太阳墙送风温度及室外温度变化曲线（图7-6）：

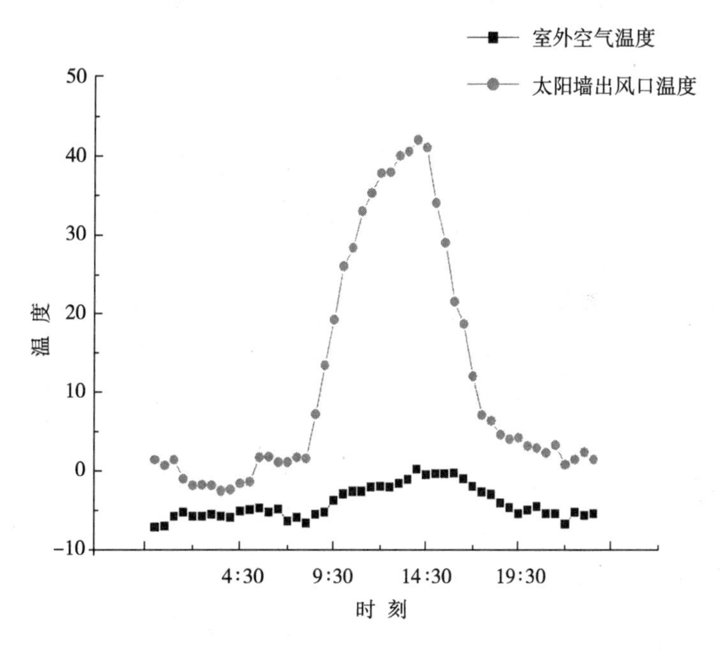

图7-6 太阳墙温度变化曲线图

由图7－6可知：

1）冬季日出前、日落后，太阳墙内空气温度比室外环境温度平均高7℃左右，有效改善了外围护结构的外环境，大大降低了墙体传热损失。

2）日出后，随着太阳辐射强度的增大，太阳墙内空气温度迅速升高，很快达到送风温度，最高达到40℃并保持较长的送风时间，体现出了太阳能空气集热器响应快的特点，为房间提供可观的热量。

3）15:00以后，送风温度开始迅速下降，可见太阳墙送风参数与辐射强度关系密切，受环境温度影响较小。

根据曲线图，我们就可以算出1月12日当天太阳墙系统供给公寓的热量：

$$Q = c_p \times W \times \Delta T \quad (7-2)$$

式中：c_p——空气的定压比热，为1.29kJ/(m^3·K)；

W——送风量，4500m^3/h；

ΔT——送风温度与室内温度的差值。

由式（7－2）结合曲线积分，可得1月12日太阳墙系统向公寓提供热量658867kJ。

标准煤的发热值为29304kJ/kg，实际煤炭达不到标准煤热值，现以市场上较好的山西产块煤（中选）热值28560kJ/kg为例来计算省煤量。

根据式（7－3）

$$M = \frac{Q}{\eta_1 \cdot \eta_2 \cdot 28560} \quad (7-3)$$

式中　M——省煤量（kg）；

Q——太阳墙系统供热量。

锅炉效率 $\eta_1 = 55\%$；

管网效率 $\eta_2 = 85\%$；

可得 $M = 49.3$kg。

按照市场价格500元/t可节省24.67元

由于1月12日属于辐射量较少的时段，因此根据一年辐射量变化的曲线，排除气象因素，采暖季太阳墙系统应该可以提供约139.81GJ的热量，节省煤炭10.5t。

7.3.3 太阳墙夏季遮阳效果测试统计分析

太阳墙系统在夏季白天是不使用的，为了了解太阳墙集热器空气间层中的高温空气对墙面的影响是否会抵消对墙面的遮阴效果，我们分别对有太阳墙覆盖的墙体和裸露外墙壁面温度进行了测试，经测试，夏季阳光辐射下太阳墙内墙面温度比同样条件下外墙表面温度平均低5℃左右，说明太阳墙系统不仅能在冬季起到保温作用，夏季还可有效的起到隔热遮阳作用。

7.4 室内空气品质及通风效果测试调查分析

7.4.1 学生公寓室内空气品质及通风效果评价指标的确定

室内空气品质和通风舒适度的评价，主要通过客观评价和主观评价两方面来确定。客观评价方面，对学生公寓来说，居住密度大，人是主要污染源。人呼出二氧化碳、排出异味、作为污染源其污染物挥发的浓度与人体的新陈代谢速度有直接关系，而新陈代谢速度可以用二氧化碳浓度来衡量，因此，我们可以用二氧化碳浓度作为衡量学生宿舍空气品质的客观指标。

由于室内空气品质和通风舒适度与人体的感觉密不可分，而人体感觉又随着个体不同存在着很大差异。主观评价方面，主要通过调查问卷的形式，对居住者的主观感觉进行调查。经统计分析后结合客观指标进行综合分析。

7.4.2　测试结果分析

在生态学生公寓投入使用的一年中，我们对生态学生公寓和相邻普通学生公寓典型房间的二氧化碳浓度和室内风速等指标进行了测试。另外，通过发放问卷对两公寓的空气品质相关问题进行了问卷调查，结合实测数据进行比较分析。结果显示，采用了多种新风通风措施后的生态学生公寓的室内空气品质和通风舒适度比平面基本一样的普通学生公寓有了明显的提高。

7.4.2.1　生态学生公寓与普通学生公寓测试结果比较

对相同平面的普通学生公寓的二氧化碳浓度测试结果如图 7－7 所示：生态学生公寓北向房间的二氧化碳浓度最低，这是由于生态学生公寓的北向房间采用太阳墙系统，白天每个房间可以获得 180m^3/h 的预热新风，夜间仍可以有少量新风由风口补入，充足的新风量保证了良好的室内空气品质。生态学生公寓的南向五层房间由于采用了涓流通风器，可以保证在窗户密闭的情况下始终有少量新风进入室内，在保持室内热环境的稳定的同时使室内空气品质维持在比较好的状况。生态学生公寓南向无特殊通风装置的房间主要通过门上方的通风窗进行一定的通风，同时卫生间排风系统也为房间提高了一定的换气率，因此室内空气品质状况仍处于可接受范围内。而传统宿舍类型的普通学生公寓，由于没有任何特殊通风设计，室内空气品质比较差。

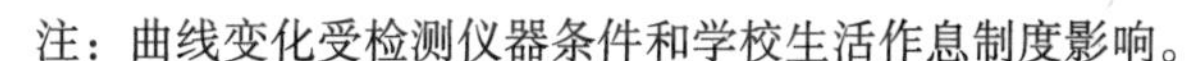
注：曲线变化受检测仪器条件和学校生活作息制度影响。

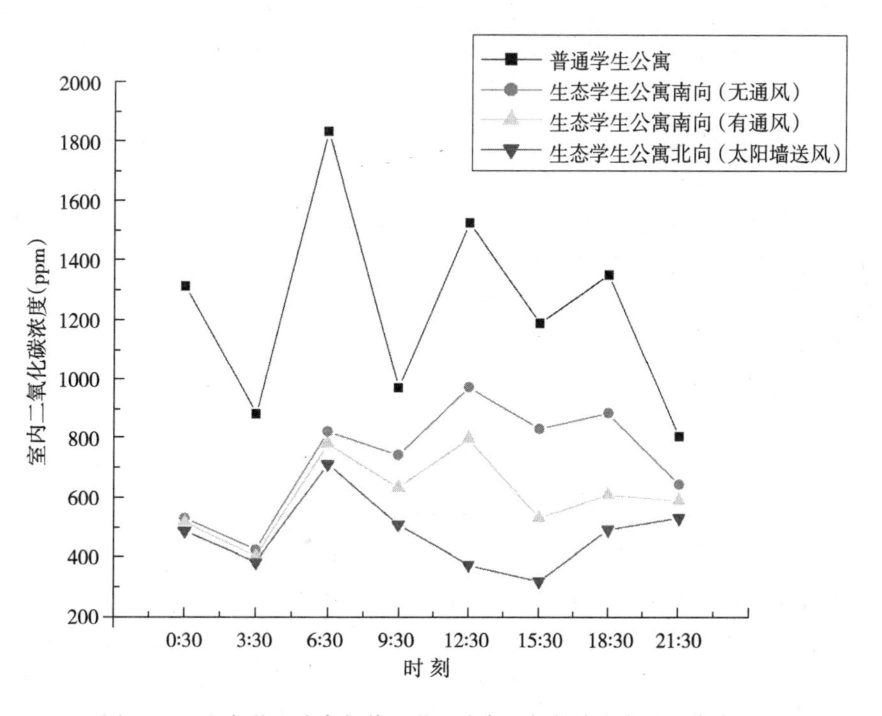

图 7－7　生态学生公寓与普通学生公寓二氧化碳浓度对比曲线图

7.4.2.2 主观评价结果

为了结合实测数据了解技术措施对生态学生公寓舒适度的影响，我们分别在生态学生公寓和与之并列的普通学生公寓发放了108份和107份问卷见附录D，现将主要评价选项所占人数的百分率统计整理如下：

（1）对室内温度总体感觉（表7-8）

生态学生公寓温度总体感觉　　表7-8

	非常满意	比较满意	一般	不太满意	很不满意
生态学生公寓	17%	55%	28%	0	0
普通学生公寓	4%	45%	37%	9%	5%

（2）对室内空气品质的评价（表7-9）

生态学生公寓温度总体感觉　　表7-9

	好	较好	一般	较差	很差
生态学生公寓	19%	61%	20%	0	0
普通学生公寓	2%	14%	48%	26%	10%

（3）对宿舍总体舒适度的评价（表7-10）

生态学生公寓温度总体感觉　　表7-10

	非常舒适	比较舒适	一般	不太舒适	很不舒适
生态学生公寓	15%	58%	27%	0	0
普通学生公寓	4%	33%	53%	7%	2%

由以上主客观评价，结合客观评价结果综合分析可见：采用了多种通风措施的生态学生公寓，其室内空气品质明显好于未采用专门通风措施的普通学生公寓。

在过渡季节和夏季，我们使用微风速仪对生态学生公寓房间和走廊内的风速进行了测量。结果显示，在室外无风或微风条件下，生态学生公寓室内和走廊处能够形成0.3~1m/s的风速，适宜自然通风降温。问卷调查结果也基本说明了这一点，虽然在一些局部位置风速调节尚不够好，但总体效果还是令人满意的。充分说明了，设计阶段对通风的合理有效组织，可在室内形成适宜的风速，可有效提高建筑的通风舒适度。

7.5 综合经济效益分析

节能建筑通过生态设计手法、绿色建材和高效暖通空调设备相结合的降低了能耗，必然会增加工程造价。通过经济分析，计算节能经济效益，可以直接反映出节能措施带来的收益，同时衡量技术的实用性和推广的可行性。

节能经济效益的评价主要通过由建筑物耗热量、采暖耗煤量以及节能投资综合计算出的节能收益和投资回收期两个指标来评价。其中建筑物耗热量和采暖耗煤量在前面的章节中已做了比较详细的计算，节能投资的定义如式（7-4）：

$$I = I_2 - I_1 \quad (7-4)$$

式中 I——节能投资（元/m^2 建筑面积）；

I_2——节能建筑工程造价（元/m^2 建筑面积）；

I_1——非节能建筑工程造价（元/m^2 建筑面积）。

生态学生公寓总投资约为330万元人民币，其中节能项目总投资约25万元，其中：太阳墙系统10万元，太阳能烟囱2万元，太阳能热水8万元，另外还有窗和外保温，合计约5万元。建筑面积2300m^2，平均每平米总共增加造价108元，占工程总造价的7.5%。

节能收益如式（7-5）：

$$A = \Delta q_c \times B \quad (7-5)$$

式中 A——节能收益（元/m^2 建筑面积）；

Δq_c——节煤量（kg/m^2 建筑面积）；

B——热能价格（煤炭转化成热能的供热价格，济南地区约为1元/kg）。

经计算：

经过多种技术措施加强保温隔热性能的生态学生公寓，围护结构保温共增加成本5.6%，减少耗热量486.47GJ，达到了节能72%的目标，合标准煤32.43t，减少二氧化碳排放量84t。

太阳墙系统增加成本约70元/m^2，增加成本5.4%，提供热量139.81GJ，合标准煤10.5t，减少二氧化碳排放量14.85t。

太阳能热水增加成本60元/m^2，增加成本5.6%，可提供9t/d45℃生活热水，合每日1323000kJ热量，45.15kJ标准煤。除去假期，每年约减少耗煤量26t，减少二氧化碳排放量68t。

综合计算可得节能收益约为27.8元/m^2。由此，即可计算出节能投资回收期。投资回收期也称投资返本期，这种方法是以逐年收益去偿还原始投资，计算出需要偿还的年限。计算公式（7-6）：

$$N = \frac{[\ln B - \ln(B - Ai)]}{\ln(1+i)} \quad (7-6)$$

式中 N——投资回收期（a）；

A——增加初投资（元/a）；

B——节能收益（元/m^2·a）；

i——节能投资年利息（%）。

按投资年利息7%计算，生态学生公寓所使用的相关节能措施的综合投资回收期为4.65年，相对于建筑50年的设计寿命还是比较快的，而且随着节能技术的发展和国家对节能事业支持力度的不断增大，节能产品价格即节能投资利率都会不断降低，节能建筑的投资回收期会不断缩短，为业主带来巨大的收益。

附图

附录A 建筑设计说明及图纸

建筑设计说明

一、工程概况

本工程为山东建筑工程学院新校区学生公寓梅园1号楼西翼，是与加拿大可持续发展中心合作的节能示范项目。公寓共六层，一至五层层高为3.30m，六层层高为3.60m，建筑高度21.30m；太阳能烟囱高度28.40m；阳台全部封闭；总建筑面积2307m²。

二、设计依据

1. 建设单位的设计任务书

2. 经批准的建筑设计方案

3. 有关规范、规定、标准

《民用建筑设计通则》JGJ37—87 《建筑设计防火规范》GBJ16—87

《宿舍建筑设计规范》JGJ36—87 《屋面工程技术规范》GB50207—94等

三、建筑设计

1. ±0.000相应的绝对标高及定位详总平面图，室内外高差为1.20m

2. 建筑外墙为外保温，参$\frac{25\text{ 厚挤塑板}}{\text{L01SJ109}}$ (5/18)

3. 外门窗采用优质中空塑料门窗。

四、防火与疏散

本工程为三类建筑，结构形式为砖混结构，抗震设防裂度为6度，建筑构件的耐火极限为二级。

五、选用标准图集

L96J002	建筑做法说明	L96J003	卫生间配件及洗池
L96J101	墙身配件	L96J401	楼梯配件
L96J901	室内装修	L92J601	木门
LJ104	屋面	LJ108	阳台
L89J602	铝合金门窗	L92J606	防火门
L99J605	塑料门窗		

六、其他

1. 当室内地坪标高有高差时，在靠土的墙上做垂直防潮层；所有砌体除有特殊要求外，均应砌至梁板底部，并不得留有缝隙。

2. 卫生间与楼地板交接处上翻150mm混凝土止水带。

3. 施工图中未注明的各种管线予留洞尺寸位置分别详见结施、设施、电施图。

有选用的工业成品在土建施工中应根据其产品说明正确设置预埋件及预留孔洞。

4. 施工应严格执行现行国家相关规范及地方法规。本设计未详之做法应由甲方会同设计施工，监理单位协商解决。

5. 施工中如有变更必须经设计人员同意方可进行，否则责任自负。

建筑做法及装修表 选用 L96J002 附表 A－1

	编号	名 称	适用部位及说明	备 注
散水	散 3	细石混凝土散水	建筑物四周	宽 1000mm
地面	地 8	混凝土防潮地面	用于地下室地面	
	地 29	磨光花岗石地面	用于一层门厅地面	
	地 25	铺地砖地面	用于学生公寓、走廊、活动室地面	
	地 26	铺地砖防潮地面	用于盥洗间、厕所地面	
楼面	楼 34	花岗石楼面	用于一层门厅地面	去掉第 5.6 条
	楼 17	铺地砖楼面	用于学生公寓、走廊、活动室楼面	
	楼 19	铺地砖防水隔声楼面	用于盥洗间、厕所楼面	铺 200mm × 200mm 防滑瓷砖
屋面	屋 46	铺地瓷砖保护层上人屋面	用于上人屋面	
	屋 14	细石混凝土防水屋面（非保温）	用于所有雨篷面	
	屋 28	卷材防水膨胀珍珠岩保温屋面	用于不上人屋面	
内墙	内墙 6	混合砂浆抹面	内墙面	外刷白色内墙涂料
墙裙	裙 14	瓷砖墙裙	用于洗手间、厕所墙面	瓷砖到顶
	裙 8	油漆墙裙	用于走廊墙面	
顶棚	棚 9	乳胶漆顶棚	用于洗手间、厕所顶棚	
	棚 5	混合砂浆顶棚	用于公寓顶棚	外刷白色内墙涂料
	棚 18	穿孔石膏板吊顶	用于走廊顶棚	
踢脚	踢 2	水泥砂浆踢脚	用于公寓	高 200mm
外墙	外墙 23	涂料墙面	外墙面	颜色位置详立面图
	外墙 32	贴面砖墙面	外墙面	颜色位置详立面图
油漆	油漆 9	调和漆	用于所有木门及楼梯扶手	木门用乳白色，扶手用棕色
	油漆 38	调和漆	用于外露金属构件	棕红色

门窗表

附表 A－2

名称	编号	洞口尺寸（mm）		数量									详图编号	采用图集	备注			
		宽	高	地下	一层	二层	三层	四层	五层	六层	七层	合计			类型	玻璃间隙距离	传热系数 K	玻璃类型
塑钢门窗	MC1	1800	2700		6	6	6	6	6	6		36	CM－115	L99J605				
	MC2	1800	2700		6	6	6	6	6	6		36	CM－116	L99J605				
	X－M3	实际尺寸			6	6	6	6	6	6		36			推拉门甲方定			
	C4	600	600		12	12	12	12	12	12		72	TC－01 改	L99J605	宽改为 600mm 窗台高 2100mm 厂家订做，普通下悬塑料窗	9mm	<2.6W/(m·K)	5mm 浮法
	X－C1	2200	2100		6							6			厂家订做，普通中空塑料窗	9mm	<2.6W/(m^2·K)	5mm 浮法
	X－C2	2200	2100			6	6					12			厂家订做，高级中空塑料窗	9mm	<2.4W/(m^2·K)	5mm 浮法
	X－C3	2200	2100					6				6			厂家订做，Low-E 涂层中空塑料窗	9mm	<2.0W/(m^2·K)	5mm 浮法
	X－C4	2200	2100						6			6			厂家订做，高级中空塑料窗＋通风幕	9mm	<2.4W/(M^2·K)	5mm 浮法
	X－C5	2200	2400							6		6			厂家订做，普通中空塑料窗	9mm	<2.6W/(m^2·K)	5mm 浮法
	X－C6	2100	2400			1	1	1	1	1		5	详建变 5 大样图		厂家订做，普通下悬塑料窗			3mm 浮法
木门	M3	900	2100		12	12	12	12	12	12		72	M2－59	L92J601				
	M7	700	2000		12	12	12	12	12	12		72	M1－3	L92J601				
	X－M1	1500	2100		2							2	M2－523 改	L92J601	门高改为 2100			
	X－M2	1500	2100		1	1	1	1	1	1		6	MFM－1518－C3 乙	L92J606	为乙级防火门内设活动挡板			
铝合金窗	X－C7	900	300		12	12	12	12	12	12		72			厂家订做，普通磨砂单玻推拉窗			3mm 磨砂

注：北向房间阳台外窗为普通双玻中空塑料窗，$K<2.6W/(m\cdot K^2)$，玻璃类型为 5mm 浮法玻璃，玻璃间距 9mm。

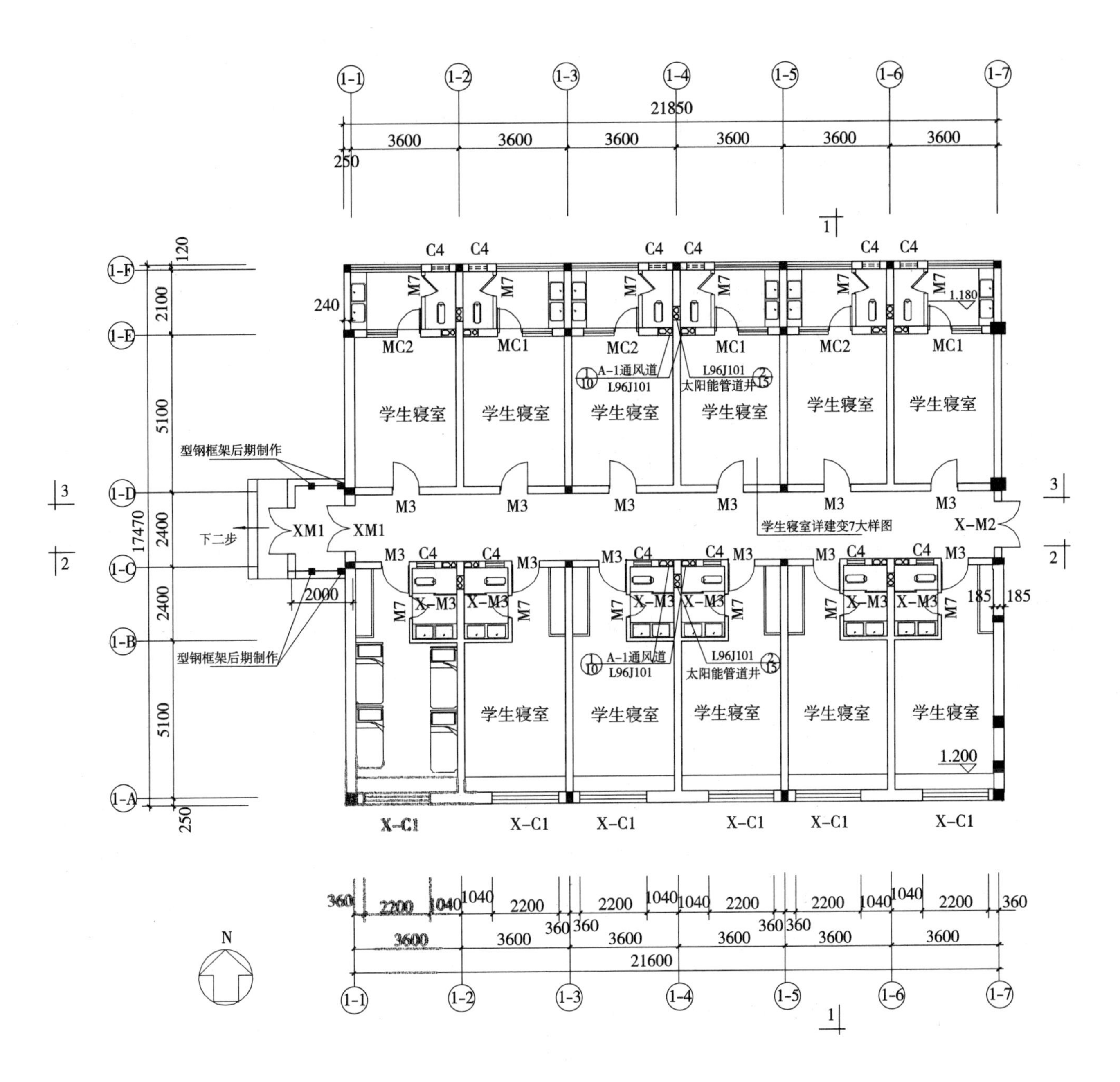

1-1
1-2
1-3
1-4
1-5
1-6
1-7
21850
3600
250
1-F
1-E
1-D
1-C
1-B
1-A
120
2100
5100
2400
17470
250
C4
M7
MC2
MC1
240
1.180
A-1通风道
L96J101
太阳能管道井
学生寝室
型钢框架后期制作
M3
XM1
下二步
学生寝室详建变7大样图
X-M2
X-M3
2000
185
1.200
X-C1
360
2200
1040
21600
N

附图A-1 一层平面图

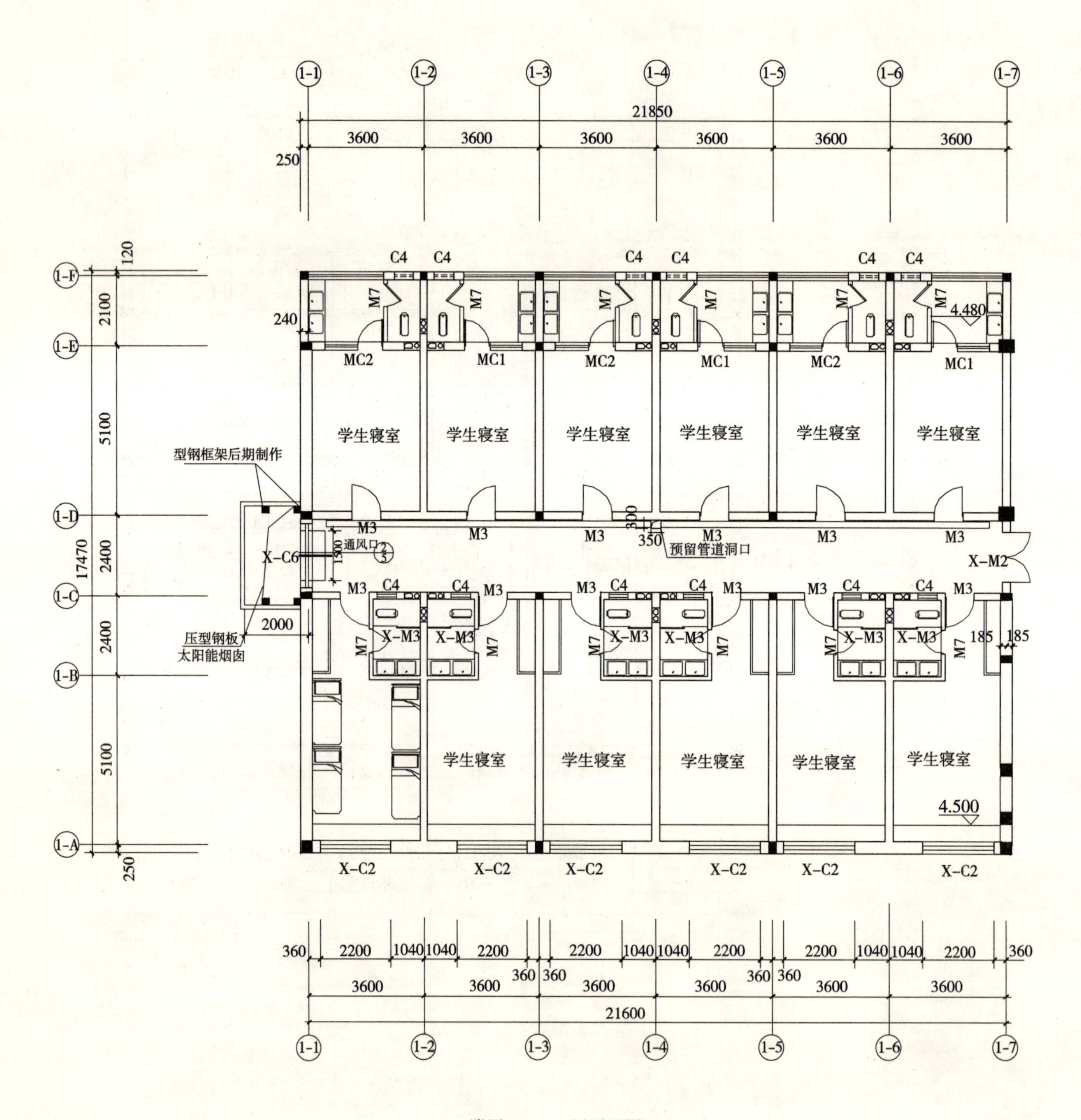
型钢框架后期制作
压型钢板
太阳能烟囱
学生寝室
X-C6
通风口
预留管道洞口
X-M2
X-C2
21850
21600
17470

附图A-2　二层平面图

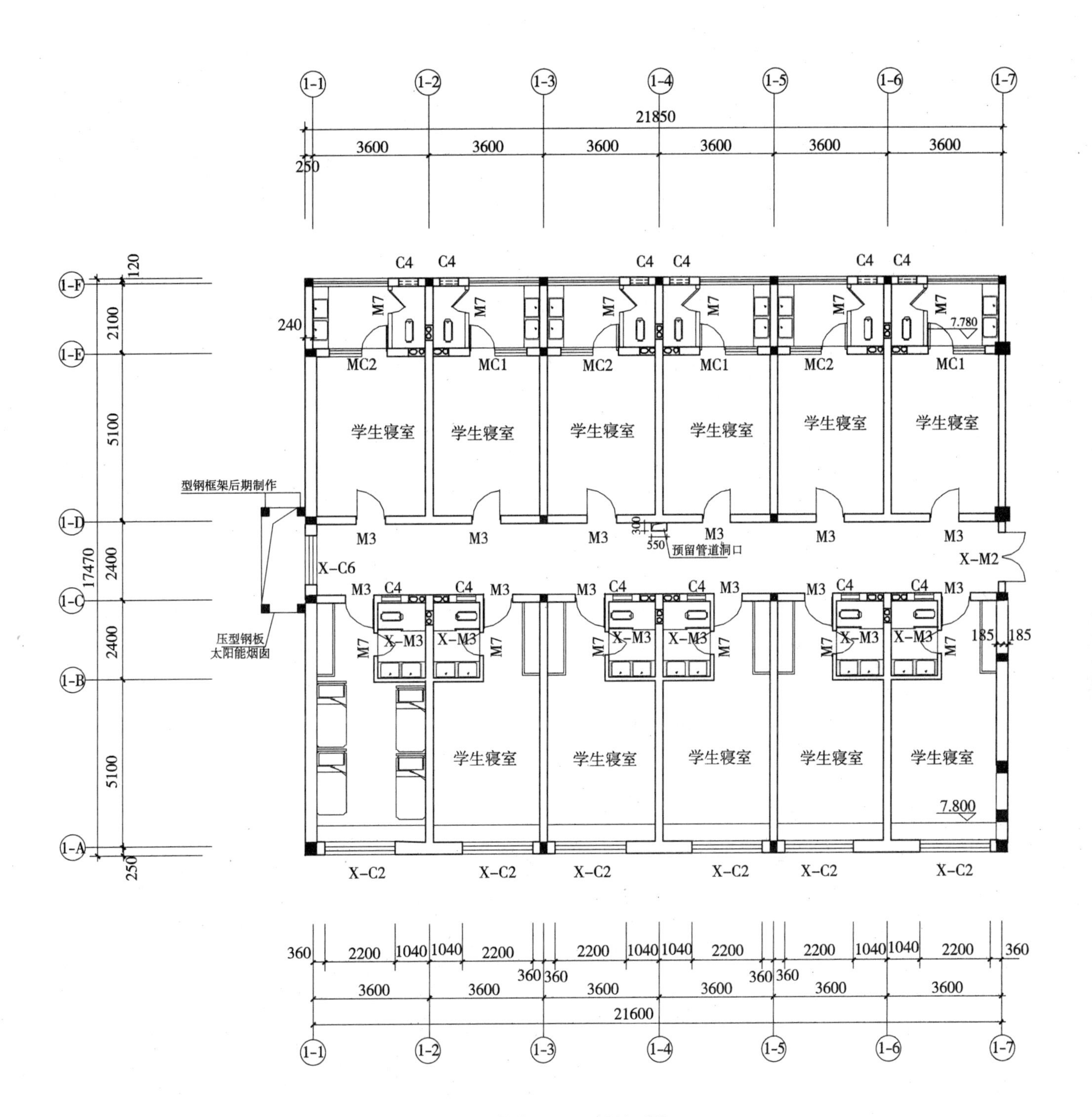
1-1
1-2
1-3
1-4
1-5
1-6
1-7
21850
3600
250
1-F
1-E
1-D
1-C
1-B
1-A
120
2100
5100
2400
5100
17470
250
240
C4
M7
MC1
MC2
学生寝室
M3
X-M2
X-C6
X-M3
型钢框架后期制作
压型钢板
太阳能烟囱
300
550
预留管道洞口
7.780
7.800
185
X-C2
360
2200
1040
21600

附图A-3 三层平面图

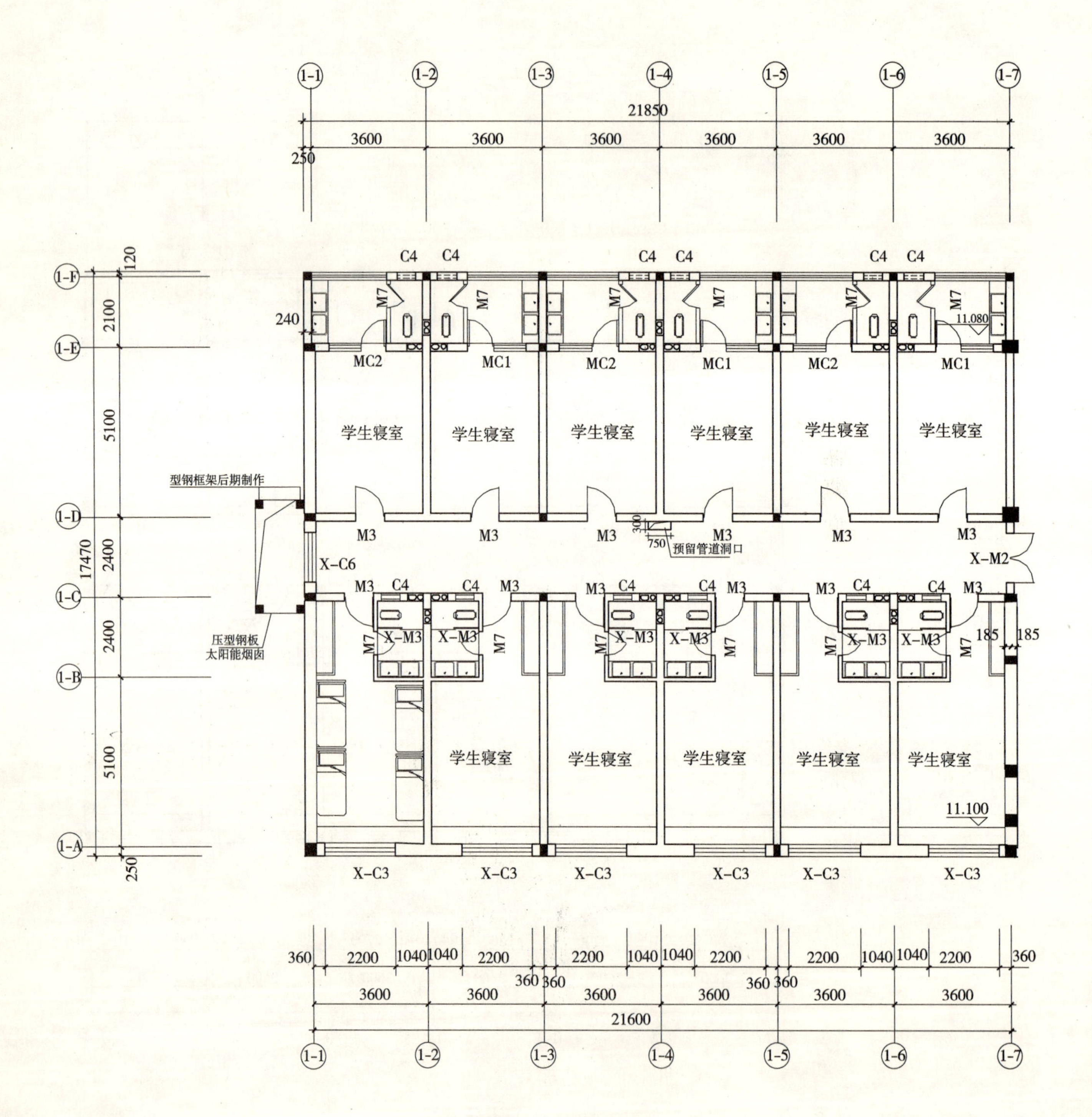
1-1
1-2
1-3
1-4
1-5
1-6
1-7
21850
3600
250
C4
M7
MC2
MC1
240
11.080
120
2100
5100
2400
17470
1-F
1-E
1-D
1-C
1-B
1-A
学生寝室
型钢框架后期制作
M3
300
750
预留管道洞口
X-M2
X-C6
X-M3
185
压型钢板
太阳能烟囱
11.100
X-C3
360
2200
1040
21600

附图A-4　四层平面图

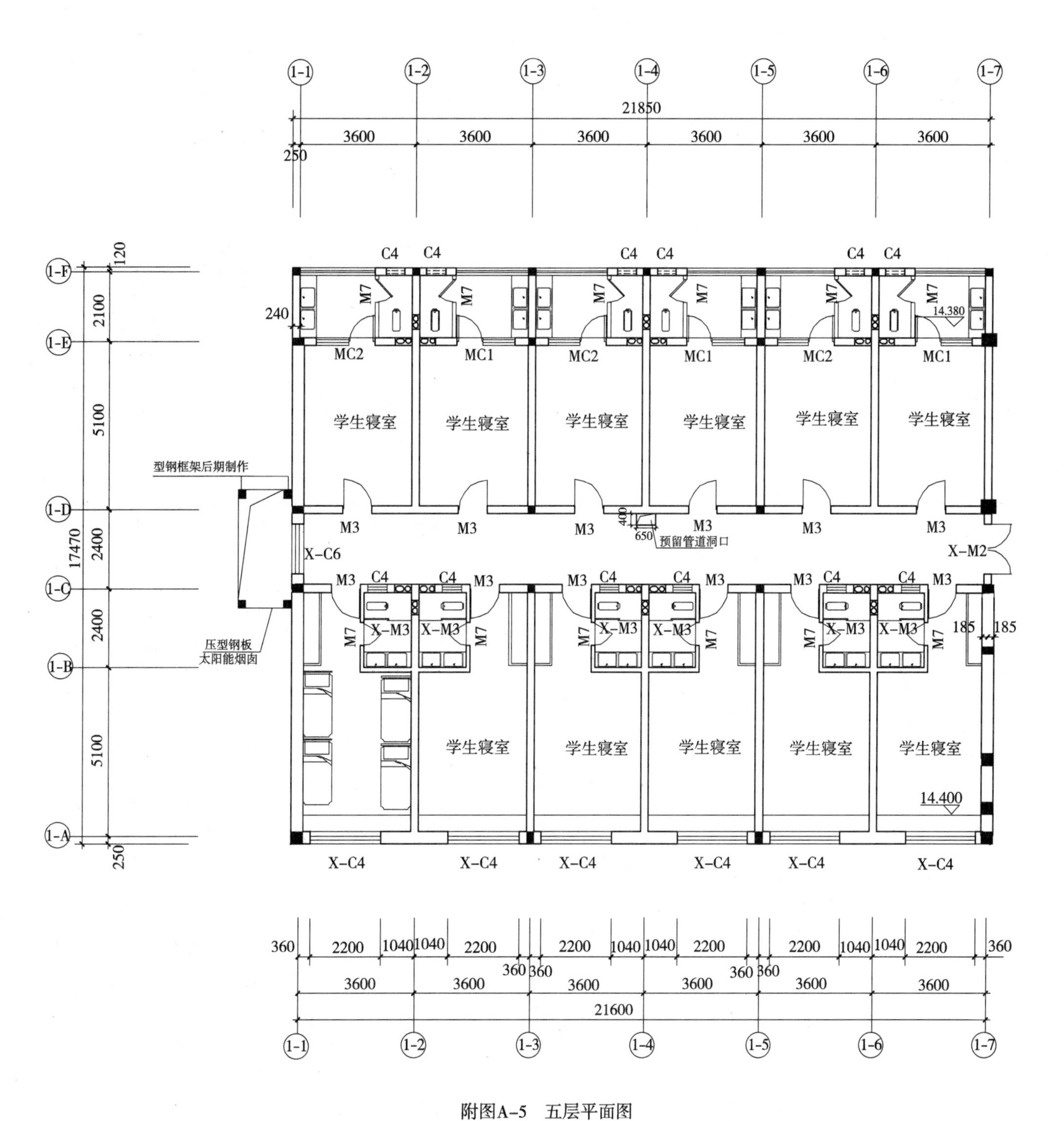

1-1
1-2
1-3
1-4
1-5
1-6
1-7
21850
3600
250
1-F
1-E
1-D
1-C
1-B
1-A
120
2100
5100
2400
17470
250
240
C4
M7
MC1
MC2
14.380
学生寝室
型钢框架后期制作
M3
X-C6
400
650
预留管道洞口
X-M2
X-M3
185
压型钢板
太阳能烟囱
14.400
X-C4
360
2200
1040
21600

附图A-5　五层平面图

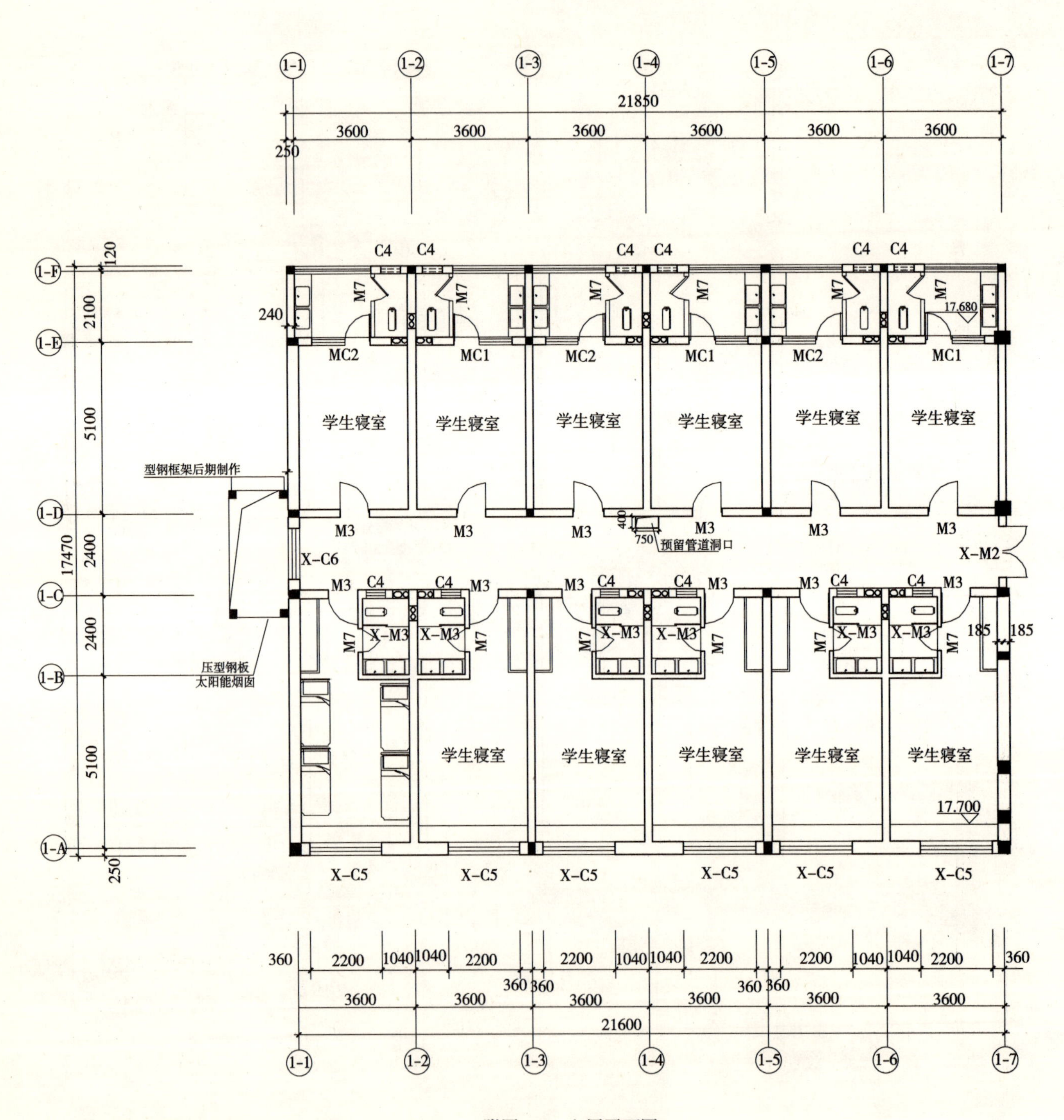

附图A-6　六层平面图

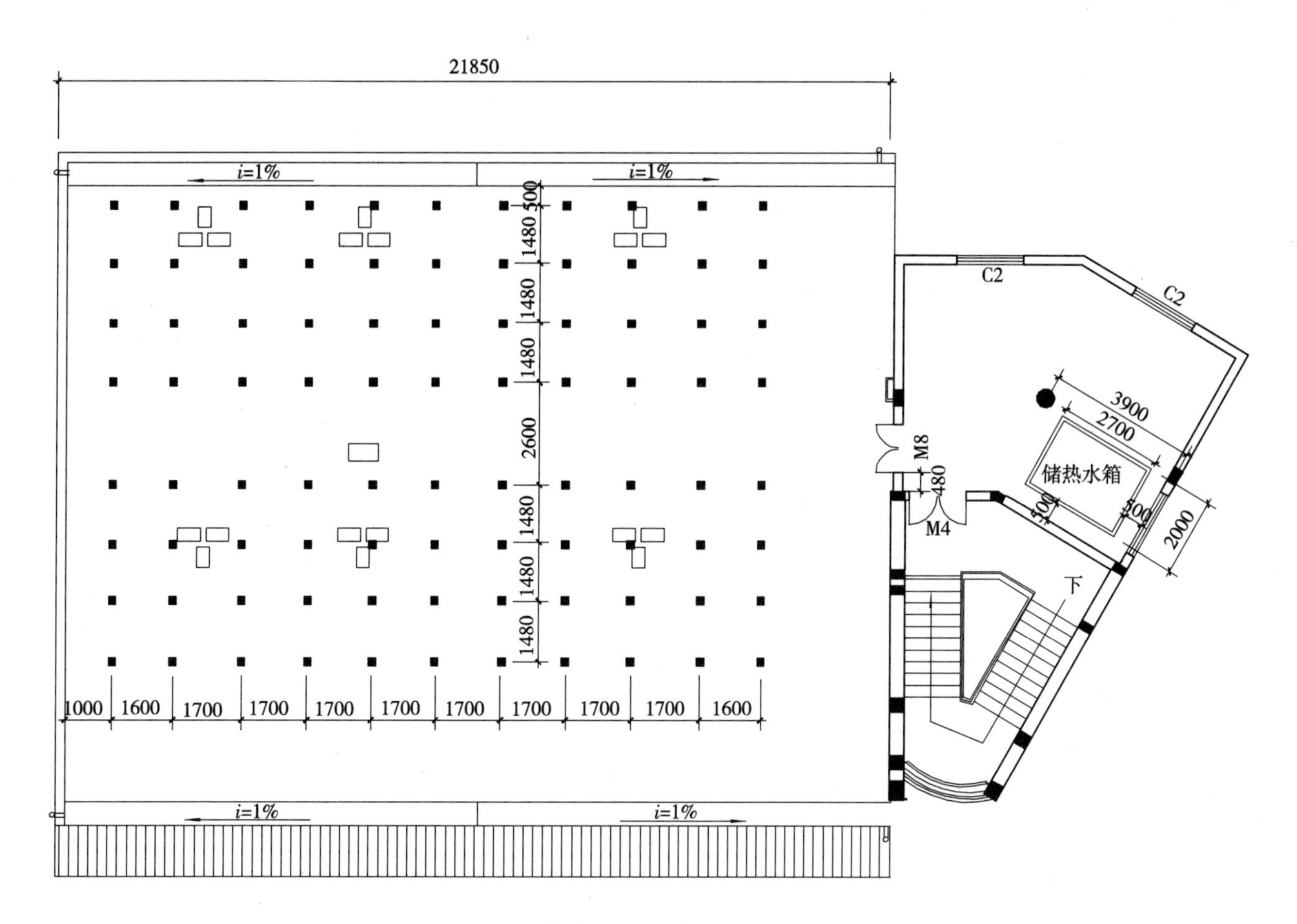

附图A-7 七层平面图

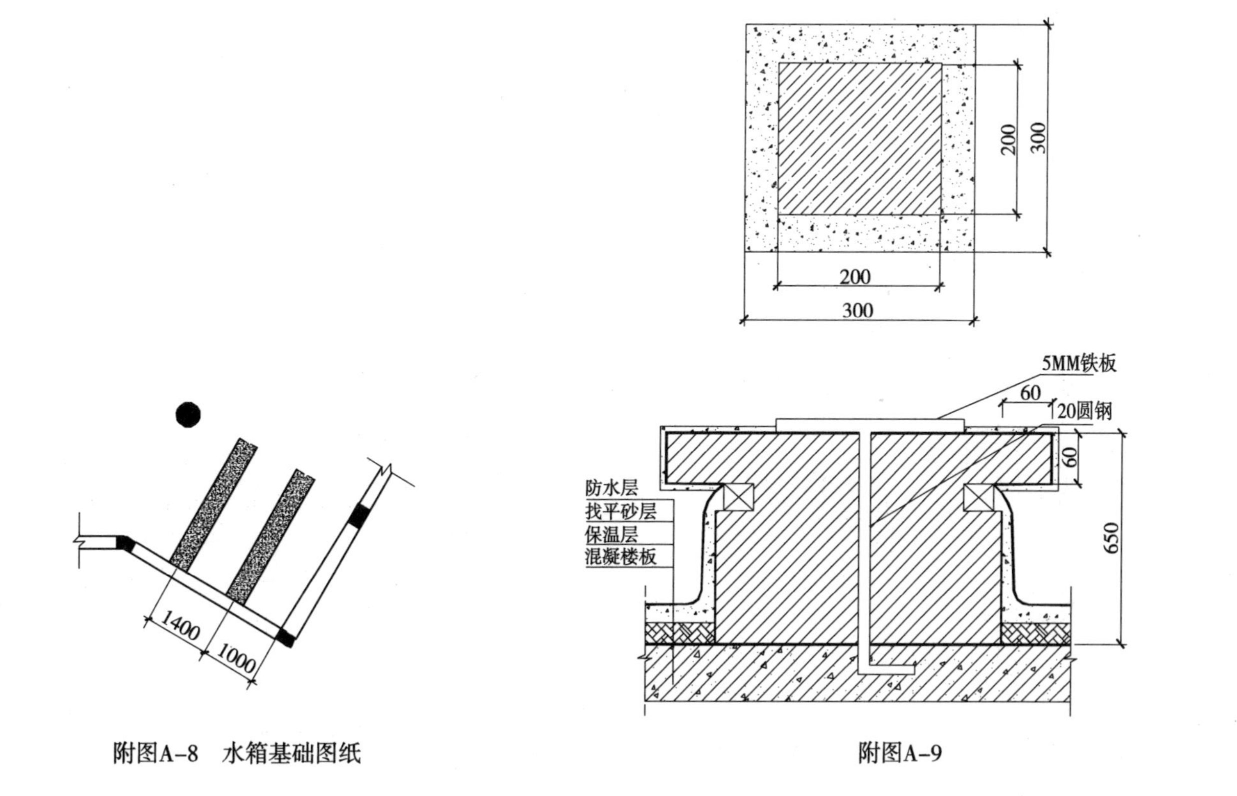

附图A-8 水箱基础图纸

附图A-9

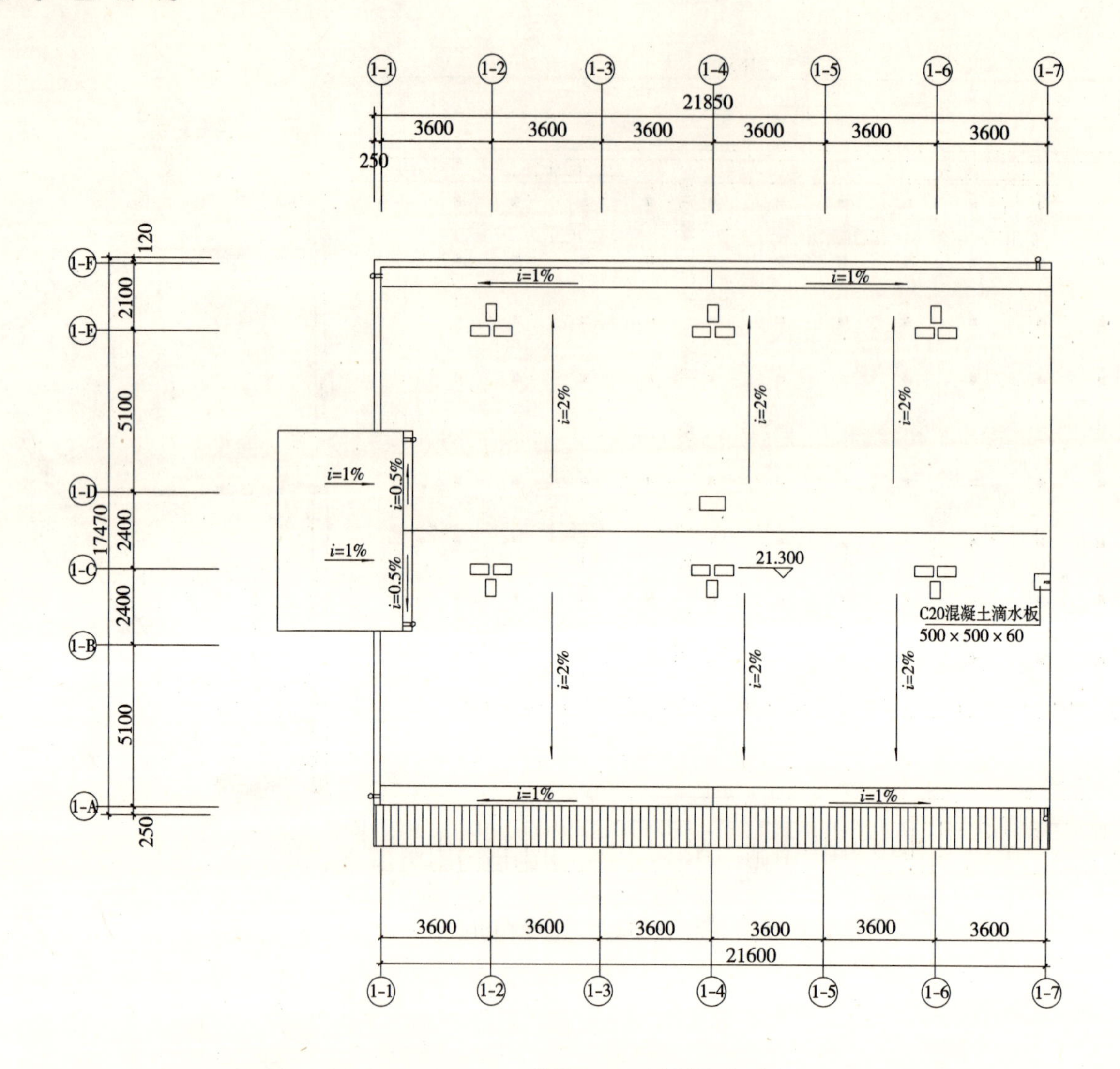

附图A-10 屋顶层平面图

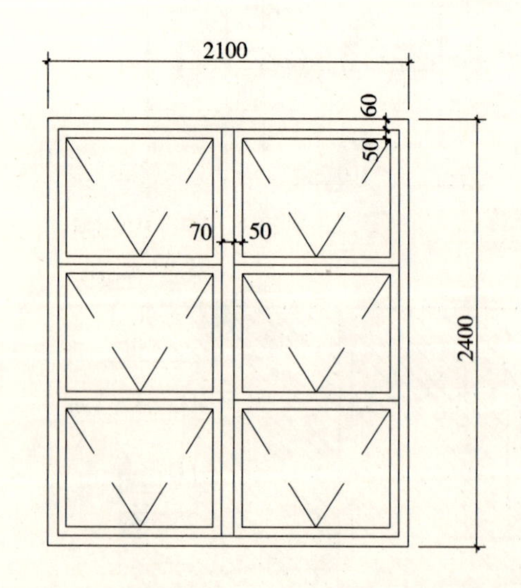

附图A-11 X-C6下悬窗

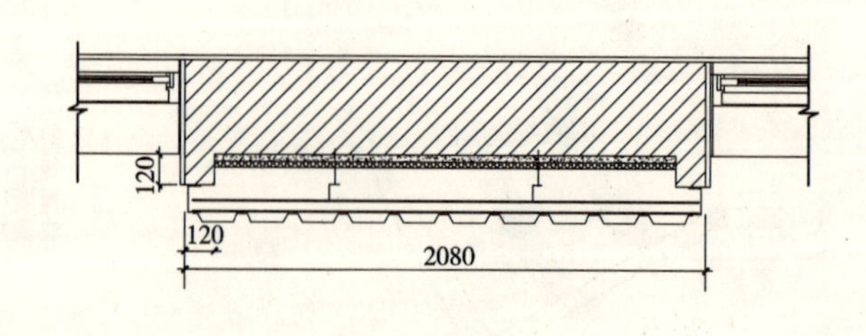

附图A-12 墙身横断面详图

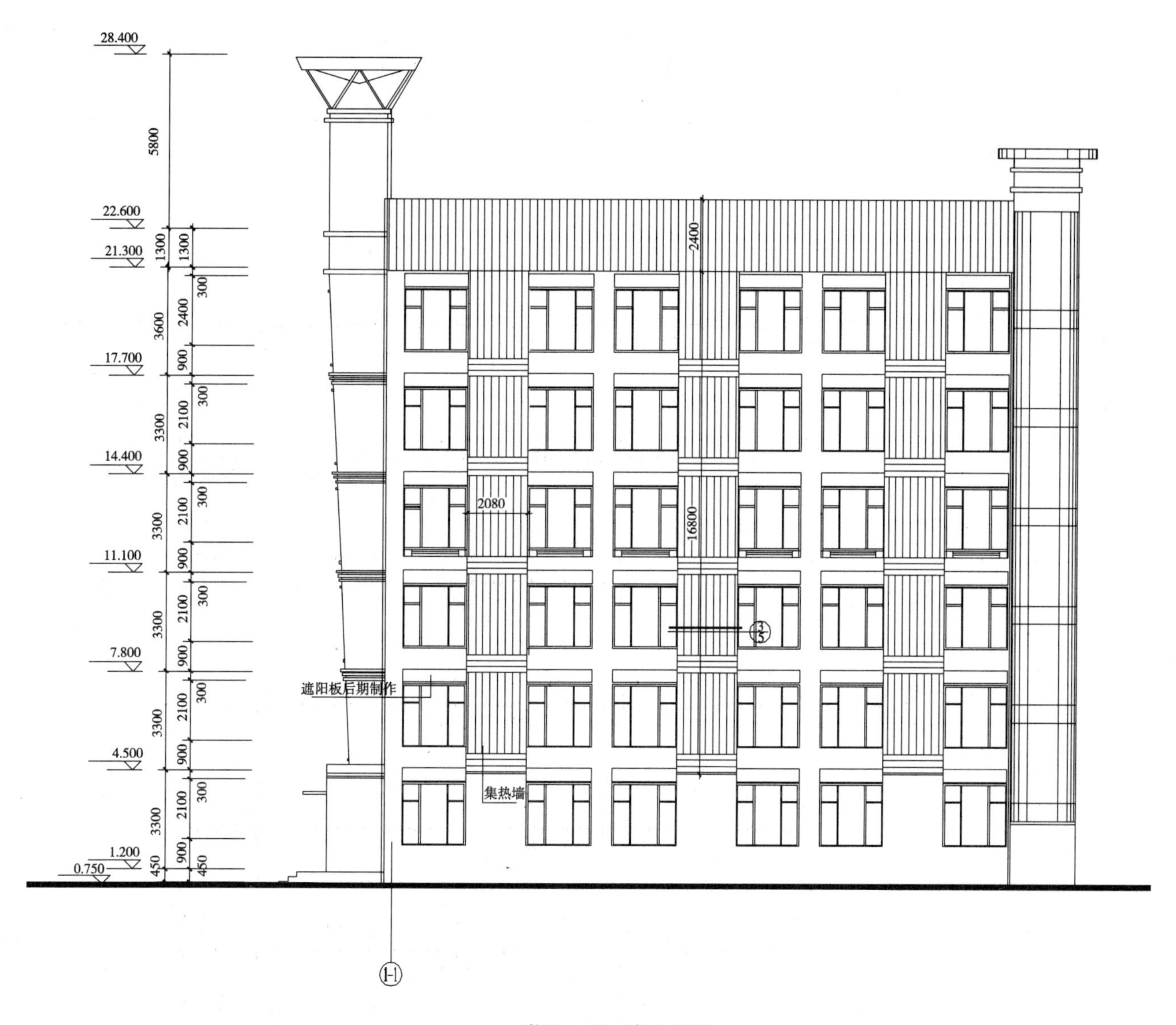
28.400
5800
22.600
21.300
1300
1300
300
3600
2400
17.700
900
300
3300
2100
14.400
900
300
3300
2100
11.100
900
300
3300
2100
7.800
900
300
3300
2100
4.500
900
300
3300
2100
1.200
900
0.750
450
450
2400
2080
16800
遮阳板后期制作
集热墙
H

附图A-13 南立面图

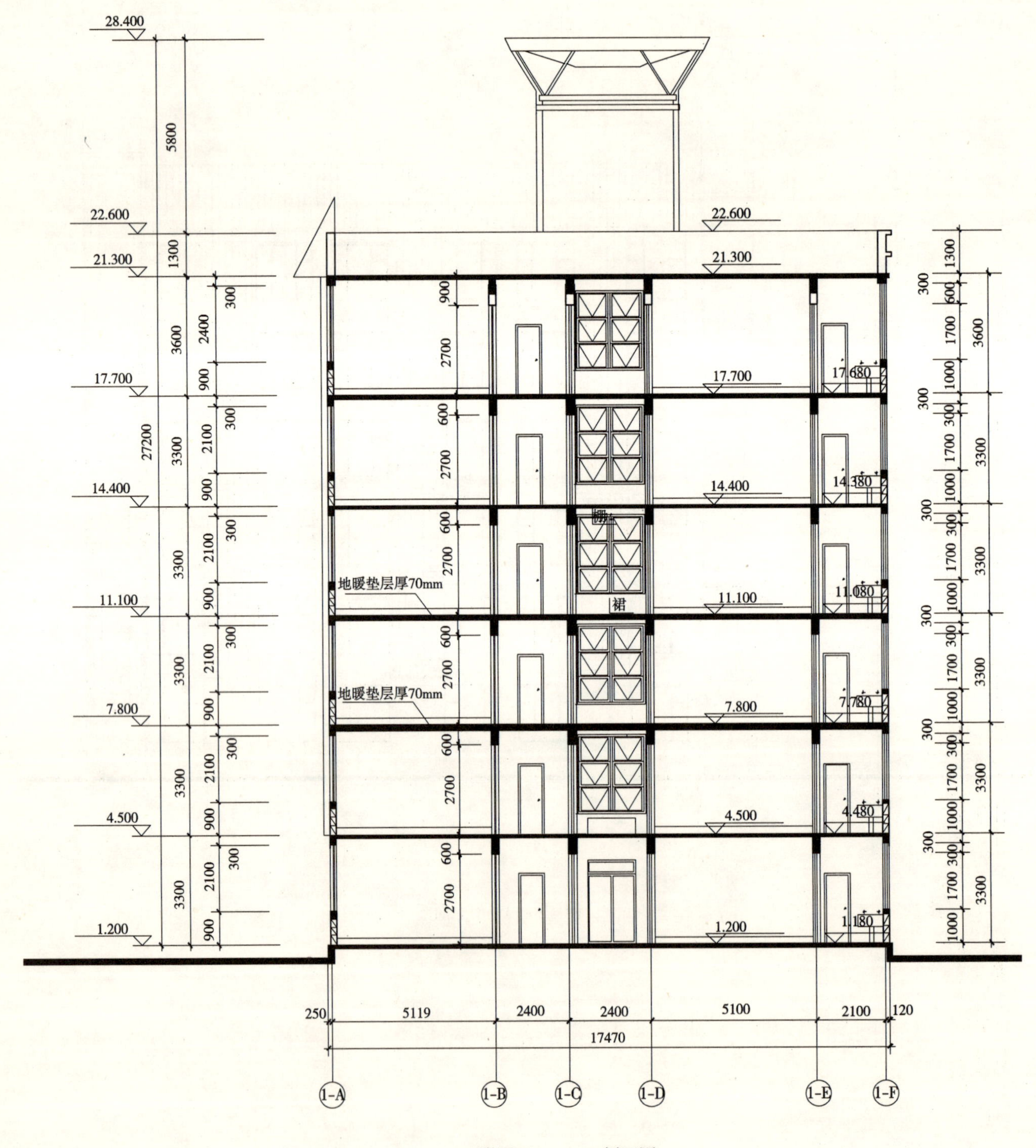
28.400
22.600
21.300
17.700
14.400
11.100
7.800
4.500
1.200
5800
1300
3600
27200
3300
2400
2100
900
300
2700
600
地暖垫层厚70mm
17.680
14.380
11.080
7.780
4.480
1.180
1700
1000
250
5119
2400
5100
2100
120
17470
1-A
1-B
1-C
1-D
1-E
1-F

附图A-14 1-1剖面图

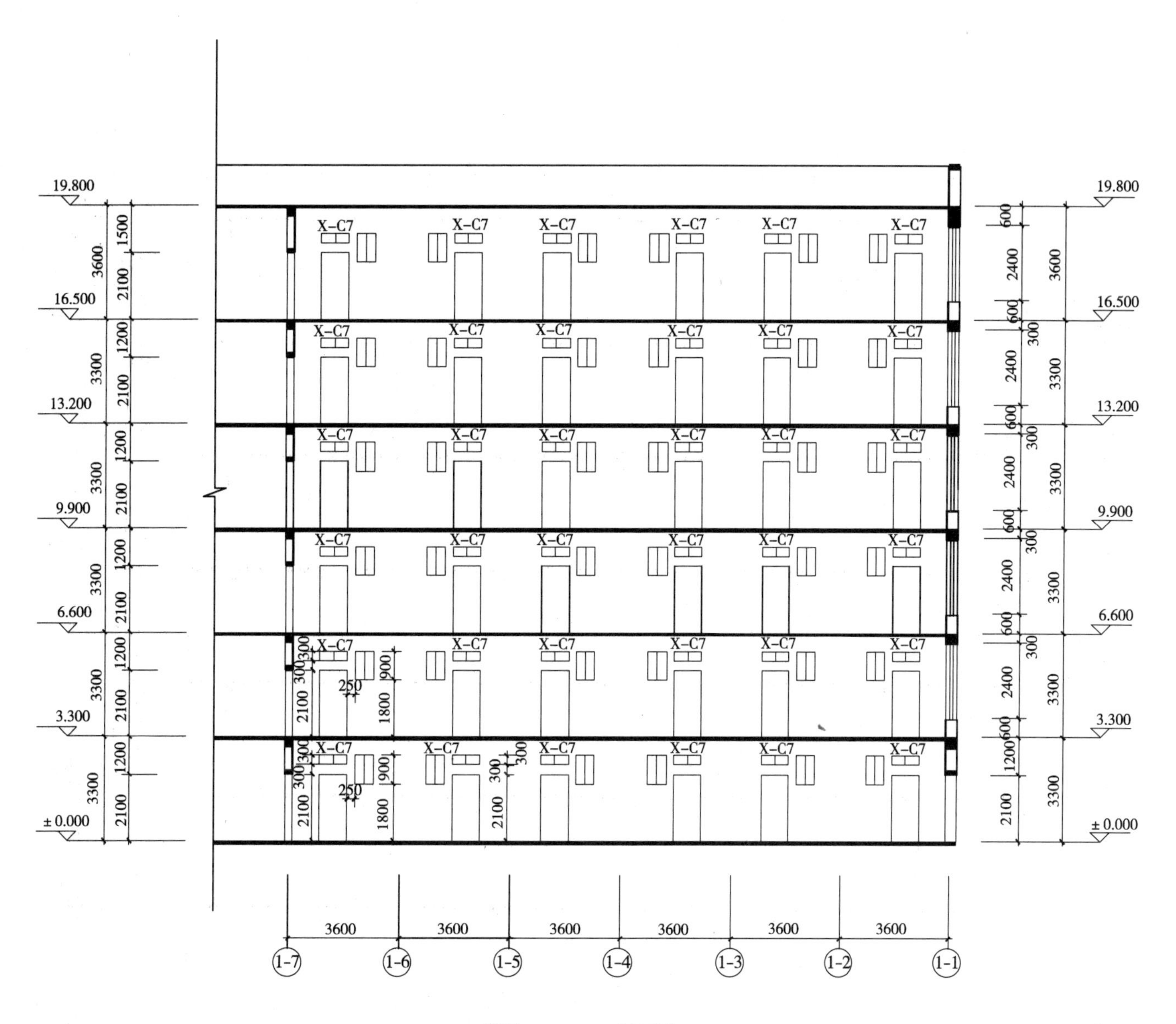
19.800
16.500
13.200
9.900
6.600
3.300
±0.000
X-C7
3600
3300
2100
1200
1500
2400
600
300
900
1800
250
1-7
1-6
1-5
1-4
1-3
1-2
1-1

附图A-15 2-2剖面图

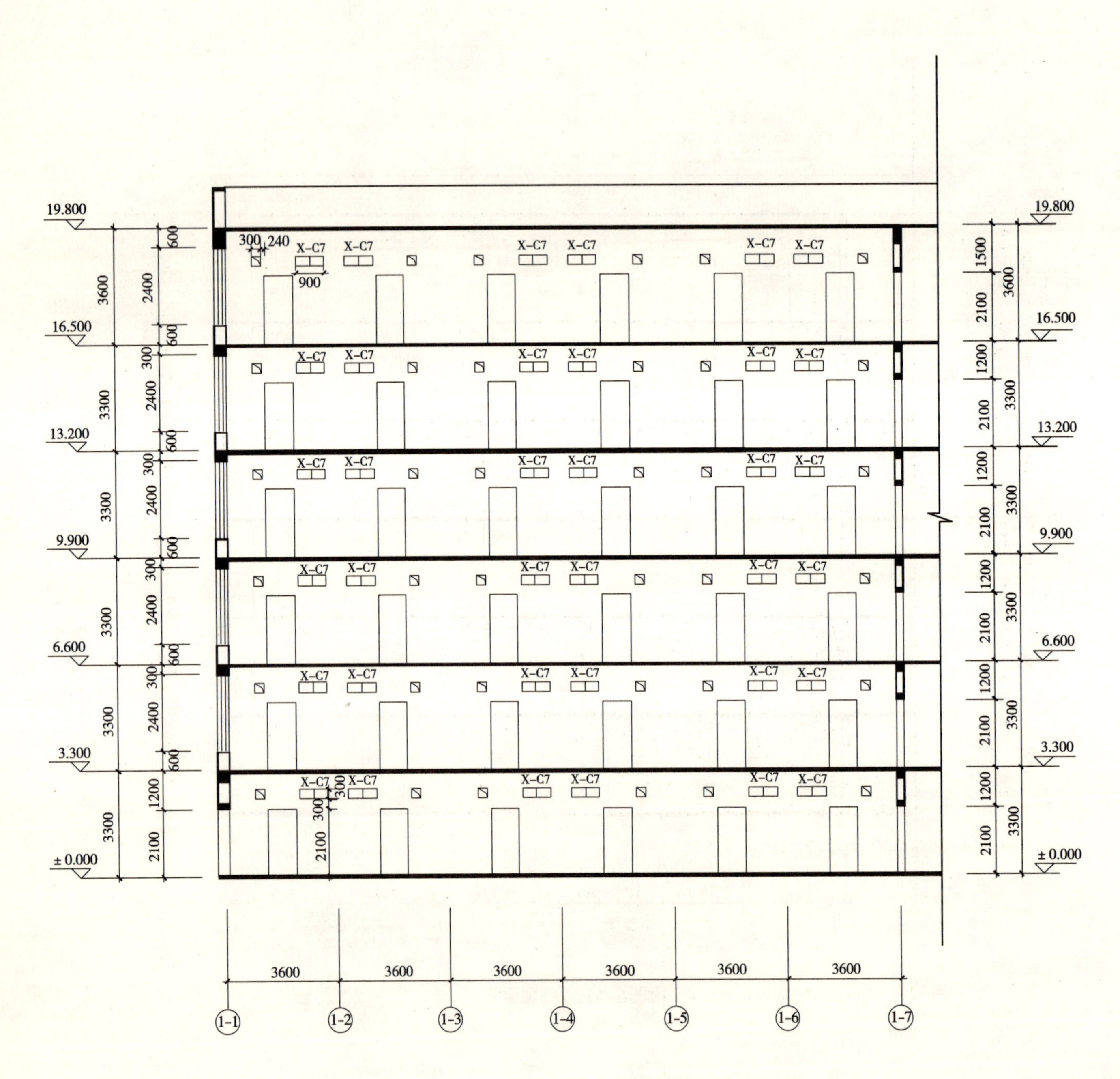
19.800
16.500
13.200
9.900
6.600
3.300
±0.000
3600
3300
2400
2100
1200
1500
600
300
240
900
X-C7
3600
1-1
1-2
1-3
1-4
1-5
1-6
1-7

附图A-16 3-3剖面图

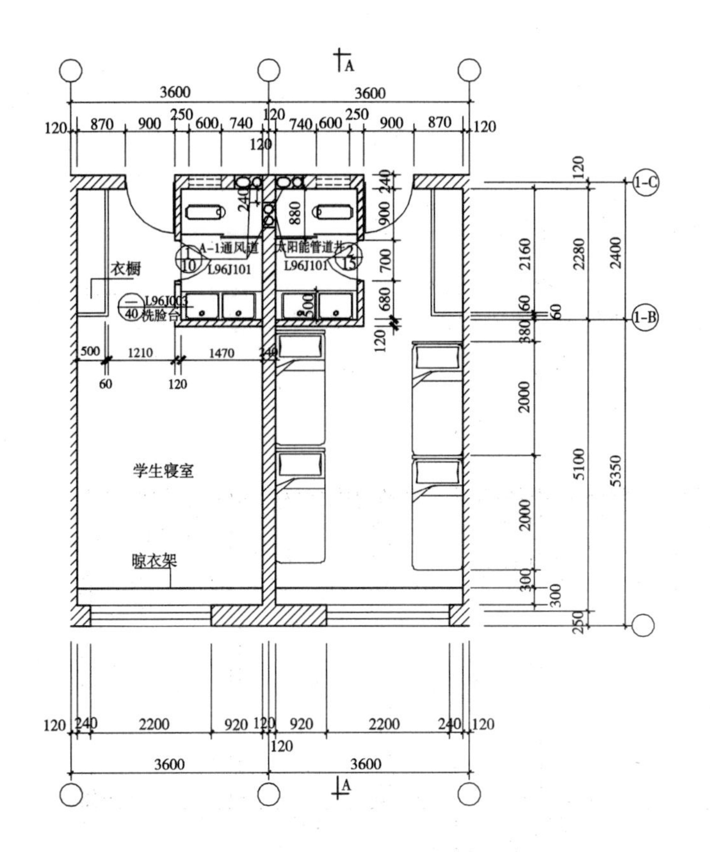

附图A-17　南向四人间平面布置图

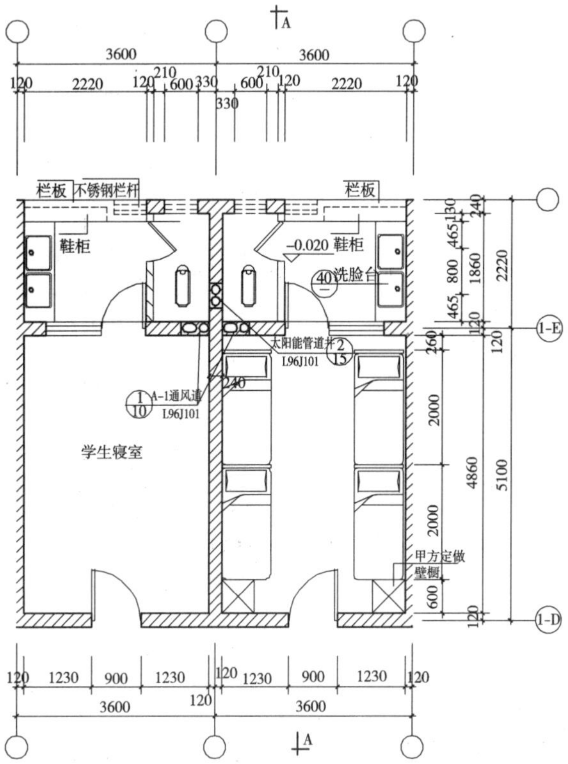

A
3600 3600
120 2220 120 210 600 330 600 210 120 2220 120
330
栏板
不锈钢栏杆
栏板
鞋柜
-0.020
鞋柜
40
洗脸台
130
240
465
800
465
120
1860
2220
1-E
120
260
太阳能管道井
2
15
L96J101
1
10
A-1通风道
L96J101
240
学生寝室
2000
4860
5100
2000
甲方定做
壁橱
600
120
1-D
120 1230 900 1230 120 1230 900 1230 120
3600
120
3600
A

附图A-18　北向四人间平面布置图

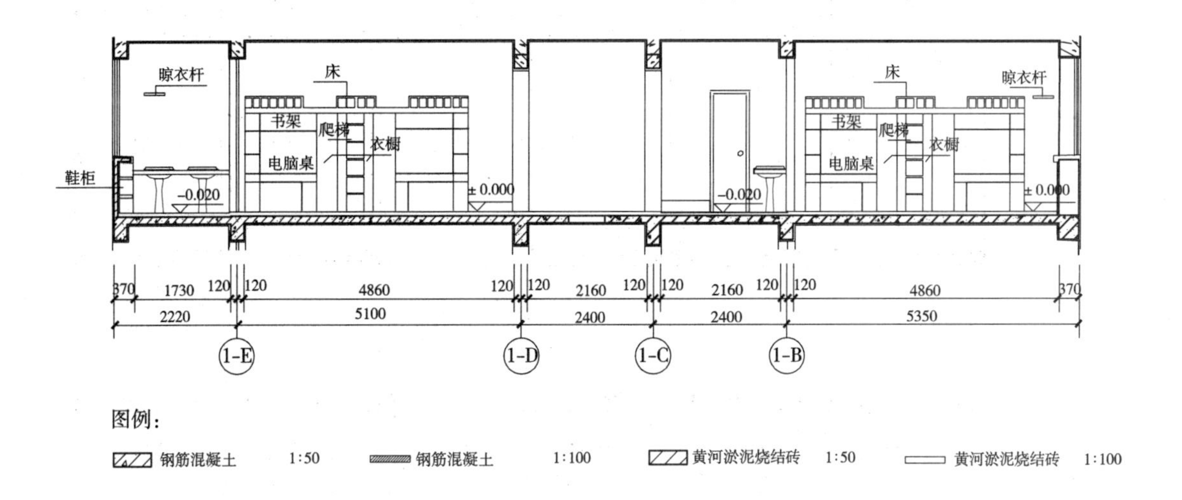

附图A-19　A-A剖面图

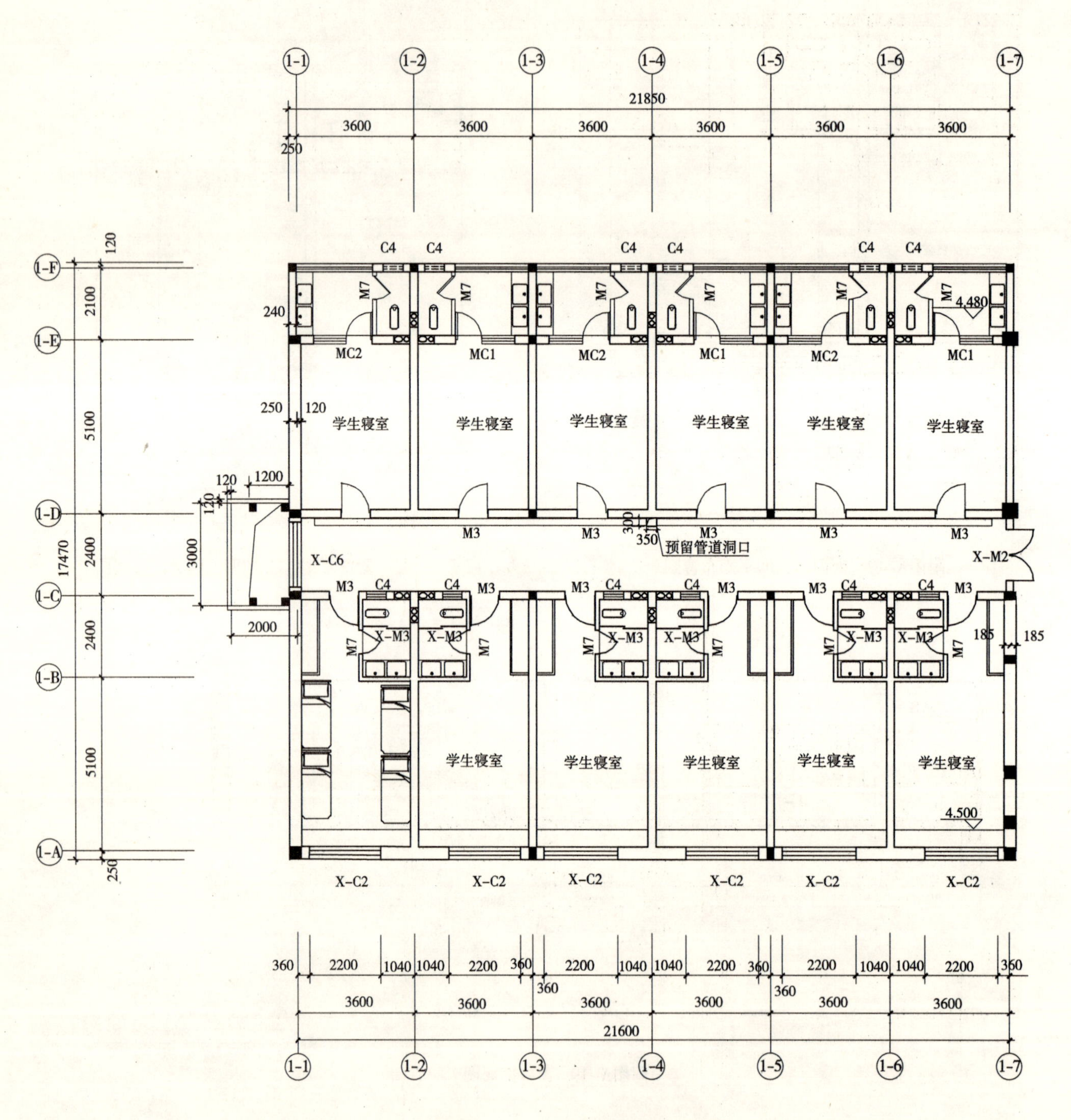

附图A-20　二层管道平面图

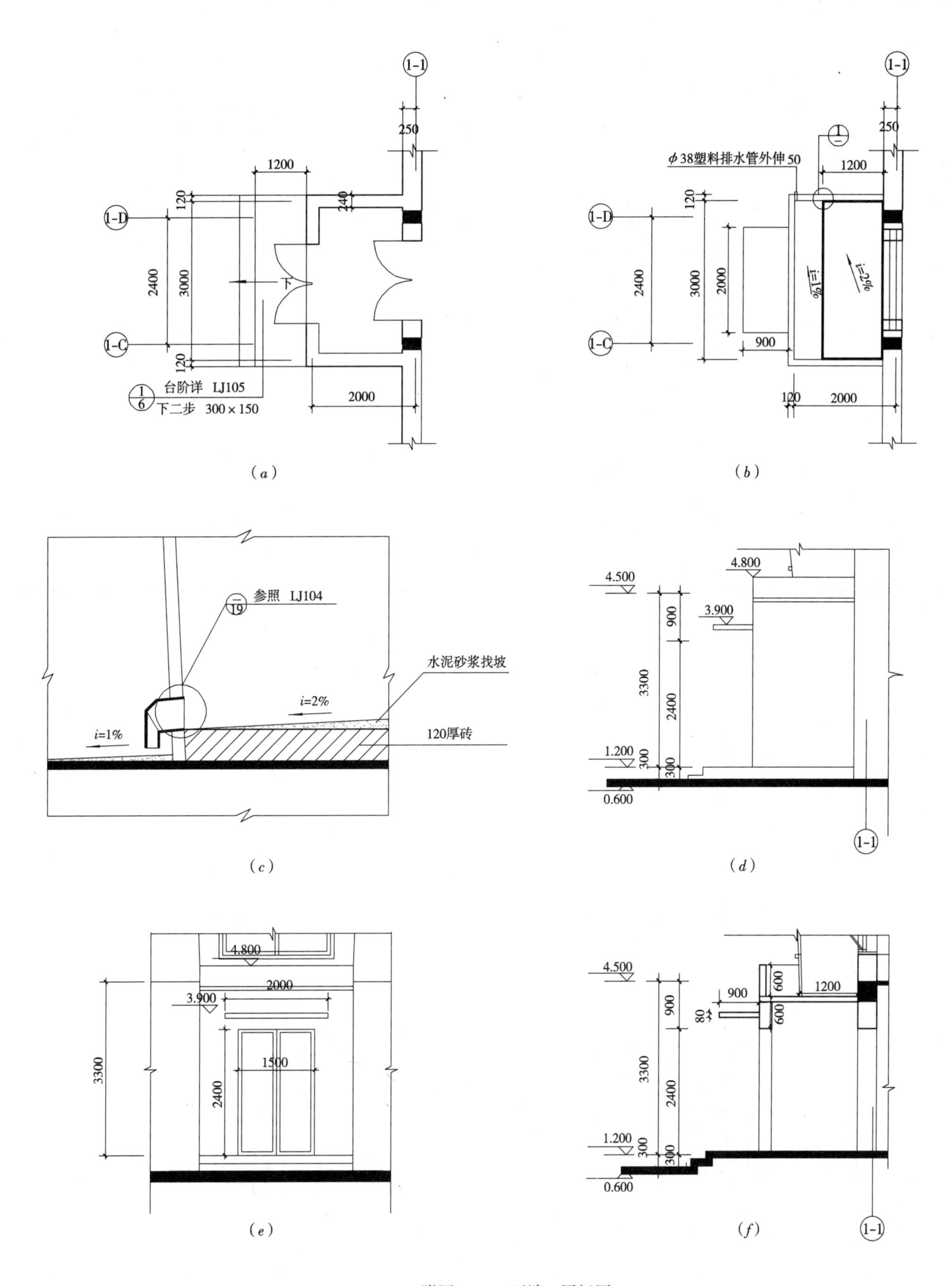

附图A-21 西端一层门厅

(a)平面图；(b)屋顶平面图；(c)烟囱剖面；(d)南立面图；(e)西立面图；(f)剖面图

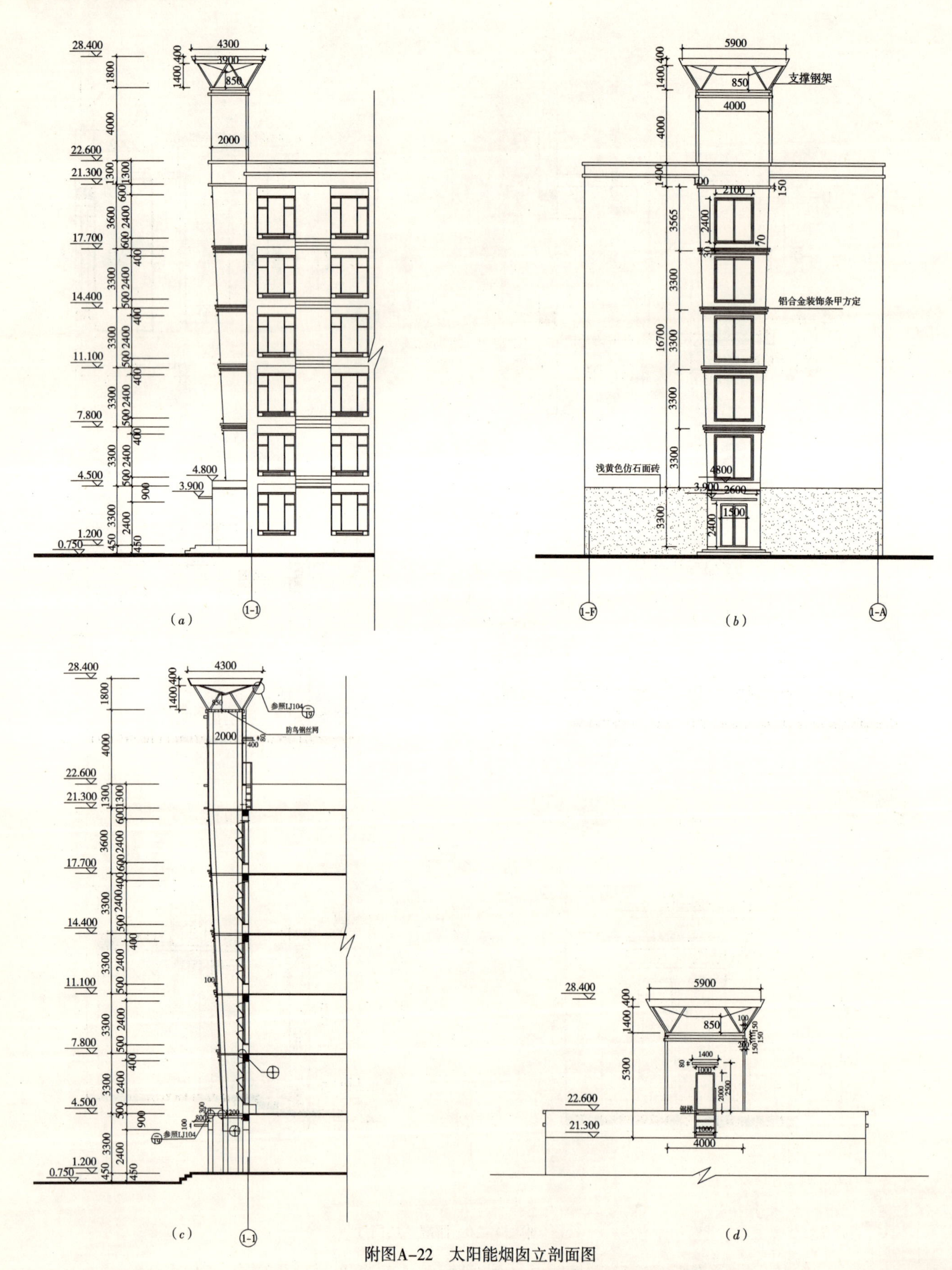

附图A-22 太阳能烟囱立剖面图

（a）南立面图；（b）西立面图；（c）1-1剖面图；（d）东立面图

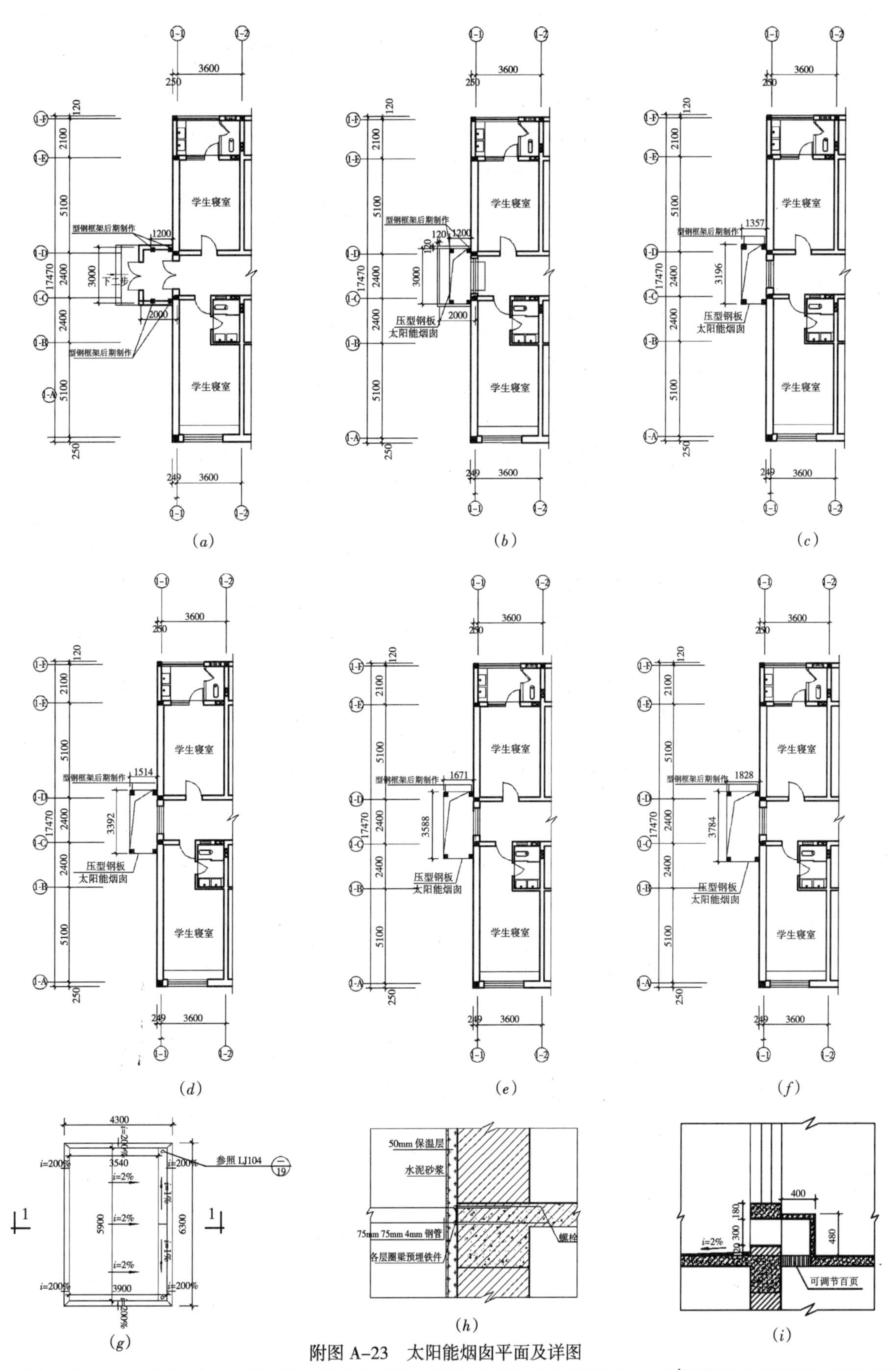

附图 A-23　太阳能烟囱平面及详图

(*a*)一层平面图;(*b*)二层平面图;(*c*)三层平面图;(*d*)四层平面图;(*e*)五层平面图;(*f*)六层平面图;(*g*)烟囱顶视图;(*h*)细节图 1;(*i*)细节图 2

附录B　结构设计说明

一、工程概况

本工程为山东建筑大学新校区学生宿舍梅园节能烟囱。

结构依据原建筑设计（建变||）进行。

该烟囱主要构件为钢矩管，现场焊接成格构式桁架，每层顶圈梁处与预埋件焊接。

二、设计依据

国家标准及规范：

《建筑结构荷载规范》（GB 50009—2001）

《钢结构设计规范》（GB 50017—2003）

《冷弯薄壁型钢结构设计规范》（GBJ 18—87）

《建筑钢结构焊接规程》（JGJ 81—91）

《钢结构工程施工及验收规范》（GB 50205—2001）

《建筑抗震设计规范》（GB 50011—2001）

三、钢结构材料

所有的材料采用 Q235B 钢，其质量标准符合现行标准《碳素结构钢》（GB 700—88）的规定。

Q235 钢焊条采用 E43 系列。

四、构件制作及安装

钢结构的制作与安装应符合《钢结构工程施工与验收规范》（GB 50205—2001）的有关规定。

焊缝质量按国家有关规范进行相应的检验。

除特别注明外，所有构件拼接采用等强对接焊，对接焊缝质量等级不低于二级。

构件之间采用相贯连接，焊缝为对接贴角焊。

图纸中未注明的焊角尺寸均为5mm，所有焊缝均满焊。

所有构件现场放样，准确无误后方可下料制作。

构件在运输及安装过程中，应采用防止变形和损伤的措施。

如有变形应及时修补矫正。

五、涂装、防火

所有外露的钢材采用手工钢丝刷除锈，质量等级不低于 ST2。

钢材经除锈制作完成后，涂两道防锈底漆。

防火处理应满足消防要求。

六、其他

本图尺寸根据埋件尺寸可做微调。

本图标高单位为‘m’，其他单位为‘mm’。

立面装饰条见原建筑图。

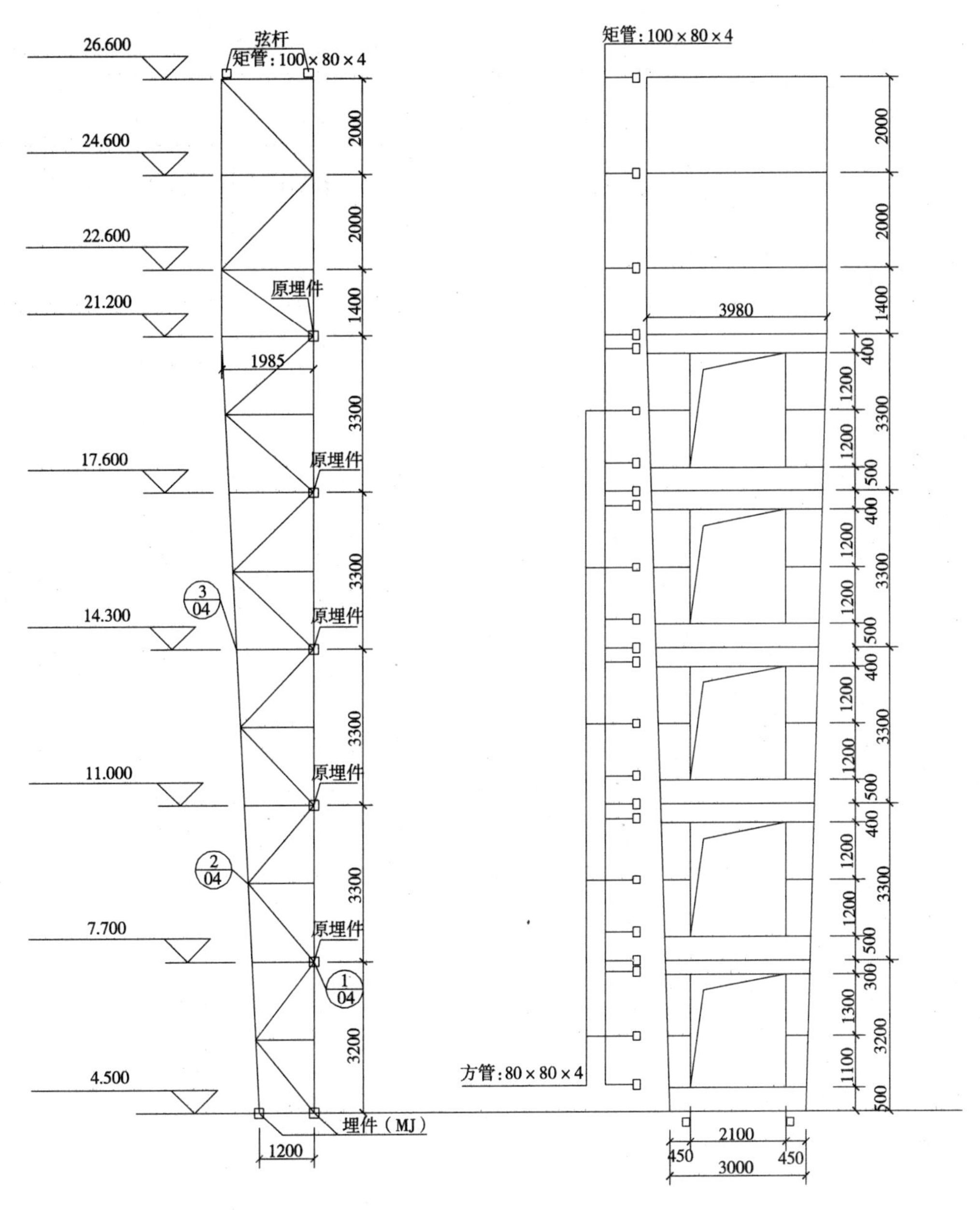

附图B-1　烟囱侧立面结构轴线布置图　　附图B-2　烟囱正立面结构轴线布置图

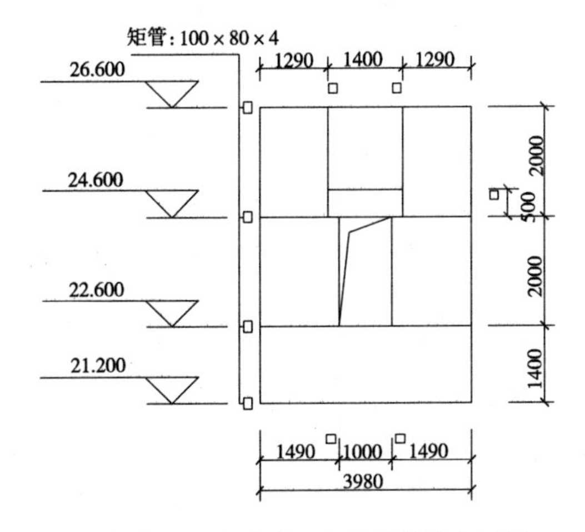

附图B-3　烟囱背立面结构轴线布置图

说明：
1. 本图所示标高及平面尺寸根据现场埋件位置调整。
2. 所有构件现场下料。
3. 除特别注明外，其他构件规格为方管80×80×4。
4. 构件之间采用相贯连接，焊缝为对接贴角焊。

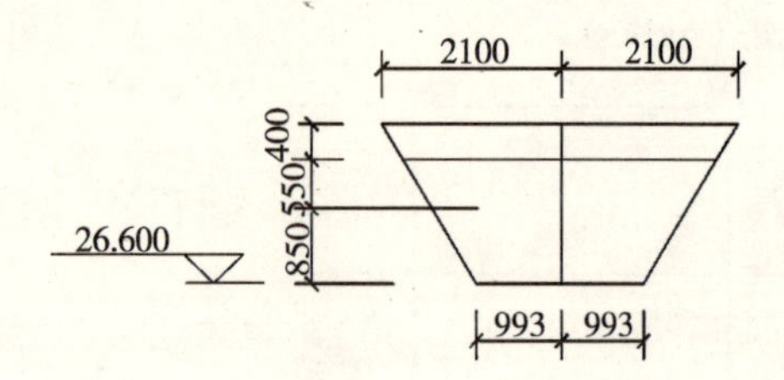

附图 B-4　烟囱顶侧立面结构轴线布置图

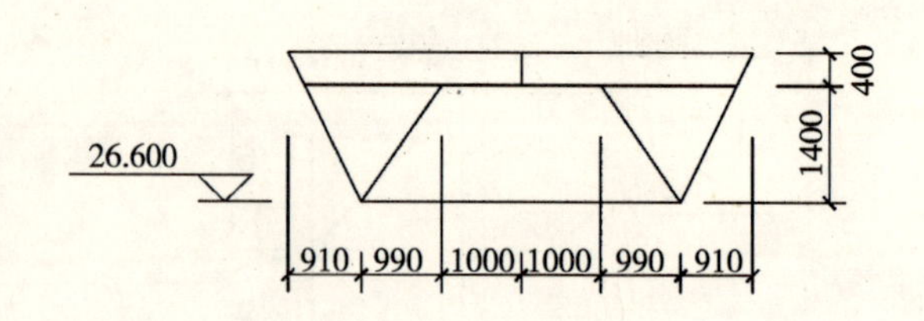

附图 B-5　烟囱顶正反立面结构轴线布置图

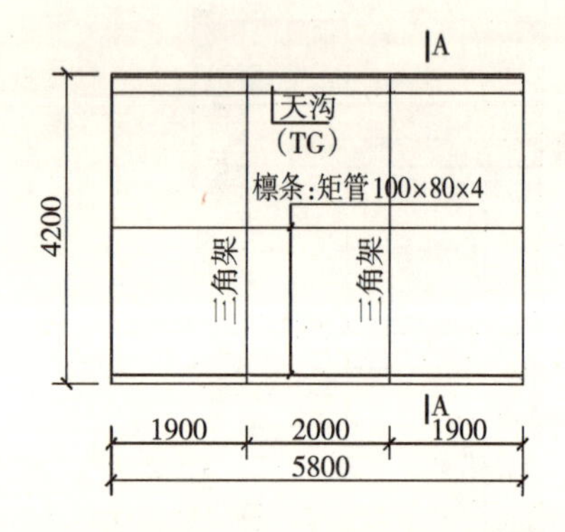

附图 B-6　烟囱屋顶结构轴线布置图

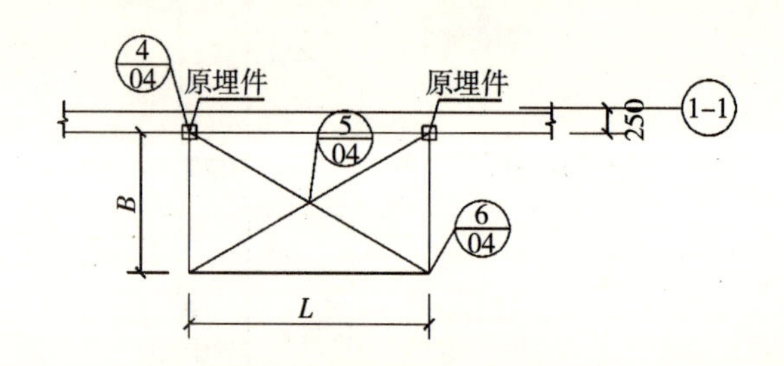

附图 B-7　平面结构轴线布置图

标高	B (MM)	L (MM)	备注
4.500	1200	3000	本尺寸为结构外围尺寸
7.700	1357	3196	
11.000	1514	3392	
14.300	1671	3588	
17.600	1828	3784	
21.200	1985	3980	
22.600	1985	3980	
24.600	1985	3980	
26.600	1985	3980	

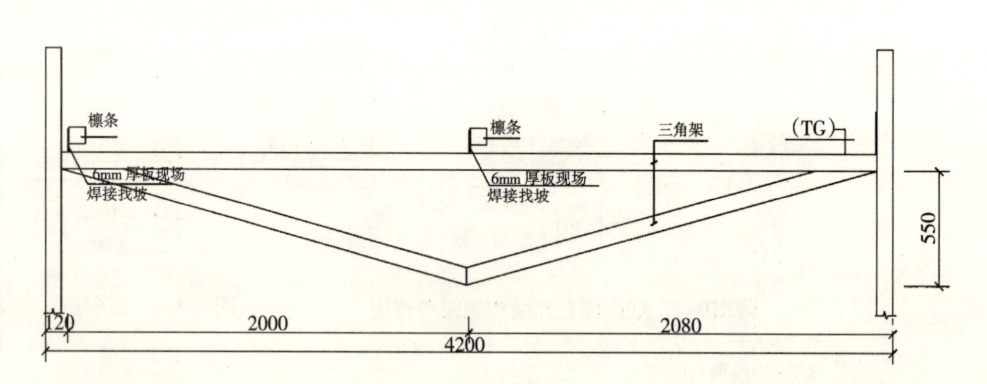

附图 B-8　A-A

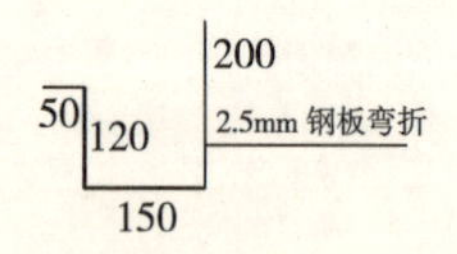

附图 B-9　(TG)

说明:

1. 本图所示标高及平面尺寸根据现场埋件位置调整。
2. 所有构件现场下料。
3. 除特别注明外，其他构件规格为方管 80×80×4。
4. 构件之间采用相贯连接，焊缝为对接贴角焊。

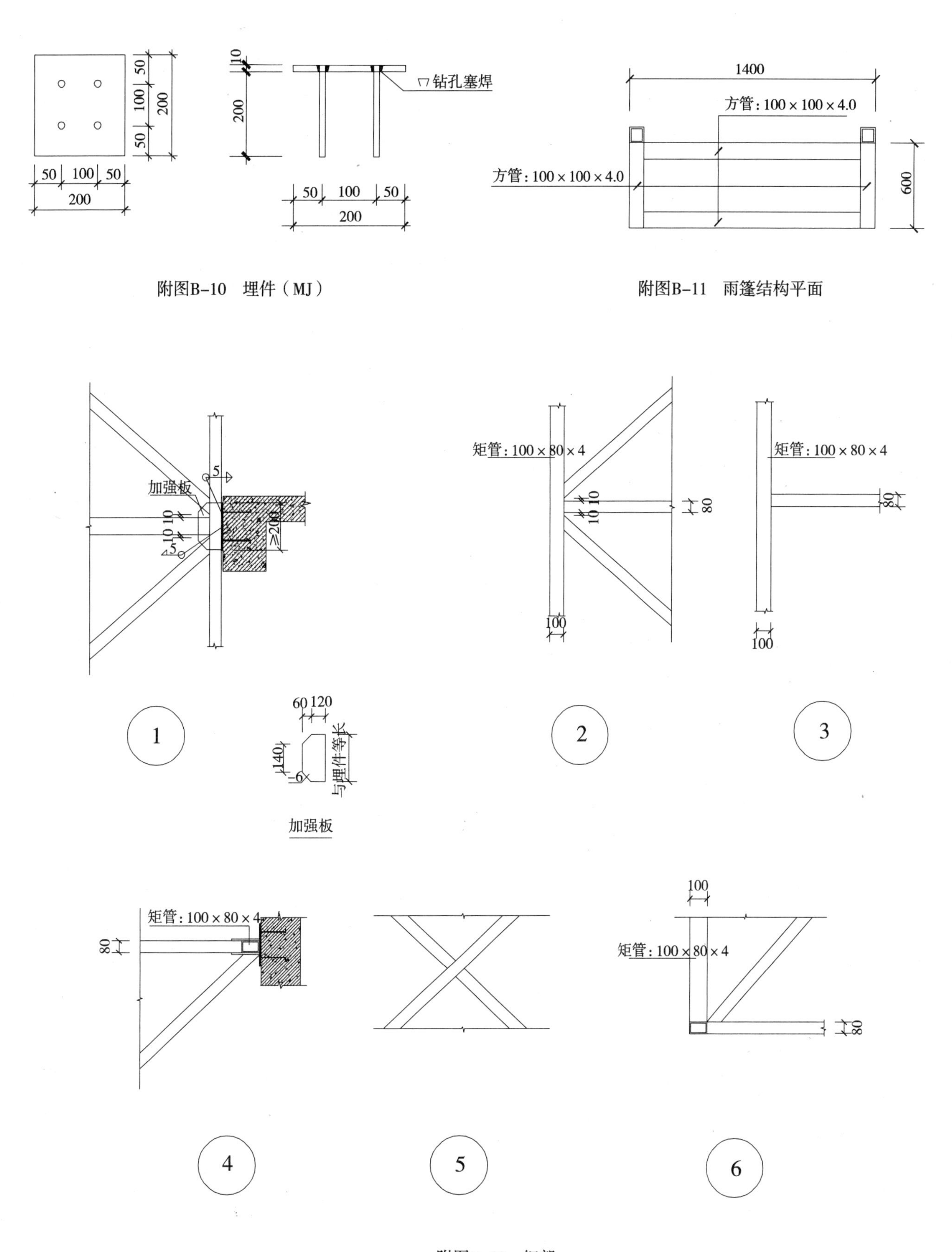

附图B-10 埋件（MJ）

附图B-11 雨篷结构平面

附图B-12 细部

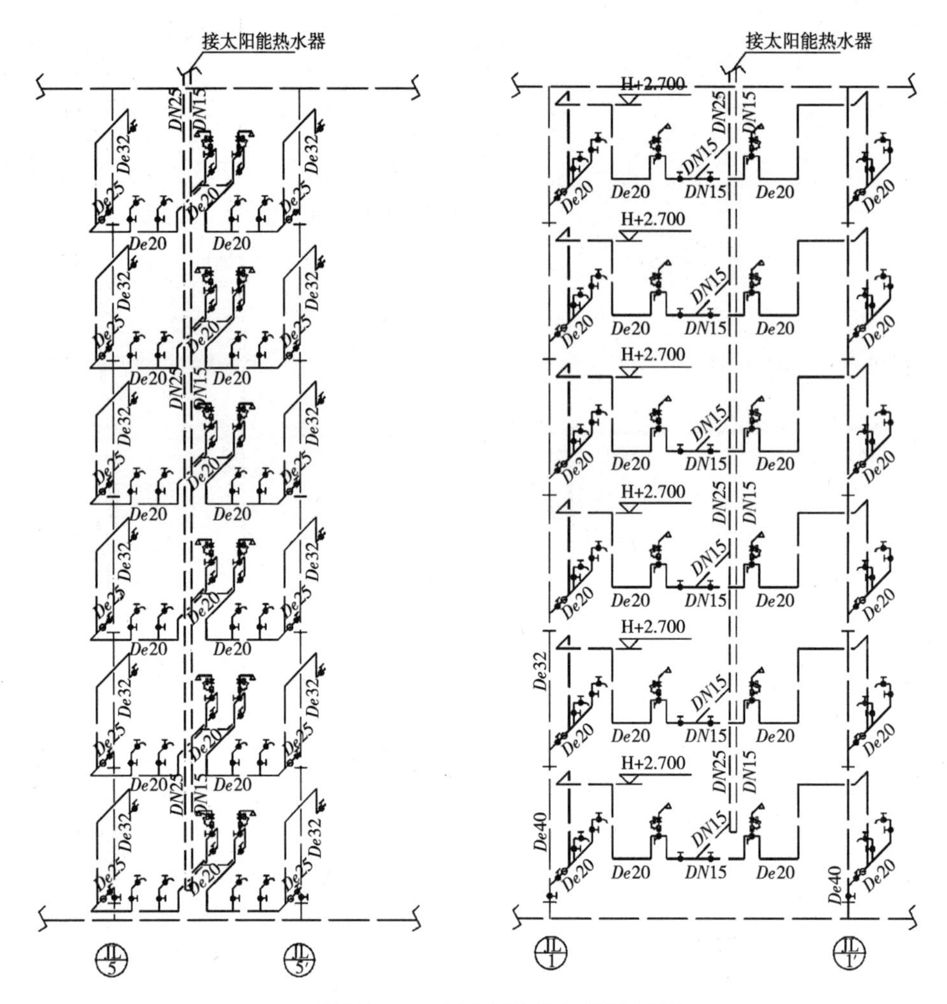

附图 B-13　卫生间给排水管道系统图

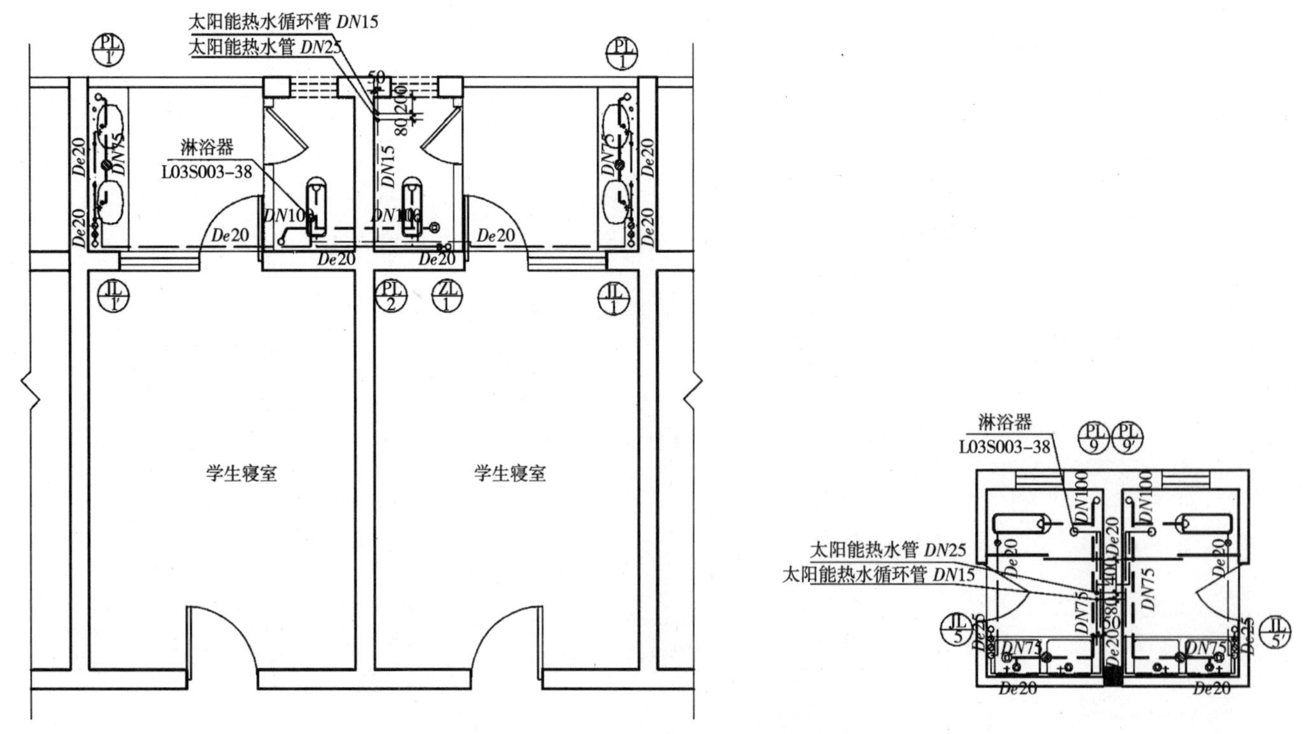

附图 B-14　卫生间给排水管道平面布置图

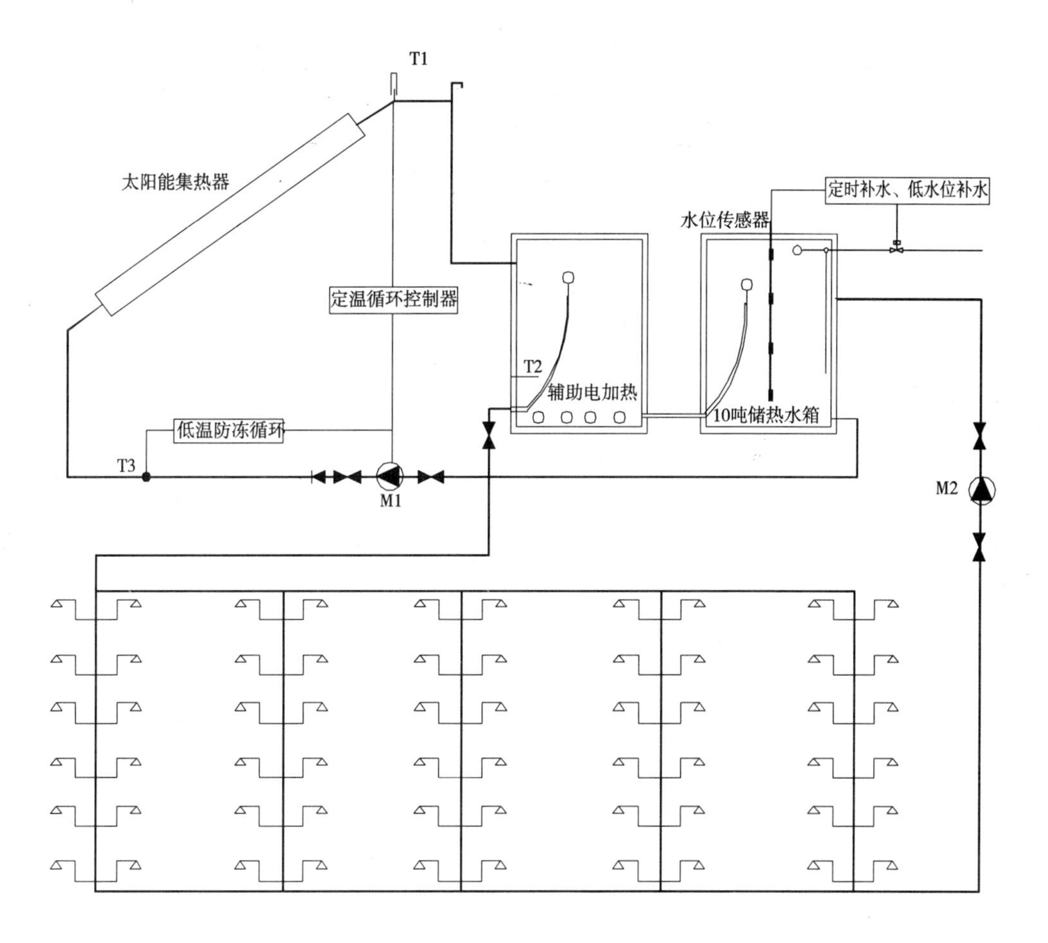

附图B-15 太阳能热水系统运行原理图

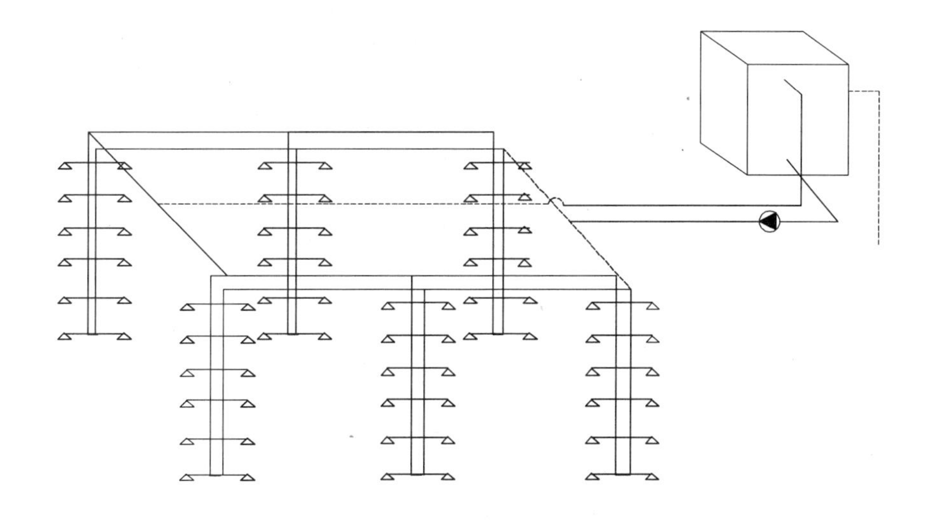

附图B-16 太阳能热水系统图

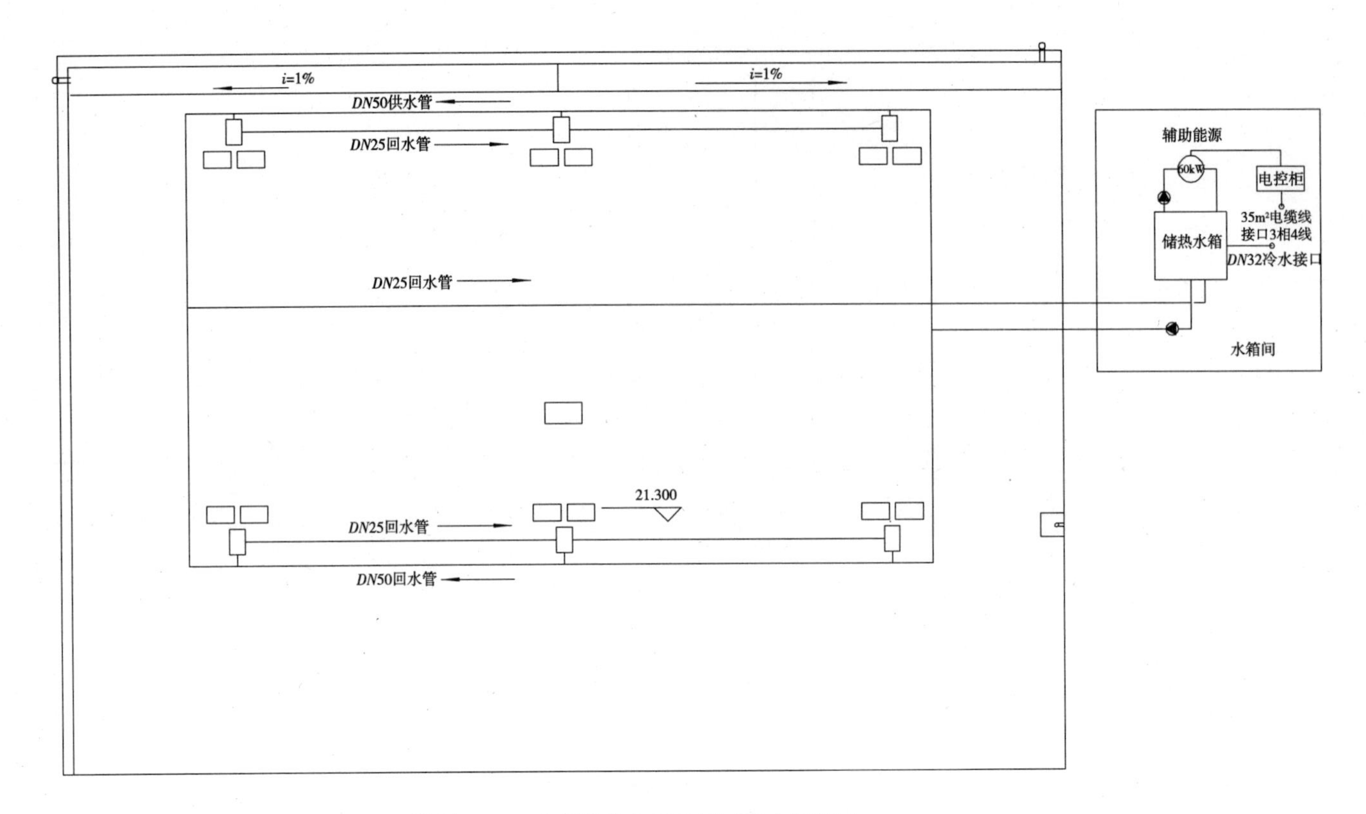

附图B-17　太阳能热水系统屋面供水管路图

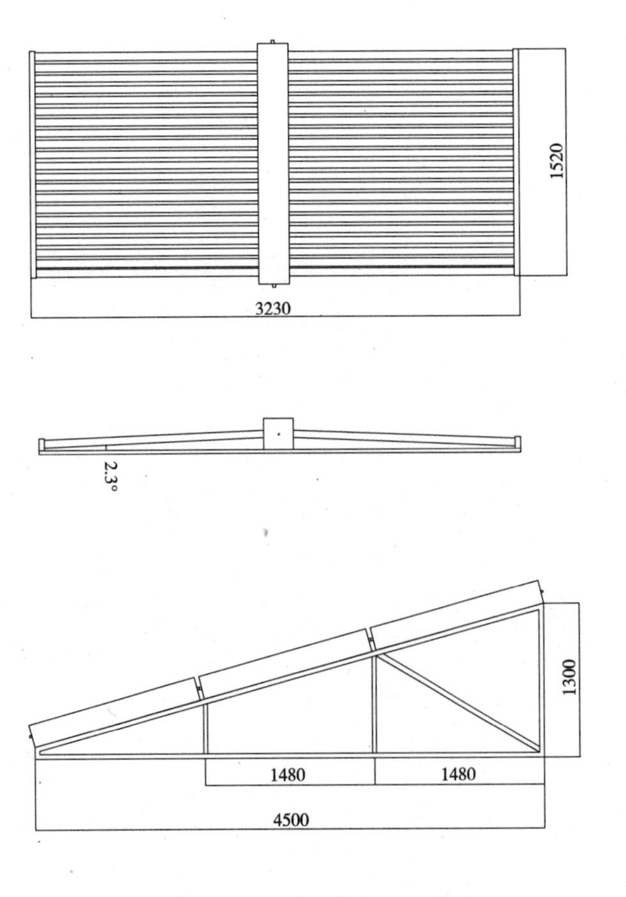

附图B-18　太阳能集热器尺寸

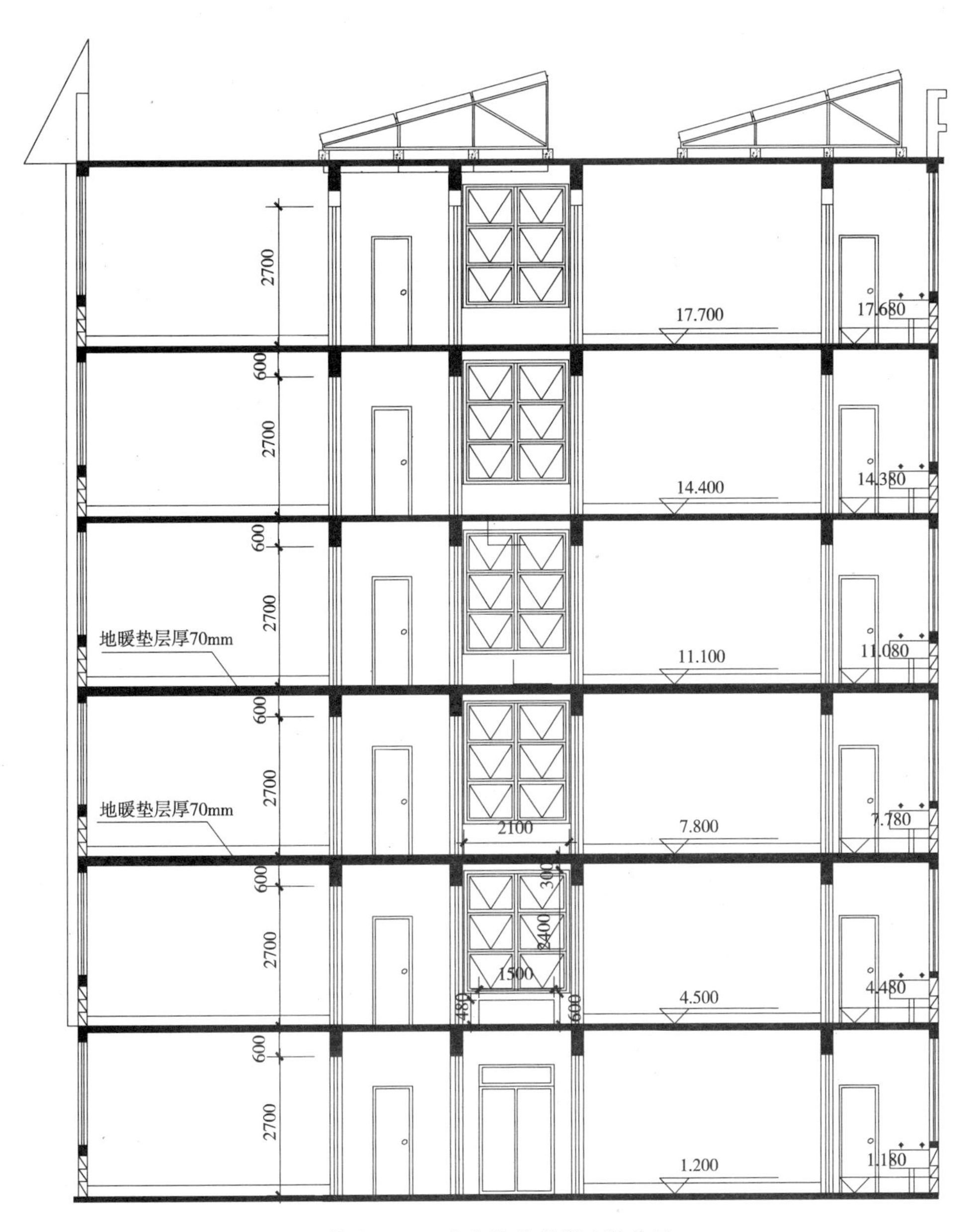

附图 B-19 太阳能集热器安装位置

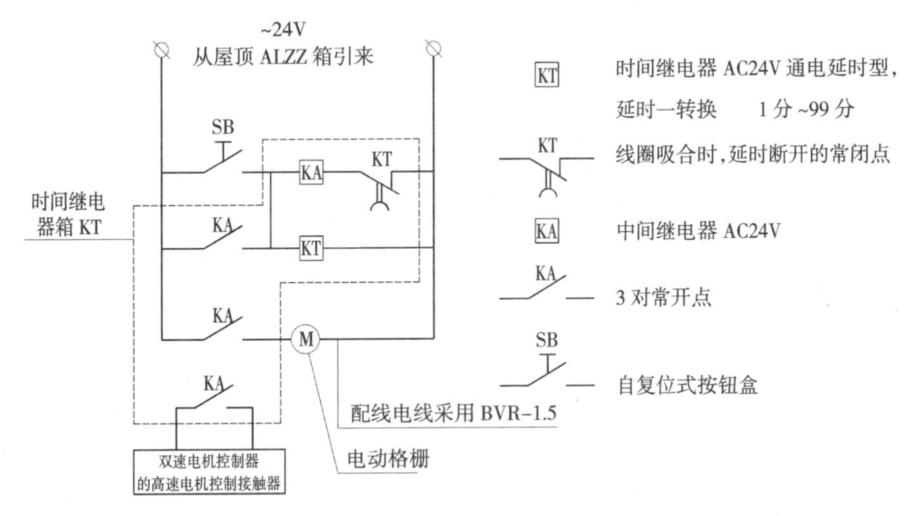

附图 B-20 学生宿舍、水箱间配电平面图（一）

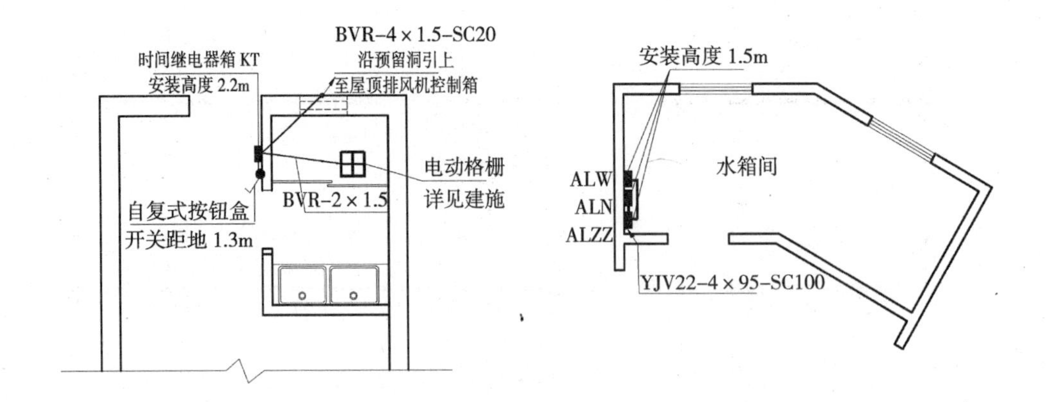

附图 B-20 学生宿舍、水箱间配电平面图（二）

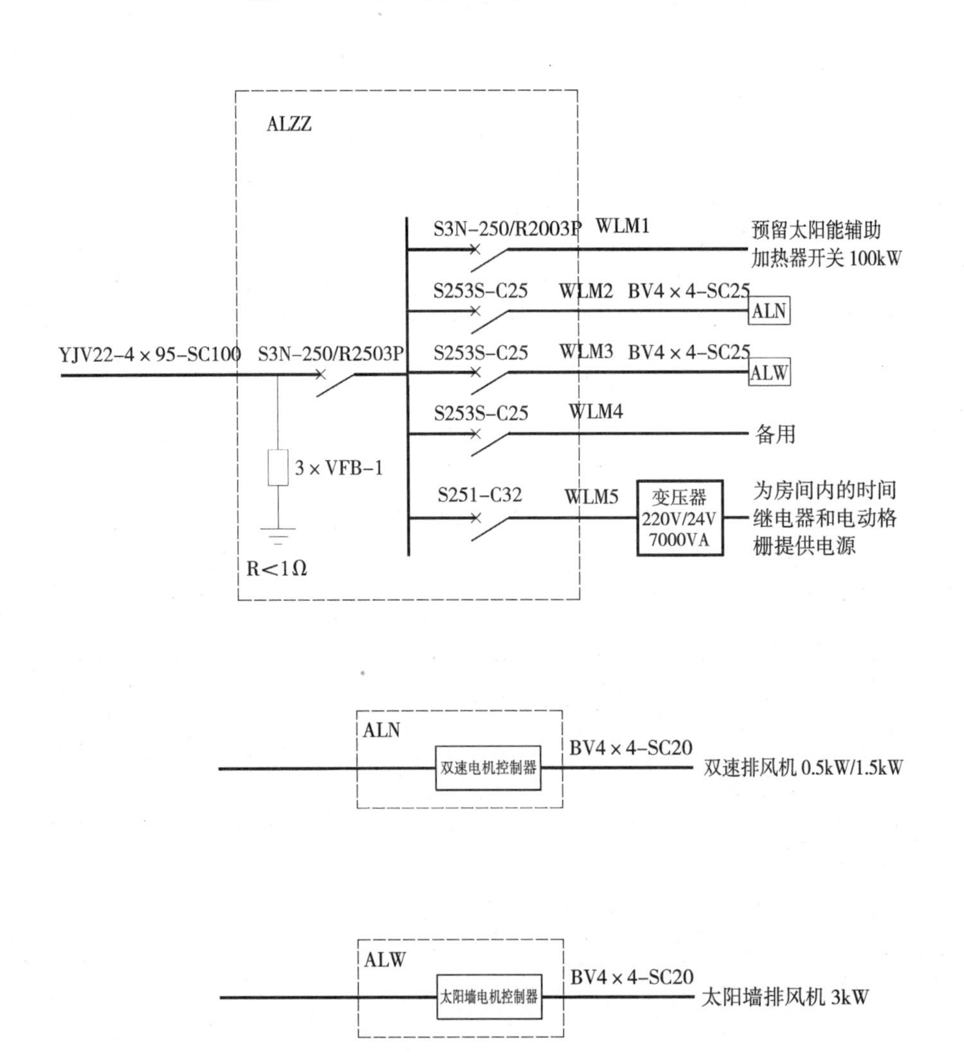

附图 B-21 ALZZ、ALN、ALW 配电系统图

附录C 采暖说明

1. 供暖室外计算温度：$t_{WN}=-7$℃；$t_n=18$℃系统总阻力为0.04MPa

2. 供暖热煤采用95/70℃热水，供暖入口设有总计量表装置（供回水管设过滤器）

3. 采暖系统为散热器和地板采暖

4. 散热器选用TZY2－5－8铸铁散热器

5. 采暖管道采用无缝钢管，*DN*≥32者焊接，*DN*<32者丝接

6. 设计图中所注的管道安装标高，均以管中心为准

7. 每组散热器立管均设球阀，规格同管径；每组散热器支管管径均为*DN*20上设同规格球阀，散热器片数大于20者异侧连接

8. 所有阀门的位置，应设置在便于操作与维修的部位，立管上、下部的阀门务必安装在平顶下和地面上便于操作和维修处

9. 供水干管穿梁处预埋套管，管径比供水管径大两号，明敷回水干管和连接散热器的水平支管，遇到凸出墙面的柱子时，应绕柱安装

10. 每组散热器均安装手动跑风阀$\phi 8$该阀的位置应设于散热器的上部，串联散热器管径同散热器接口口径

11. 管道系统的最低点，应配置*DN*25泄水管并安装同口径闸阀或球阀，管道系统的最高点，配置DN15ZP－Ⅰ型自动排气阀

12. 敷设在地沟，楼梯间，不采暖房间及室外的供、回水管道均应采用离心玻璃棉进行保温，保温层厚度详省标L90N95－3，保温层外部做铝箔保护层

13. 管道上必须配置必要的支、吊、托架，具体形式由安装单位根据现场实际情况确定，做法参见国标

14. 油漆 油漆前先清除金属表面的铁锈，对于

[1] 保温管道，刷防锈底漆两遍

[2] 非保温管道，刷防锈底漆两遍，耐热色漆或银粉两遍，色漆染色一般应与室内墙壁一致

15. 冲洗 供暖系统安装竣工并经试压合格后，应对系统反复注水、排水，直至排出水中不含泥砂铁屑等杂质，且水色不浑浊方为合格

16. 试调 系统经试压和冲洗合格后，即可进行试运行和调试。调试的目的是使各环路的流量分配符合设计要求，所以，各房间的室内温度与设计温度相一致或保持一定的差值方为合格

17. 其他各项施工要求，应严格遵守《建筑给水排水及采暖工程质量验收规范》[GB 50242—2002] 的有关规定

18. 本工程所在地为Ⅰ级非自重湿陷性黄土区，设计考虑基本防水措施，管道接口应密实，不漏水；采暖地沟设置排向室外的坡度$i=0.3\%$采暖地沟防水做法参照检漏管沟做法，详国标86S460（一）；检查井防水做法参照检漏井做法，详国标86S460（二）

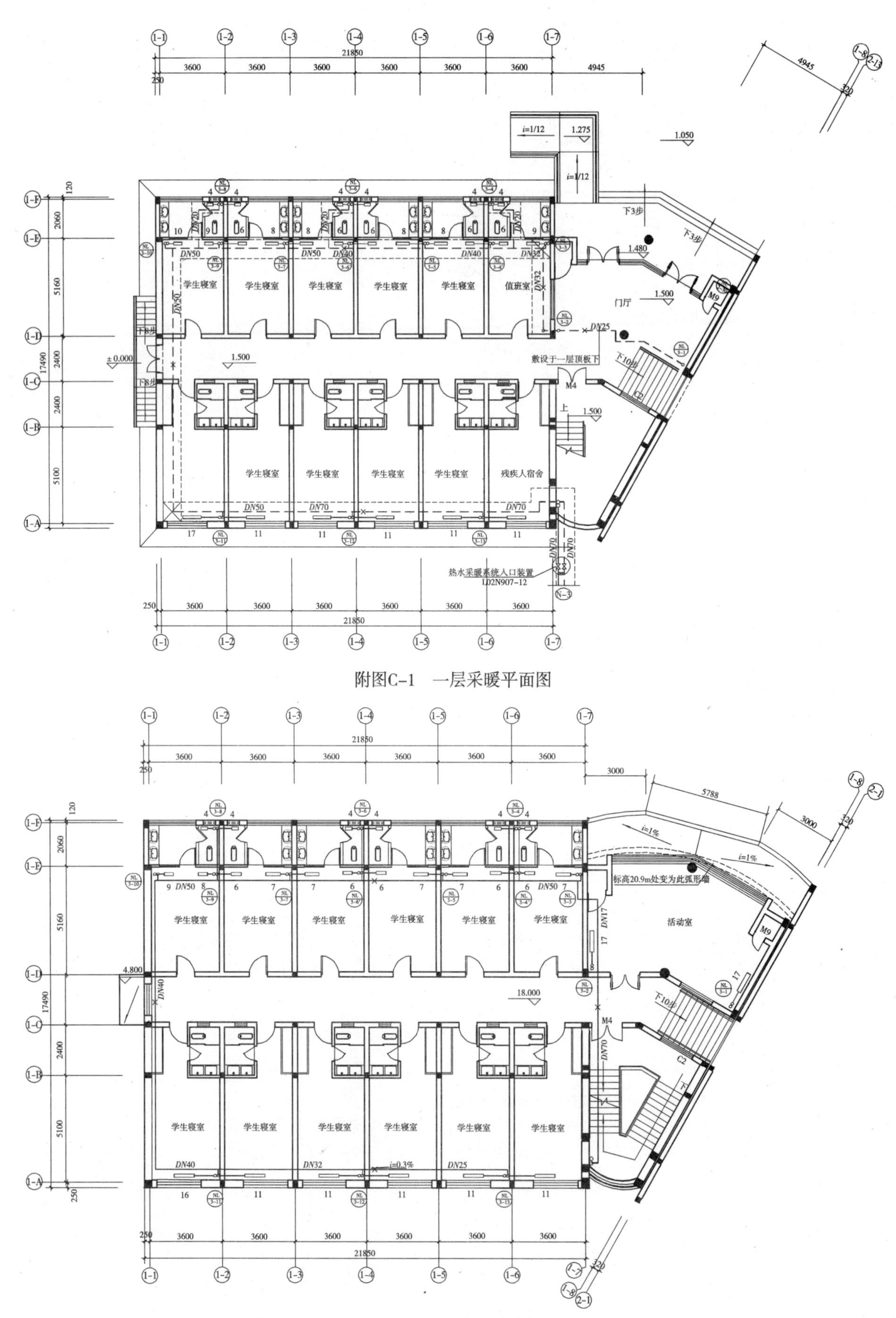

附图C-1 一层采暖平面图

附图C-2 二层采暖平面图

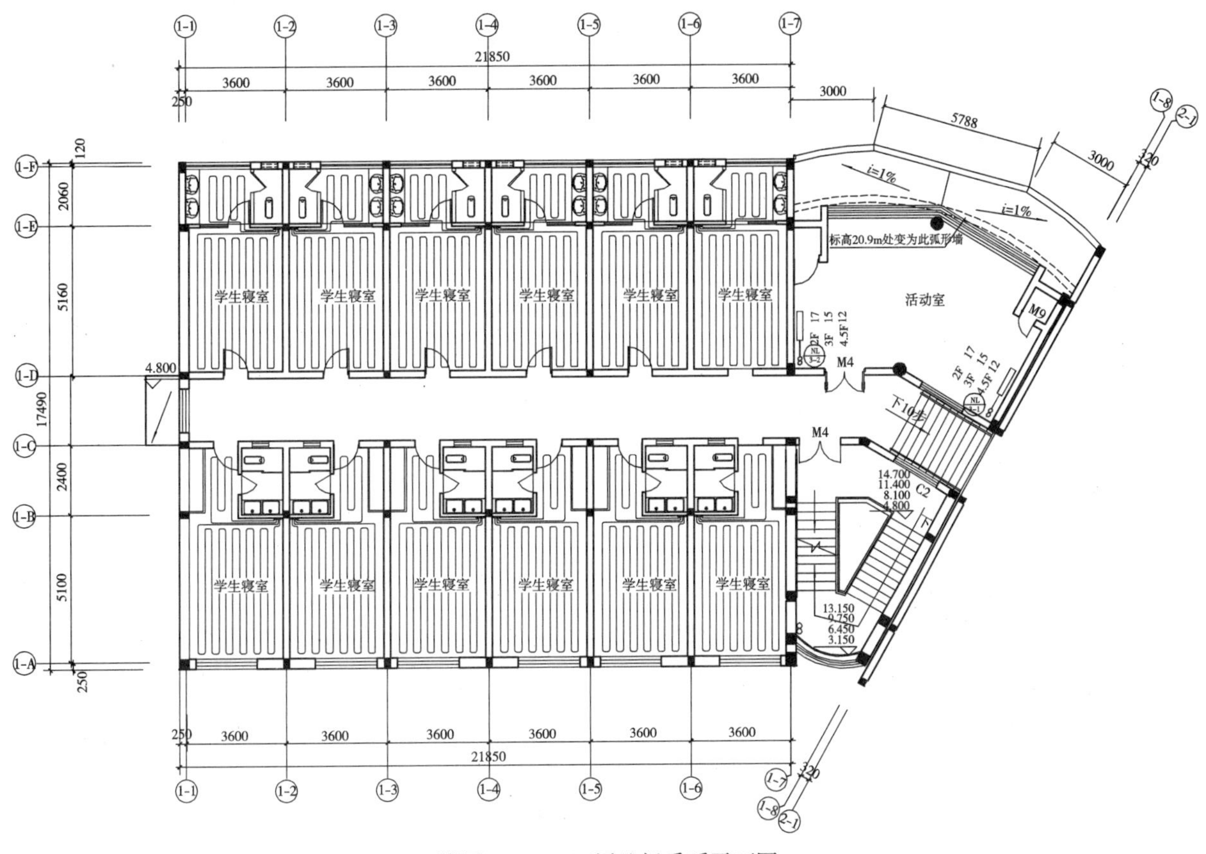

附图C-3 三四层地板采暖平面图

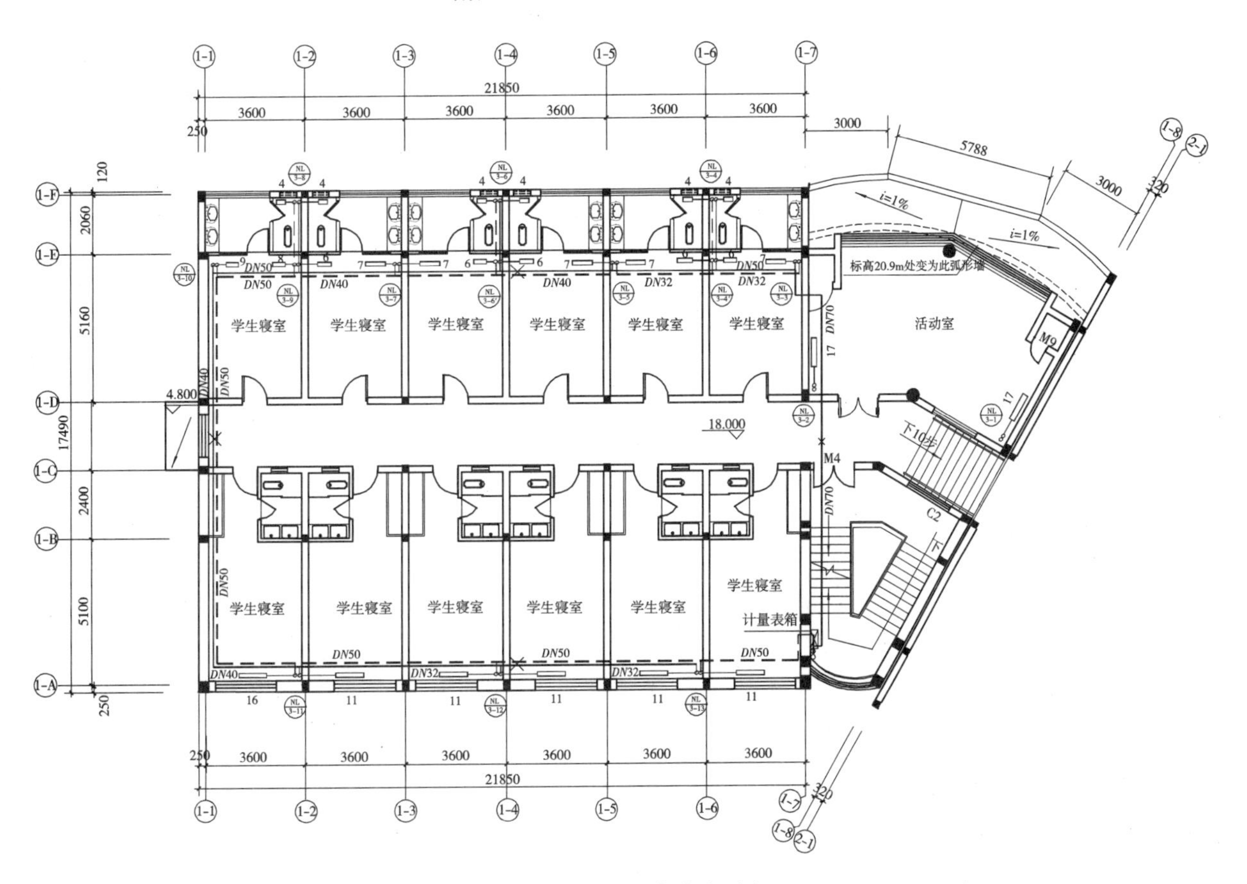

附图C-4 五层采暖平面图

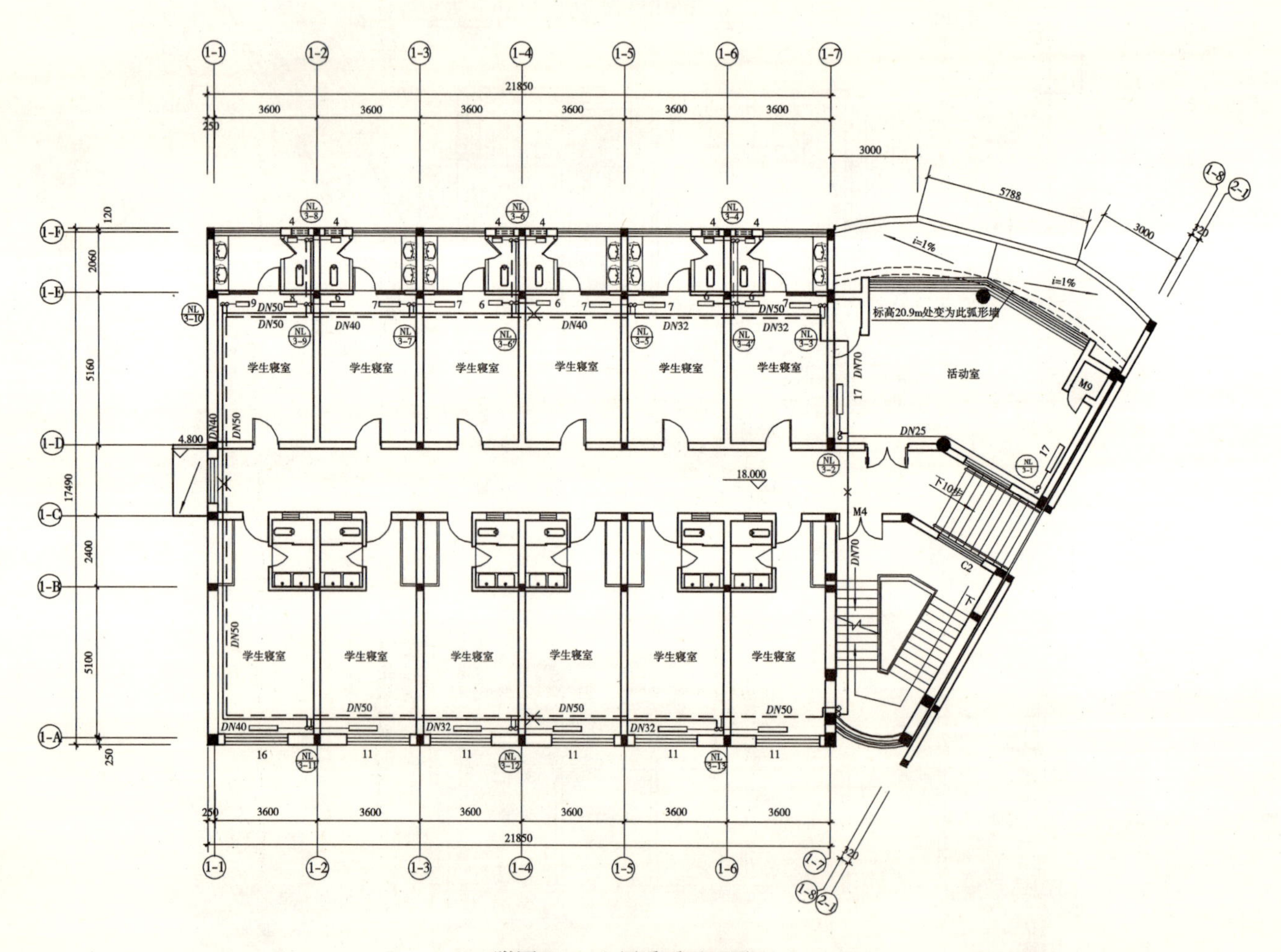

附图C-5　六层采暖平面图

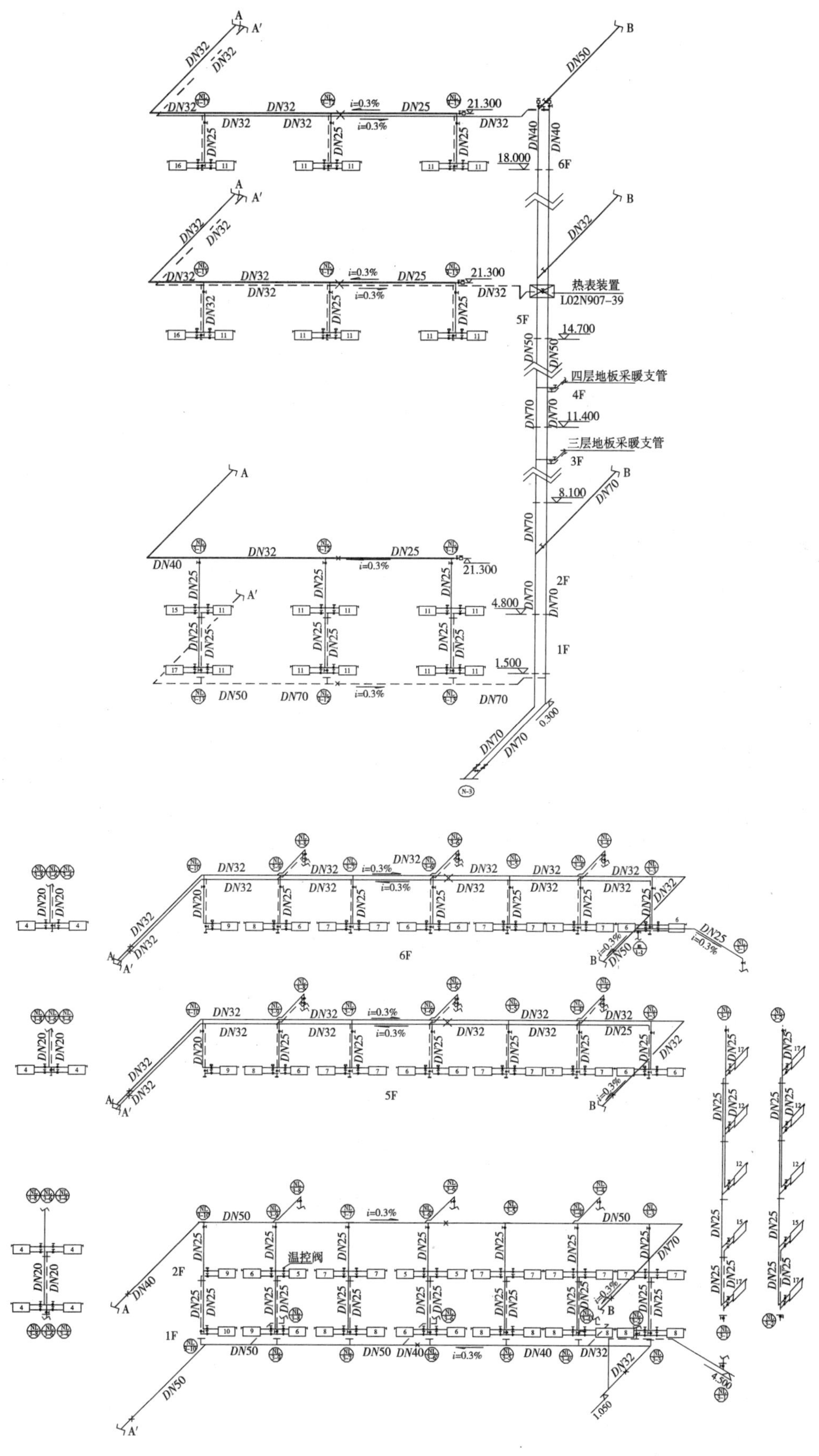
热表装置
L02N907-39
四层地板采暖支管
三层地板采暖支管
温控阀
21.300
18.000
14.700
11.400
8.100
4.800
1.500
6F
5F
4F
3F
2F
1F
i=0.3%

附图C-6 采暖系统图

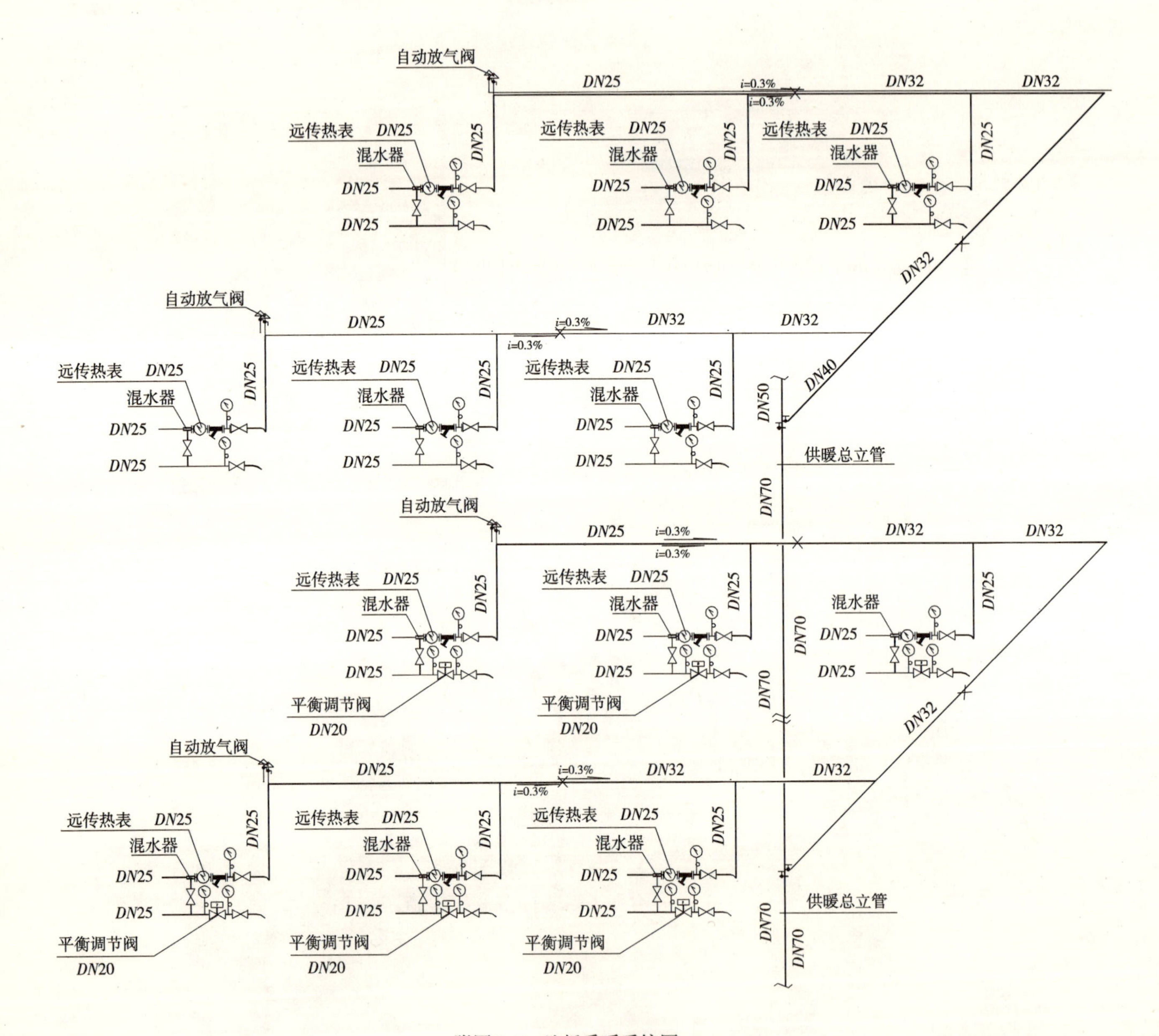

附图C-7　地板采暖系统图

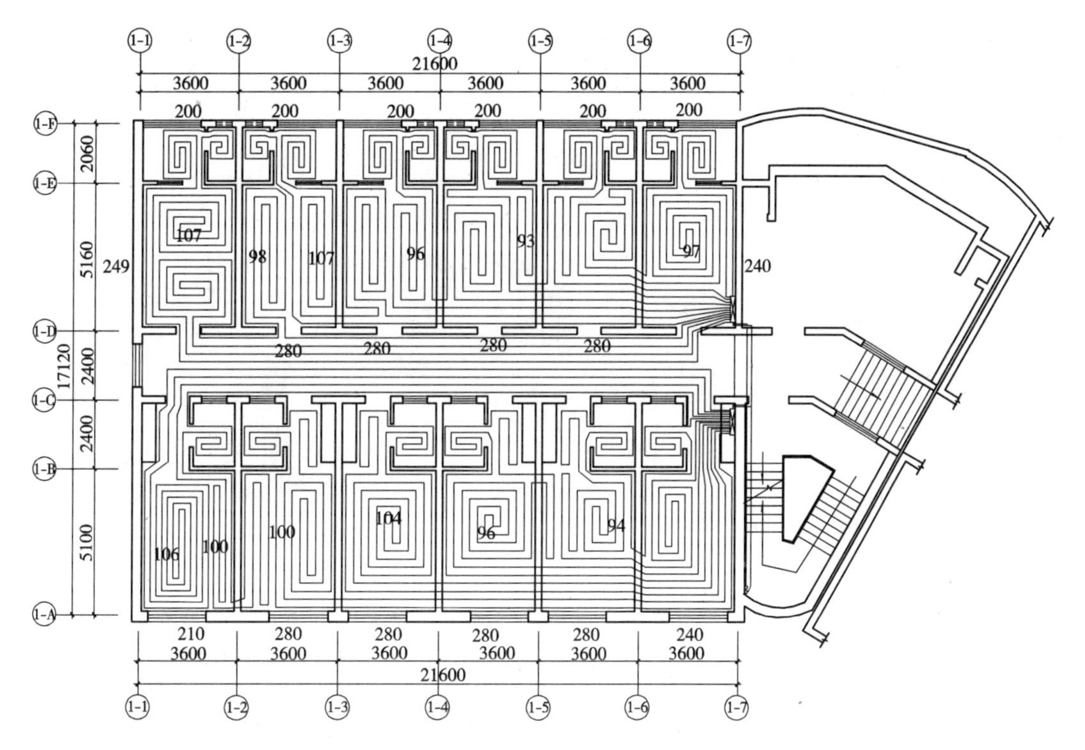

附图C-8　三、四层采暖平面图

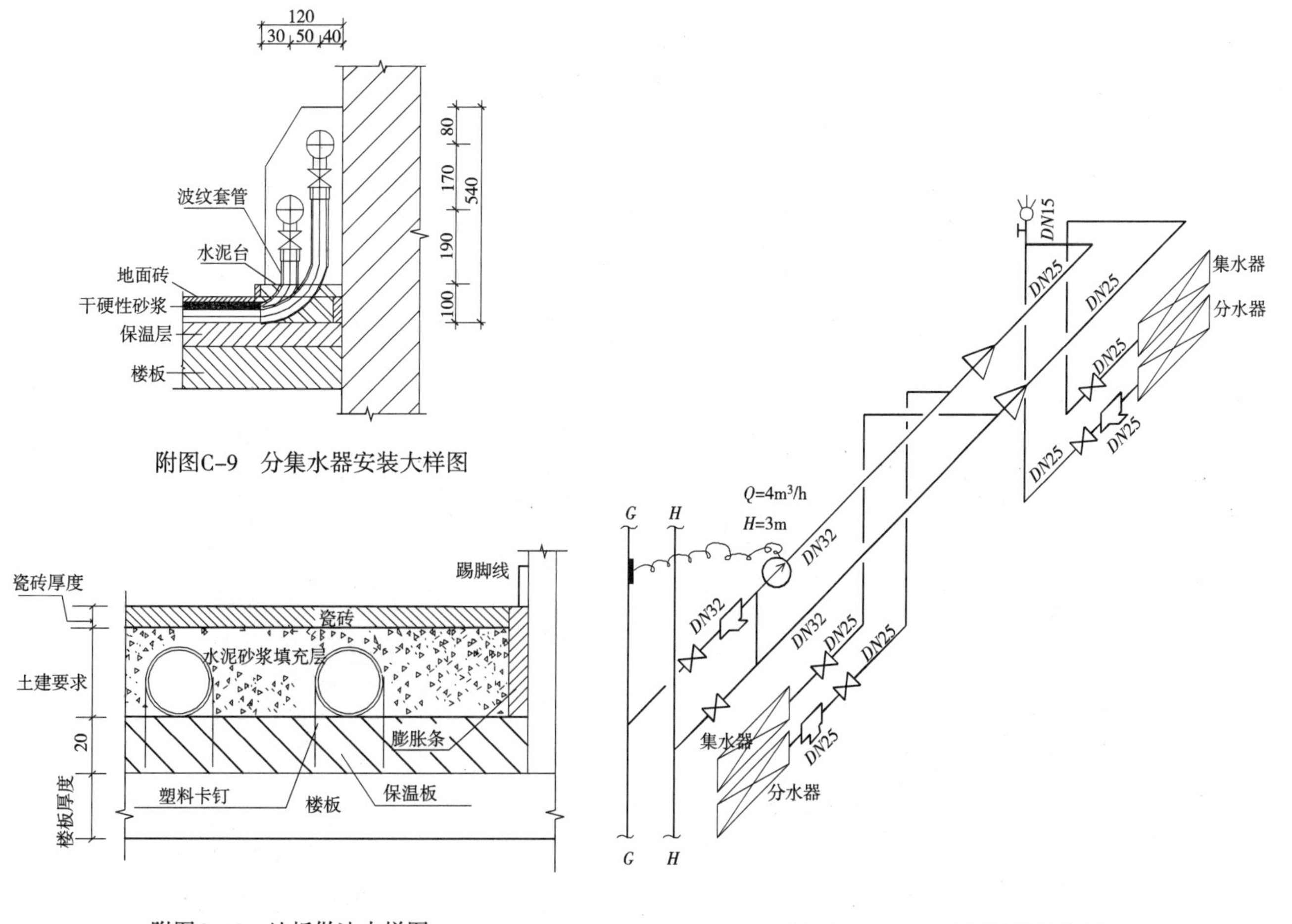

附图C-9　分集水器安装大样图

附图C-10　地板做法大样图

附图C-11　三、四层采暖系统图

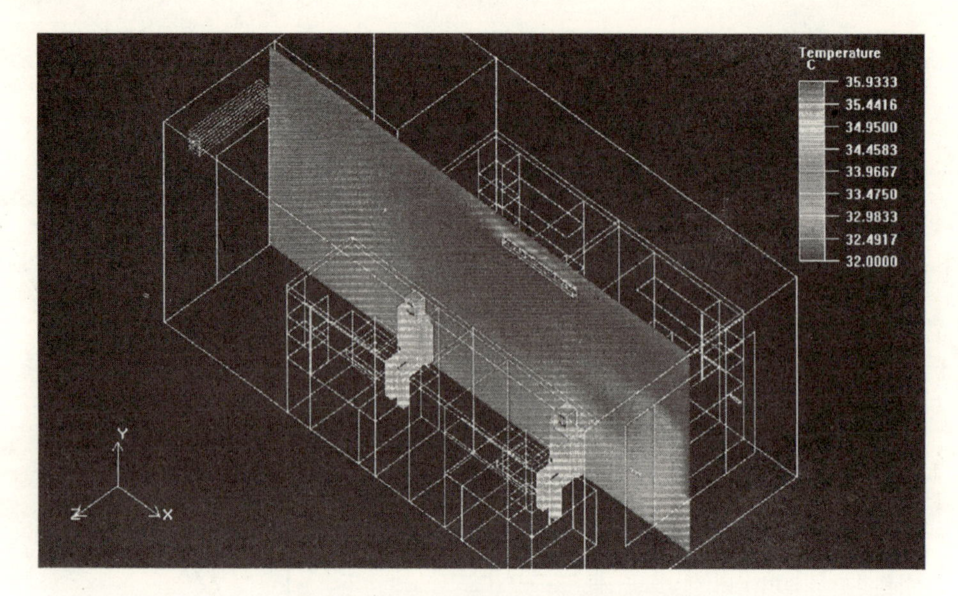

附图 C-12　夏季房间纵剖面温度分布

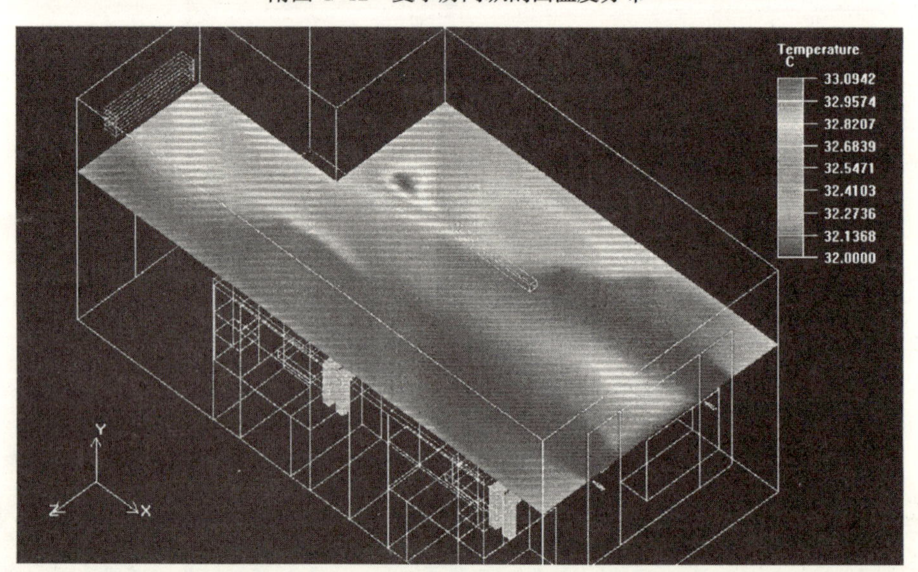

附图 C-13　夏季房间横剖面温度分布（床面高度）

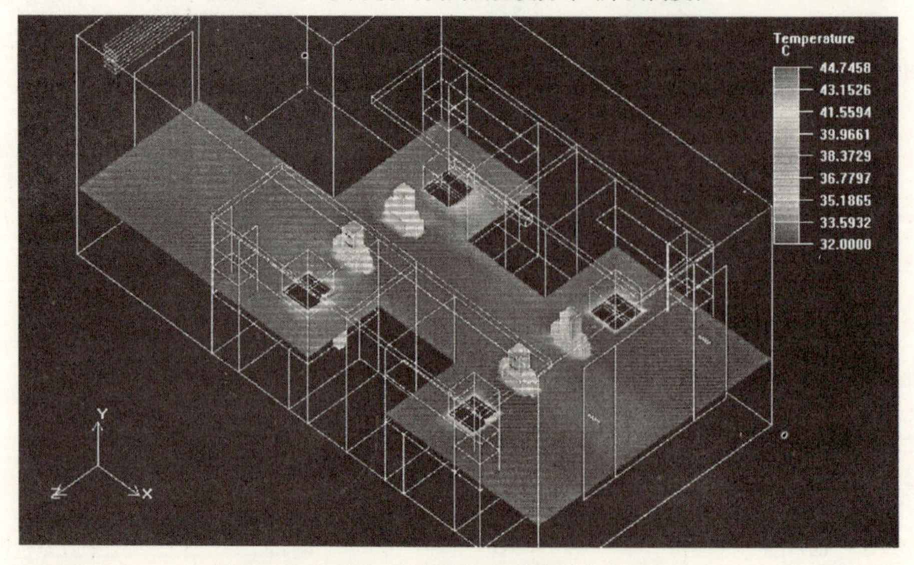

附图 C-14　夏季房间横剖面温度分布（桌面高度）

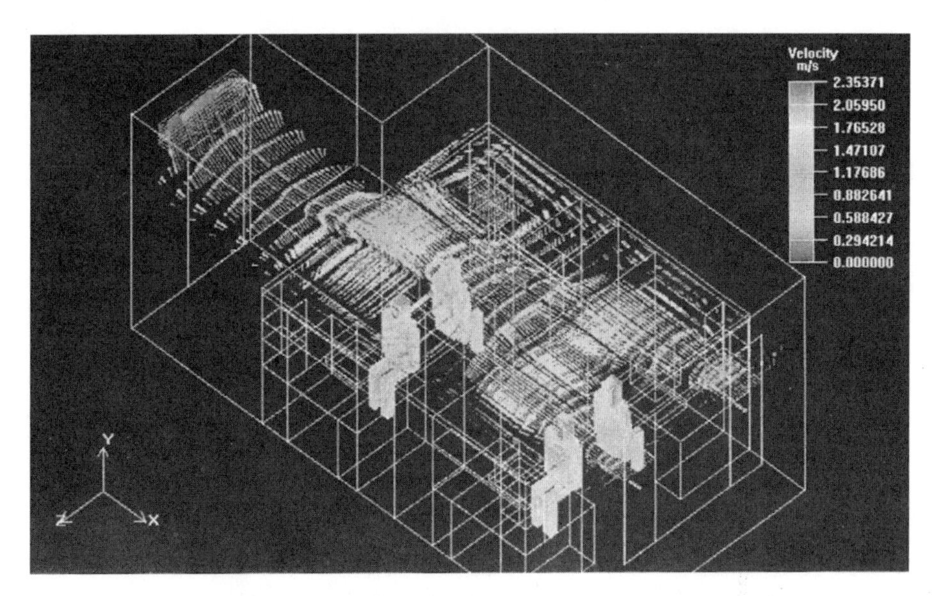

附图 C-15 夏季房间横剖面风速分布（床面高度）

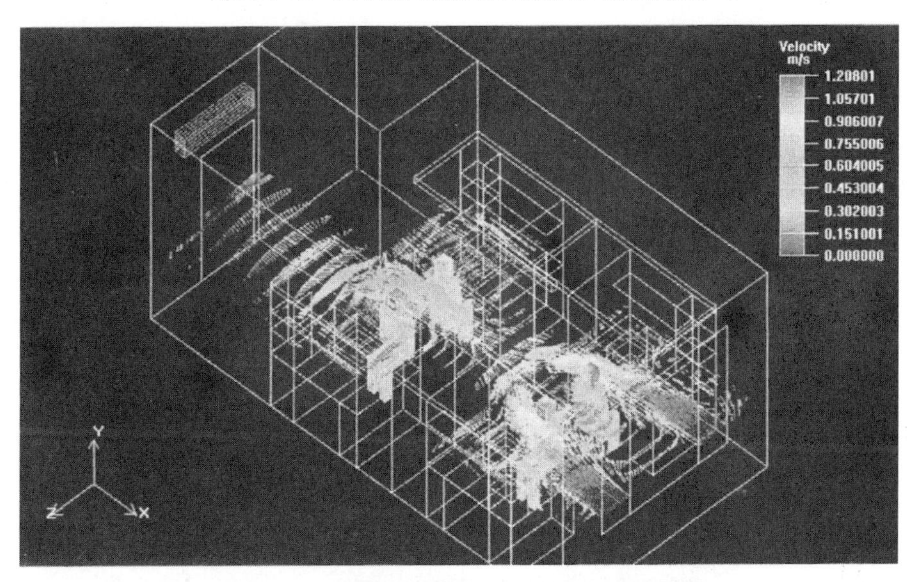

附图 C-16 夏季房间横剖面风速分布（桌面高度）

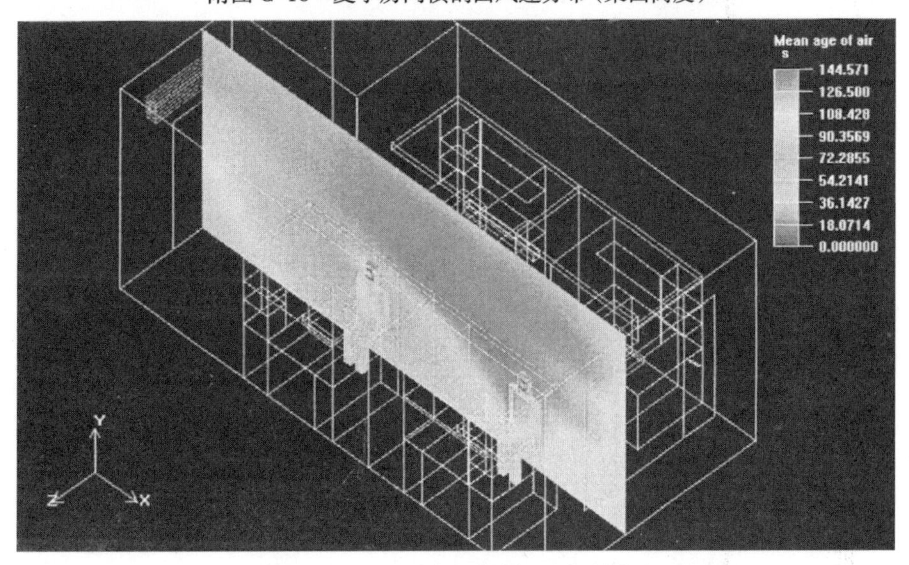

附图 C-17 夏季房间纵剖面空气龄分布

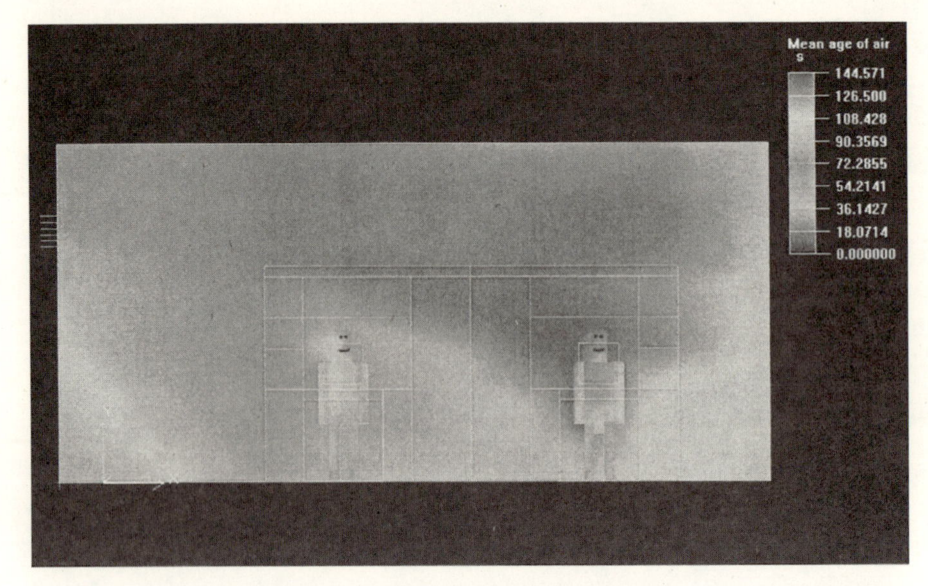

附图 C-18　夏季房间纵剖面空气龄分布

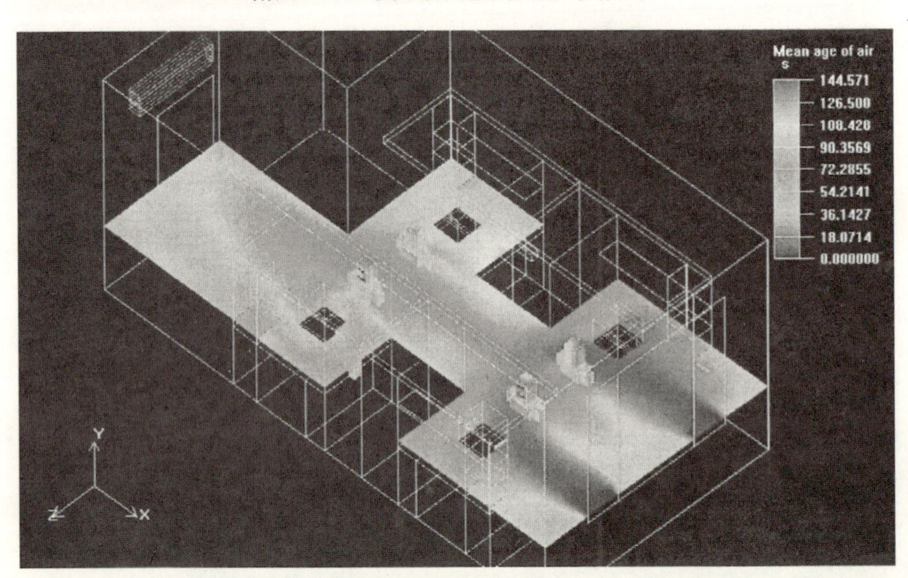

附图 C-19　夏季房间横剖面空气龄分布（桌面高度）

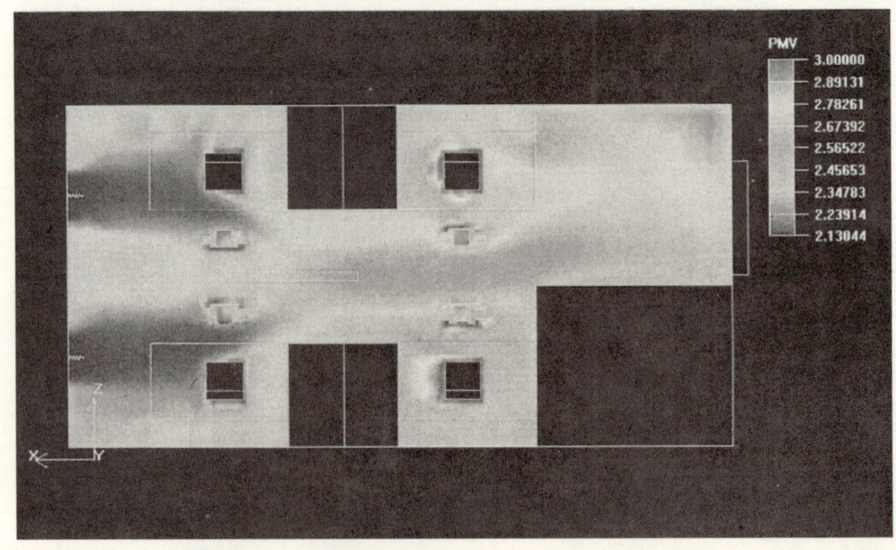

附图 C-20　夏季房间横剖面 PMV 分布（桌面高度）

附录 D 调查问卷

附录 D1 梅园 1 号生态学生公寓冬季室内环境状况调查问卷

1. 你的宿舍所在楼层及朝向：（ ）层
   A. 南向 B. 北向
2. 常住人数：
   A. 1 B. 2 C. 3 D. 4 E. 5 F. 6 G. 7 H. 8
3. 你认为宿舍室内温度：
   A. 很热 B. 热 C. 微热 D. 适中 E. 微冷 F. 冷 G. 很冷
4. 你对室内温度总体感觉：
   A. 非常满意 B. 比较满意 C. 一般 D. 不太满意 E. 很不满意
5. 你认为室内湿度：
   A. 很湿 B. 湿 C. 微湿 D. 适中 E. 微干 F. 干 G. 很干
6. 你对室内湿度总体感觉：
   A. 非常满意 B. 比较满意 C. 一般 D. 不太满意 E. 很不满意
7. 你认为室内空气质量：
   A. 好 B. 较好 C. 一般 D. 较差 E. 差
8. 如果不好你认为是什么原因：（可多选）
   A. 没有开门窗 B. 屋里人太多 C. 有人抽烟 D. 室内有异味
   E. 室内灰尘太多 F. 卫生间影响 G. 室外影响 H. 走廊影响
9. 当你觉得空气不好时采取什么措施：（可多选）
   A. 开窗 B. 开门 C. 开门窗对流 D. 打开门上通风窗 E. 打开窗上通风器 F. 打开卫生间背景通风 G. 不采取措施 H. 其他
10. 你的宿舍平时开窗上通风器吗？（针对梅 1 五层）
    A. 一直开 B. 空气不好时开 C. 不定时开 D. 很少开 E. 不开
11. 你认为窗上通风器起作用吗？（针对梅 1 五层）
    A. 起很大作用 B. 起作用 C. 一般 D. 不太起作用
    E. 不起作用
12. 你认为卫生间通风好吗？
    A. 很好 B. 好 C. 一般 D. 不太好 E. 不好
13. 你每天开窗时间：
    A. 不到 1h B. 1h 左右 C. 2 ~ 3h D. 4 ~ 5h E. 6 ~ 7h
    F. 8 ~ 10h G. 11 ~ 12h
14. 一般什么时间开窗：
    A. 早上 B. 上午 C. 中午 D. 下午 E. 傍晚 F. 晚上
15. 你是否感觉到门窗缝隙渗透进凉风：
    A. 总有感觉 B. 经常有 C. 有时有 D. 没有
16. 你认为空气质量、室内温度、室内湿度的重要性应如何排序：
    A. 温度 > 湿度 > 空气质量 B. 温度 > 空气质量 > 湿度
    C. 湿度 > 温度 > 空气质量
    D. 湿度 > 空气质量 > 温度 E. 空气质量 > 温度 > 湿度
    F. 空气质量 > 湿度 > 温度
17. 你课余时间喜欢在：（可多选）

A. 自己宿舍　B. 别人宿舍　C. 自习室　D. 图书馆　E. 操场
F. 其他

18. 你认为宿舍舒适度如何：
A. 非常舒适　B. 比较舒适　C. 一般　D. 不太舒适　E. 很不舒适

19. 你平均每天在宿舍停留的时间（包括睡眠）大约为：
A. 8h 以下　B. 8～10h　C. 12～14h　D. 14～16h　E. 16h 以上

20. 往年冬季，你身体上的不适主要表现在：（可多选）
A. 呼吸系统，如感冒、咳嗽　B. 头痛眩晕　C. 闷
D. 疲倦　E. 其他

21. 今年冬季，你身体上的不适主要表现在：（可多选）
A. 呼吸系统，如感冒，咳嗽　B. 头痛眩晕　C. 闷
D. 疲倦　E. 其他

22. 今年冬季你的患病（仅指主要由于宿舍空气环境状况引起的疾病）次数较往年：
A. 明显减少　B. 减少　C. 持平　D. 增多　E. 明显增多

23. 来访者对你们宿舍室内空气环境的总体评价为：
A. 好　B. 较好　C. 一般　D. 较差　E. 很差

24. 你认为太阳墙起作用吗？（针对梅 1 北向房间）
A. 起很大作用　B. 起作用　C. 一般　D. 不太起作用
E. 不起作用

25. 你认为太阳墙在哪方面起作用？（针对梅 1 南北房间）
A. 采暖　B. 通风　C. 二者都有　D. 不起作用

26. 你认为开大窗对冬季采暖起作用吗？（针对梅 1 南向房间）
A. 起很大作用　B. 起作用　C. 一般　D. 不太起作用
E. 不起作用

27. 你对冬季室内环境有何建议：

附录 D2　竹园 1 号普通学生公寓冬季室内环境状况调查问卷

1. 你的宿舍所在楼层及朝向（　）层
A. 南向　B. 北向

2. 常住人数：
A. 1　B. 2　C. 3　D. 4　E. 5　F. 6　G. 7　H. 8

3. 你认为宿舍室内温度：
A. 很热　B. 热　C. 微热　D. 适中　E. 微冷　F. 冷　G. 很冷

4. 你对室内温度总体感觉：
A. 非常满意　B. 比较满意　C. 一般　D. 不太满意　E. 很不满意

5. 你认为室内湿度：
A. 很湿　B. 湿　C. 微湿　D. 适中　E. 微干　F. 干　G. 很干

6. 你对室内湿度总体感觉：
A. 非常满意　B. 比较满意　C. 一般　D. 不太满意　E. 很不满意

7. 你认为室内空气质量：
A. 好　B. 较好　C. 一般　D. 较差　E. 差

8. 如果不好你认为是什么原因：（可多选）
A. 没有开门窗　B. 屋里人太多　C. 有人抽烟　D. 室内有异味

E. 室内灰尘太多　F. 卫生间影响　G. 室外影响　H. 走廊影响

9. 当你觉得空气不好时采取什么措施：

A. 开窗　B. 开门　C. 开门窗对流　D. 其他　E. 不采取任何措施

10. 你认为卫生间通风好吗？

A. 很好　B. 好　C. 一般　D. 不太好　E. 不好

11. 你每天开窗时间：

A. 不到 1h　B. 1h 左右　C. 2 ~ 3h　D. 4 ~ 5h　E. 6 ~ 7h

F. 8 ~ 10h　G. 11 ~ 12h

12. 一般什么时间开窗：

A. 早上　B. 上午　C. 中午　D. 下午　E. 傍晚　F. 晚上

13. 你是否感觉到门窗缝隙渗透进凉风：

A. 总有感觉　B. 经常有　C. 有时有　D. 没有

14. 你认为宿舍舒适度如何：

A. 非常舒适　B. 比较舒适　C. 一般　D. 不太舒适　E. 很不舒适

15. 你认为空气质量、室内温度、室内湿度的重要性应如何排序：

A. 温度 > 湿度 > 空气质量　B. 温度 > 空气质量 > 湿度

C. 湿度 > 温度 > 空气质量　D. 湿度 > 空气质量 > 温度

E. 空气质量 > 温度 > 湿度　F. 空气质量 > 湿度 > 温度

16. 你课余时间喜欢在：(可多选)

A. 自己宿舍　B. 别人宿舍　C. 自习室　D. 图书馆　E. 操场

F. 其他

17. 你平均每天在宿舍停留的时间（包括睡眠）大约为：

A. 8h 以下　B. 8 ~ 10h　C. 12 ~ 14h　D. 14 ~ 16h　E. 16h 以上

18. 往年冬季，你身体上的不适主要表现在：(可多选)

A. 呼吸系统，如感冒、咳嗽　B. 头痛眩晕　C. 闷　D. 疲倦

E. 其他

19. 今年冬季，你身体上的不适主要表现在：(可多选)

A. 呼吸系统，如感冒、咳嗽　B. 头痛眩晕　C. 闷　D. 疲倦

E. 其他

20. 今年冬季你的患病（仅指主要由于宿舍空气环境状况引起的疾病）次数较往年：

A. 明显减少　B. 减少　C. 持平　D. 增多　E. 明显增多

21. 来访者对你们宿舍室内空气环境的总体评价为：

A. 好　B. 较好　C. 一般　D. 较差　E. 很差

22. 你对冬季室内环境有何建议：

参考文献

[1] 中国建筑科学研究院. JGJ26—95 民用建筑节能设计标准（采暖居住建筑部分）[S]. 北京：中国建筑工业出版社，1995.

[2] 中国建筑科学研究院. JGJ132—2001、J85—2001 采暖居住建筑节能检验标准 [S]. 北京：中国建筑工业出版社，2001.

[3] 涂逢祥. 节能窗技术 [M]. 北京：中国建筑工业出版社，2003.

[4] 柳孝图. 建筑物理 [M]. 北京：中国建筑工业出版社，2000.

[5] 涂逢祥. 建筑节能技术 [M]. 北京：中国计划出版社，1996.

[6] 宋德萱. 节能建筑设计与技术 [M]. 上海：同济大学出版社，2003.

[7] 王荣光，沈天行. 可再生能源利用与建筑节能 [M]. 北京：机械工业出版社，2004.

[8] 罗运俊，何梓年，王长贵. 太阳能利用技术 [M]. 北京：化学工业出版社，2005.

[9] 王长贵，郑瑞澄. 新能源在建筑中的应用 [M]. 北京：中国电力出版社，2003.

[10] 建筑设计资料集编委会. 建筑设计资料集 6（第二版）. 北京：中国建筑工业出版社，1994.

[11] 姜继圣. 新型建筑绝热、吸声材料 [M]. 北京：化学工业出版社，2002.

[12] 冷御寒. 建筑外围护结构 [M]. 北京：建筑工业出版社，2005.

[13] 孙颖，吕蓬. 德国建筑节法规及技能技术简介 [J]. 中国能源，2003.

[14] 中华人民共和国信息产业部. GBT/T 50311—2000 建筑与建筑群综合布线工程设计规范 [S]. 北京：中国计划出版社.

[15] 中国建筑业协会建筑节能专业委员会. 建筑节能技术. 北京：中国计划出版社，1996.

[16] 山东省墙体材料革新与建筑节能办公室. 居住建筑节能设计标准. 山东省建设厅，2003.

[17]（美）Public Technology Inc. US Green Building Council. 绿色建筑技术手册——设计·建造·运行 [M]. 王长庆，龙惟定，杜鹏飞等译，北京：中国建筑工业出版社，1999.

[18]（美）美国绿色建筑委员会. 绿色建筑评估体系（第二版）[M]. 北京：中国建筑工业出版社，2002.

[19]（美）诺伯特·莱希纳. 建筑师技术设计指南——采暖·降温·照明（原著第二版）[M]. 张利，周玉鹏，汤羽扬等译. 北京：中国建筑工业出版社，2004.

[20]（德）英格伯格·弗拉格等. 托马斯·赫尔佐格——建筑＋技术 [M]. 李保峰译. 北京：中国建筑工业出版社，2003.

[21] 方轶. 太阳能墙体在我国的应用研究和建筑一体化设计初探 [D]. 天津：天津大学建筑学院，2004.

[22] 何文晶. 太阳能采暖通风技术在节能建筑中的研究与实践 [D]. 济南：山东建筑大学建筑与城市规划学院，2005.

[23] 乌进高娃. 包头城市住宅窗户节能设计 [D]. 2005.

[24] 何家礼. 节能门窗的设计及其适用性研究 [D]. 2005.

[25] 王崇杰，何文晶. 太阳墙——太阳能热利用的新方式 [J]. 中外建筑，2004，8.

[26] 王崇杰，何文晶，薛一冰. 欧美建筑设计中太阳墙的应用 [N]. 建筑学报，2004，8.

[27] 王鹏，谭刚，生态建筑中的自然通风 [J]. 世界建筑 [J]. 2000，4.

[28] 告白. 诺丁汉英国国内税务中心 [J]. 世界建筑 [J]，2000，4.

[29] 王崇杰，谢涛. 用工业化技术生产节能小型住宅 [N]. 重庆建筑大学学报，2004，7.

[30] 王崇杰，谢涛. 节能住宅预制墙板体系研究 [J]. 工业建筑，2005，7.

[31] 李湘洲. 发展装配式建筑 [J]. 中国建材. 1999，2.

[32] 涂逢祥，王庆一. 我国建筑节能现状及发展 [J]. 新型建筑材料，2004，7.

[33] 毛润治. 太阳空气集热器与热水器的热性能分析和测试的差别 [N]. 太阳能学报, 2000, 3.
[34] 沈晋明, 刘燕敏, 孙光前. 室内空气品质的新定义与新风直接入室方法的实验检测 [J]. 暖通空调, 1995, 6.
[35] 王崇杰, 赵学义. 论太阳能建筑一体化设计 [N]. 建筑学报, 2002, 7.
[36] 王崇杰, 何文晶. 多层住宅节能措施的探讨 [N]. 山东建筑工程学院学报, 2002, 8 (增).
[37] 王崇杰, 薛一冰, 岳勇. 生态建筑设计理念在别墅中的体现 [N]. 山东建筑工程学院学报, 2003, 1.
[38] 王崇杰, 温超. 影响建筑中庭热舒适度的几个因素及改进措施 [J]. 华中建筑. 2006, 3.
[39] 王崇杰, 薛一冰, 张蓓. 生活 生态 生长 [N]. 建筑学报. 2006, 3.
[40] 高堃, 李彤, 王义君. 玻璃幕墙的遮阳节能技术. 设计研究. 2005, 6.
[41] 刘志海, 周晓彦. 玻璃钢节能门窗的发展现状及趋势 [J]. 中国建材. 2004, 8.
[42] 童明俶, 幸晓珂. 智能控制及其在楼宇自控系统中的应用 [J]. 建筑电气. 2001, 3.
[43] 赵海华, 程晓如. 中水回用是城市污水资源化的有效途径. 中国环保产业. 2004, 8.
[44] 吴达金. 建筑物综合布线系统概况 [J]. 通信世界. 1995, 4.
[45] 潘雷, 陈宝明, 方肇洪, 郑宜涛. 围护结构热阻的现场检测和数据处理方法 [J]. 建筑热能通风空调. 2005, 12.
[46] 王振, 张永益, 陈友昌, 蔡英威, 李文刚. 节能建筑围护结构的节能测试评价 [N]. 大庆石油学院学报. 2001, 3.
[47] 程瑞端, 易新, 黎洪, 龚彦. 学校室内空气质量研究 [J]. 制冷与空调. 2005, 4.
[48] 郭春信, 杨盛旭, 谈佛胜, 丁水生. 岳阳某地下商场自然通风的测定与分析 [J]. 暖通空调. 2004, 8.
[49] 何超英, 刘振宇. 新风与室内空气品质的测试与探讨 [N]. 苏州大学学报 (工科版). 2003, 4.
[50] 刘宏, 李治明. 青海省风能及太阳能资源测试. 可再生能源. 2005, 4.
[51] 金艳. 浅谈能源测试及减少误差的方法 [J]. 节能. 2002, 2.
[52] 高树强, 王宝财, 赵守忠, 李芳. 太阳能教学楼测试分析 [J]. 北京节能. 1994, 6.
[53] 何如聪, 张爱华, 王冰芬. 太阳能和风能资源数据全时自动测试系统, 甘肃工业大学, 1994, 1.
[54] 徐益峰, 王兴安. 平板太阳能集热器热性能的非稳态测试方法 [N]. 太阳能学报. 1986, 4.
[55] Cool Solar Panel Makes Heat, Volts, Popular Mechanics, 1998, 2.
[56] De Montfort University, The Queens Building De Montfort University-feedback for designers and clients [EB/DL]
[57] 中国新能源网
[58] 筑能网
[59] 网易
[60] 中国 IT 认证试验室网
[61] 中华人民共和国教育部网
[62] 中国农大新闻网
[63] 中国太阳能网
[64] 中国皇明太阳能集团网
[65] 力诺瑞特太阳能网
[66] 日建设计网
[67] 中华环保网
[68] www. solarwall. com
[69] www. galinsky. com
[70] www. fosterandpartners. com
[71] www. ibaf. cn